高等职业教育系列教材

学、问、练、测、考，打造一体化学习模式

Python程序设计实例教程　第2版

董付国◎编著

机械工业出版社
CHINA MACHINE PRESS

本书系统介绍 Python 基础知识以及数据采集、分析、可视化的流程与应用，实例丰富，实战性强。全书共 14 个项目，其中前 10 个项目以 Python 基础知识的理解和应用为主，项目 11～项目 14 分别讲解网络爬虫以及 NumPy、Pandas 和 Matplotlib 的应用。书中全部代码适用于 Python 3.6/3.7/3.8/3.9/3.10/3.11 以及更高版本。

本书可以作为专科、高职院校程序设计课程的教材，以及 Python 爱好者的自学用书。

本书配有微课视频，扫描二维码即可观看。另外，本书配有教学资源（包括 PPT、源代码、大纲、习题答案等），需要的教师可登录机械工业出版社教育服务网（www.cmpedu.com）免费注册，审核通过后下载，或联系编辑索取（微信：13261377872，电话：010-88379739）。

图书在版编目（CIP）数据

Python 程序设计实例教程 / 董付国编著. —2 版. —北京：机械工业出版社，2023.6（2025.6 重印）
高等职业教育系列教材
ISBN 978-7-111-73090-3

Ⅰ. ①P… Ⅱ. ①董… Ⅲ. ①软件工具-程序设计-高等职业教育-教材 Ⅳ. ①TP311.561

中国国家版本馆 CIP 数据核字（2023）第 074186 号

机械工业出版社（北京市百万庄大街 22 号　邮政编码 100037）
策划编辑：和庆娣　　　　　　责任编辑：和庆娣　李培培
责任校对：郑　婕　赵小花　　责任印制：单爱军
中煤（北京）印务有限公司印刷
2025 年 6 月第 2 版第 6 次印刷
184mm×260mm・15 印张・389 千字
标准书号：ISBN 978-7-111-73090-3
定价：59.90 元

电话服务　　　　　　　　　网络服务
客服电话：010-88361066　　机　工　官　网：www.cmpbook.com
　　　　　010-88379833　　机　工　官　博：weibo.com/cmp1952
　　　　　010-68326294　　金　书　网：www.golden-book.com
封底无防伪标均为盗版　　　机工教育服务网：www.cmpedu.com

Preface 前言

Python 语言由 Guido van Rossum 于 1991 年推出了第一个公开发行版本，之后迅速得到了各行业人士的青睐。经过 30 多年的发展，Python 语言已经渗透到统计分析、移动终端开发、科学计算可视化、系统安全、逆向工程、软件测试与软件分析、图形图像处理、人工智能、机器学习、深度学习等几乎所有专业和领域。与此同时，Python 语言在各大编程语言排行榜上的位次也是逐年上升的，被 TIOBE 网站评为 2007、2010、2018、2020、2021 年年度语言；在 IEEE Spectrum 编程语言排行榜上自 2017 年开始每年都名列榜首。

Python 是一门免费、开源、跨平台的高级动态编程语言，支持命令式编程、函数式编程，完全支持面向对象程序设计，拥有大量功能强大的内置对象、标准库，以及涉及各行业领域的扩展库，使得各领域的工程师、科研人员、策划人员和管理人员能够快速实现和验证自己的思路、创意或者推测，还有更多人喜欢用 Python 编写脚本来完成工作中的一些小任务。在有些编程语言中需要编写大量代码才能实现的功能，在 Python 中只需要几行代码，大幅度减少了代码量，更加容易维护。Python 用户只需要把主要精力放在业务逻辑的设计与实现上，在开发速度和运行效率之间达到了完美的平衡，其精妙之处令人击节赞叹。

一个好的 Python 程序不仅是正确的，更应该是简洁、直观、漂亮、优雅、方便人们阅读的，整个代码处处体现着美，让人赏心悦目。Python 代码对布局要求非常严格，尤其是使用缩进来体现代码的逻辑关系，这一硬性要求非常有利于学习者和程序员养成一个良好、严谨的习惯。除了能够快速解决问题之外，代码布局要求严格也是 Python 被广泛选作教学语言的重要原因。

为推进党的二十大精神进教材、进课堂、进头脑，编者紧跟行业理念、技术发展和社会对人才的实际需求，本次改版除优化内容外，还在每章的培养目标中增加了素养目标的内容，以 Python 程序设计与应用为载体，旨在培养学生的家国情怀、民族自豪感，增强文化自信，提高创新思维、动手实践能力，优化代码与安全编码的意识，培养精益求精的工匠精神，遵守大数据伦理学与相关职业道德等。

内容组织与阅读建议

本书共 14 个项目和若干子任务，主要包括 Python 编程基础、网络爬虫、数据分析和数据可视化四大部分内容，全部代码适用于 Python 3.6/3.7/3.8/3.9/3.10/3.11 以及更高版本。

项目 1　搭建和使用 Python 开发环境。简单介绍 Python 语言与版本、安装与配置

Python 开发环境、Python 编码规范、扩展库安装方法，以及标准库对象与扩展库对象的导入。

项目 2　使用内置对象和运算符。讲解 Python 常用内置对象、运算符、常用内置函数、Python 关键字。

项目 3　使用列表、元组、字典、集合。讲解列表、元组与生成器表达式、字典、集合、序列解包。

项目 4　使用程序控制结构。讲解条件表达式的常见形式，单分支、双分支、多分支选择结构及嵌套的选择结构；循环结构，包括 for 循环与 while 循环，break 与 continue 语句；以及异常处理结构。

项目 5　设计和使用自定义函数。讲解函数定义与调用语法、不同类型的函数参数、参数传递的序列解包、变量作用域、lambda 表达式、生成器函数。

项目 6　面向对象程序设计。讲解类的定义与使用、数据成员与成员方法、继承、特殊方法。

项目 7　使用字符串。讲解字符串编码格式、转义字符与原始字符串、字符串格式化的不同形式、字符串常用方法、字符串常量、中英文分词、汉字到拼音的转换。

项目 8　使用正则表达式。讲解正则表达式语法、正则表达式模块 re 的用法。

项目 9　读写文件内容。讲解文件操作基本知识、文本文件内容操作，以及 Excel 与 Word 等常见类型文件的操作。

项目 10　文件与文件夹操作。讲解 os、os.path 与 shutil 等模块的用法，以及递归遍历文件夹和按广度优先遍历文件夹的原理。

项目 11　网络爬虫入门与应用。讲解 HTML 与 JavaScript 基础，以及 urllib、ScraPy、beautifulsoup4、requests、Selenium 在网络爬虫程序中的应用。

项目 12　使用 NumPy 实现数组与矩阵运算。讲解 NumPy 的数组和矩阵运算。

项目 13　使用 Pandas 分析与处理数据。讲解 Pandas 常用操作、Pandas 结合 Matplotlib 进行数据可视化、Pandas 的应用。

项目 14　使用 Matplotlib 进行数据可视化。介绍使用 Python 扩展库 Matplotlib 进行数据可视化相关的技术，包括折线图、散点图、饼状图、柱状图、三维图的绘制，以及切分绘图区域、设置坐标轴和图例等内容。

本书适用读者

本书是机械工业出版社组织出版的"高等职业教育系列教材"之一。本书可以作为（但不限于）专科、高职院校程序设计课程的教材，也可作为 Python 爱好者的自学用书。

配套资源

本书提供教学 PPT、源代码、大纲、习题答案、微课视频等全套教学资源，可通过微信公众号"Python 小屋"获取，或发送邮件至 dongfuguo2005@126.com 与作者联系获取；也可通过机械工业出版社相应渠道获取（见版权页内容简介）。另外，本书还提供了课程思政讲解视频，可扫描下面的二维码观看。

致谢

首先感谢父母的养育之恩，在当年那么艰苦的条件下还坚决支持我读书，没有让我像有些同龄的孩子一样辍学。感谢姐姐、姐夫多年来对我的爱护，以及在老家对父母的照顾，感谢善良的弟弟、弟媳在老家对父母的照顾。当然，最应该感谢的是妻子和孩子对我这个工作狂人的理解和体谅。

感谢每一位读者，感谢您在茫茫书海中选择了本书，衷心祝愿您能够从本书中受益，学到真正需要的知识。同时也期待每一位读者的热心反馈，随时欢迎您指出书中的不足，并通过微信公众号"Python 小屋"或电子邮箱 dongfuguo2005@126.com 与作者沟通和交流。

董付国　于山东烟台
2023 年 3 月

课程思政视频

二维码资源清单

序号	名称	页码	序号	名称	页码
1	1.2.1 安装与使用 IDLE	3	25	例 3-5	46
2	1.2.2 安装与使用 Anaconda 3	4	26	例 3-6	48
3	任务 1.3 了解 Python 编程规范	5	27	例 3-7	49
4	任务 1.4 安装扩展库	6	28	例 3-8	50
5	任务 1.5 词频统计	7	29	例 3-9	53
6	2.2.1 算术运算符	16	30	例 4-2	58
7	2.2.2 关系运算符	17	31	例 4-3	59
8	2.2.3 元素测试运算符	17	32	例 4-4	60
9	2.2.4 集合运算符	18	33	例 4-6	61
10	2.2.5 逻辑运算符	18	34	例 4-7	61
11	2.3.1 类型转换与判断	23	35	例 4-8	62
12	2.3.2 最值与求和	24	36	例 4-9	63
13	2.3.3 基本输入/输出	25	37	例 4-11	64
14	2.3.4 排序与逆序	26	38	例 4-13	65
15	2.3.5 枚举与迭代	26	39	例 4-15	66
16	2.3.6 map()函数、reduce()函数、filter()函数	27	40	例 5-1	70
17	2.3.7 range()函数	28	41	例 5-3	75
18	2.3.8 zip()函数	29	42	例 5-4	76
19	2.3.9 任务实施—打字练习程序	29	43	例 5-7	77
20	3.2.3 列表常用方法	35	44	例 5-8	78
21	3.2.6 列表推导式	38	45	例 5-14	82
22	3.2.7 切片	40	46	例 5-15	82
23	3.2.8 任务实施—查询学生成绩	40	47	例 5-16	83
24	3.3.3 生成器表达式	42	48	例 6-1	87

二维码资源清单

（续）

序号	名称	页码	序号	名称	页码
49	例6-2	93	75	例10-1	141
50	例6-3	95	76	例10-2	141
51	例6-4	98	77	例10-3	143
52	7.3.2 split()、rsplit()	108	78	例10-4	144
53	7.3.5 replace()、maketrans()、translate()	109	79	例10-5	145
54	例7-3	113	80	例10-6	146
55	例7-5	114	81	例10-7	146
56	例7-6	116	82	例11-1	154
57	例8-1	122	83	例11-2	155
58	例8-2	122	84	例11-3	165
59	例8-3	123	85	例13-1	195
60	例8-4	123	86	例13-2	202
61	例9-1	129	87	例13-3	204
62	例9-2	129	88	例14-1	209
63	例9-3	129	89	例14-2	211
64	例9-4	129	90	例14-4	212
65	例9-5	130	91	例14-5	213
66	例9-7	131	92	例14-6	215
67	例9-8	132	93	例14-7	216
68	例9-9	132	94	例14-8	218
69	例9-10	133	95	例14-9	219
70	例9-11	133	96	例14-10	219
71	例9-12	134	97	例14-11	220
72	例9-13	134	98	例14-12	222
73	例9-15	135	99	例14-13	223
74	例9-16	136	100	例14-14	224

目 录 Contents

前言

二维码资源清单

项目 1　搭建和使用 Python 开发环境 ……………… 1

任务 1.1　了解 Python 语言特点、
　　　　　应用场景和版本 …………… 1
任务 1.2　安装与配置 Python
　　　　　开发环境 …………………… 2
　1.2.1　安装与使用 IDLE ………………… 3
　1.2.2　安装与使用 Anaconda 3 ………… 4
任务 1.3　了解 Python 编程规范 ……… 5
任务 1.4　安装扩展库 …………………… 6
任务 1.5　词频统计 — 导入与使用
　　　　　标准库、扩展库中的对象 …… 7
习题 ……………………………………… 9

项目 2　使用内置对象和运算符 ……………… 10

任务 2.1　了解 Python 常用内置
　　　　　对象 ………………………… 10
　2.1.1　常量与变量 ……………………… 11
　2.1.2　数字类型 ………………………… 12
　2.1.3　字符串 …………………………… 13
　2.1.4　列表、元组、字典、集合 ……… 13
　2.1.5　函数 ……………………………… 14
任务 2.2　掌握 Python 运算符 ………… 14
　2.2.1　算术运算符 ……………………… 16
　2.2.2　关系运算符 ……………………… 17
　2.2.3　元素测试运算符 ………………… 17
　2.2.4　集合运算符 ……………………… 17
　2.2.5　逻辑运算符 ……………………… 18
　2.2.6　赋值分隔符 ……………………… 18
任务 2.3　打字练习程序 — 使用
　　　　　Python 内置函数 ………… 19
　2.3.1　类型转换与判断 ………………… 22
　2.3.2　最值与求和 ……………………… 24
　2.3.3　基本输入/输出 …………………… 25
　2.3.4　排序与逆序 ……………………… 26
　2.3.5　枚举与迭代 ……………………… 26
　2.3.6　map() 函数、reduce() 函数、filter()
　　　　 函数 …………………………… 27
　2.3.7　range() 函数 ……………………… 28
　2.3.8　zip() 函数 ………………………… 29
　2.3.9　任务实施——打字练习程序 …… 29
任务 2.4　了解 Python 关键字 ………… 30
习题 ……………………………………… 31

项目 3 使用列表、元组、字典、集合 ························ 33

- 任务 3.1　了解 Python 容器对象 ······ 33
- 任务 3.2　查询学生成绩—使用列表 ································ 33
  - 3.2.1　列表创建与删除 ················ 34
  - 3.2.2　访问列表元素 ···················· 34
  - 3.2.3　列表常用方法 ···················· 35
  - 3.2.4　列表对象支持的运算符 ···· 36
  - 3.2.5　内置函数对列表的操作 ···· 37
  - 3.2.6　列表推导式 ························ 38
  - 3.2.7　切片 ···································· 40
  - 3.2.8　任务实施—查询学生成绩 ········· 40
- 任务 3.3　使用元组与生成器表达式 ···· 41
  - 3.3.1　元组创建与元素访问 ········ 41
  - 3.3.2　元组与列表的异同点 ········ 42
  - 3.3.3　生成器表达式 ···················· 42
- 任务 3.4　词频统计—使用字典 ·········· 43
  - 3.4.1　字典的创建与删除 ············ 44
  - 3.4.2　字典元素的访问 ················ 44
  - 3.4.3　元素的添加、修改与删除 ······· 45
  - 3.4.4　任务实施—词频统计 ········ 46
- 任务 3.5　电影推荐与无效评论过滤—使用集合 ················ 47
  - 3.5.1　集合对象的创建与删除 ···· 47
  - 3.5.2　集合的操作与运算 ············ 47
  - 3.5.3　集合应用案例 ···················· 48
- 任务 3.6　小明爬楼梯—理解序列解包 ································ 51
- 习题 ·· 53

项目 4 使用程序控制结构 ························ 55

- 任务 4.1　理解条件表达式的值与 True/False 的等价关系 ···· 55
- 任务 4.2　使用选择结构 ························ 57
  - 4.2.1　程序员买包子—使用单分支选择结构 ······························ 57
  - 4.2.2　鸡兔同笼问题—使用双分支选择结构 ······························ 58
  - 4.2.3　成绩转换—使用多分支选择结构 ·········· 58
  - 4.2.4　成绩转换—使用嵌套的选择结构 ········ 59
- 任务 4.3　使用循环结构 ························ 60
  - 4.3.1　斐波那契数列与九九乘法表—使用 while 循环与 for 循环 ········ 60
  - 4.3.2　求 100 以内的最大素数—使用 break 与 continue 语句 ········ 61
- 任务 4.4　计算平均分—使用异常处理结构 ································ 62
- 任务 4.5　程序控制结构应用案例 ······ 63
- 习题 ·· 67

项目 5 设计和使用自定义函数 ································· 69

任务 5.1 定义与调用函数 ············· 69
    5.1.1 斐波那契数列—基本语法 ············ 69
    5.1.2 计算列表元素之和—定义和使用递归函数 ············ 70

任务 5.2 理解函数参数 ············· 71
    5.2.1 位置参数 ············ 71
    5.2.2 默认值参数 ············ 71
    5.2.3 关键参数 ············ 72
    5.2.4 可变长度参数 ············ 72
    5.2.5 传递参数时的序列解包 ············ 73

任务 5.3 统计小写字母个数—理解局部变量和全局变量 ············ 74

任务 5.4 自定义排序规则—使用 lambda 表达式 ············ 75

任务 5.5 斐波那契数列—理解生成器函数 ············ 76

任务 5.6 函数应用案例 ············· 76

习题 ············· 85

项目 6 面向对象程序设计 ································· 86

任务 6.1 自定义栈—定义与使用类 ············ 86

任务 6.2 自定义三维向量类—理解数据成员与成员方法 ············ 89
    6.2.1 私有成员与公有成员 ············ 89
    6.2.2 数据成员 ············ 90
    6.2.3 成员方法 ············ 90
    6.2.4 属性 ············ 91
    6.2.5 任务实施—三维向量类 ············ 93

任务 6.3 定义 Teacher 类—理解和使用继承 ············ 95

任务 6.4 模拟双端队列—理解特殊方法工作原理 ············ 97

习题 ············· 101

项目 7 使用字符串 ································· 102

任务 7.1 认识字符串 ············· 102
    7.1.1 字符串编码格式 ············ 102
    7.1.2 实现进度条—使用转义字符与原始字符串 ············ 103

任务 7.2 理解字符串格式化 ············· 104
    7.2.1 使用%符号进行格式化 ············ 104
    7.2.2 使用 format()方法进行格式化 ············ 106
    7.2.3 格式化的字符串常量 ············ 106

任务 7.3 考试系统客观题自动判卷—熟悉字符串常用方法与操作 ············ 107
    7.3.1 find()、rfind()、index()、rindex()、

7.3.2	count() ················ 107	
7.3.2	split()、rsplit() ············ 108	
7.3.3	join() ···················· 108	
7.3.4	lower()、upper()、capitalize()、title()、swapcase() ········ 109	
7.3.5	replace()、maketrans()、translate() ···· 109	
7.3.6	strip()、rstrip()、lstrip() ···· 110	
7.3.7	startswith()、endswith() ···· 110	
7.3.8	isalnum()、isalpha()、isdigit()、isspace()、isupper()、islower() ···· 110	
7.3.9	center()、ljust()、rjust() ···· 111	
7.3.10	字符串支持的运算符 ········ 111	
7.3.11	适用于字符串的内置函数 ···· 112	

7.3.12 字符串切片 ················ 112
7.3.13 任务实施—考试系统客观题自动判卷 ···················· 113

任务 7.4 生成随机密码与密码安全性检查—使用字符串常量 ···· 114

任务 7.5 垃圾邮件过滤机制对抗—中英文分词与中文拼音处理 ······················ 115

任务 7.6 汉字到拼音的转换 ········ 116

习题 ······························· 117

项目 8 使用正则表达式 ································ 118

任务 8.1 理解正则表达式语法 ······ 118

任务 8.2 提取电话号码—使用正则表达式模块 re ·········· 120

任务 8.3 综合应用案例 ············ 122

习题 ······························· 124

项目 9 读写文件内容 ································ 126

任务 9.1 了解文件的概念及分类 ····· 126

任务 9.2 了解文件操作基本知识 ····· 127
9.2.1 内置函数 open() ············ 127
9.2.2 文件对象常用方法 ·········· 128
9.2.3 上下文管理语句 with ········ 128

任务 9.3 操作文本文件内容 ········ 128

任务 9.4 操作 Excel 与 Word 文件内容 ···················· 130

习题 ······························· 138

项目 10 文件与文件夹操作 ································ 140

任务 10.1 遍历目录树—使用 os 模块 ···················· 140

任务 10.2 批量修改文件名—使用 os.path 模块 ·········· 142

XI

任务 10.3　压缩与解压缩文件—使用 shutil 模块和 zipfile 模块 ············143

任务 10.4　文件与文件夹操作应用案例 ··············145

习题 ···········147

项目 11　网络爬虫入门与应用 ··········148

任务 11.1　了解 HTML 与 JavaScript ··············148
　11.1.1　HTML 基础 ············148
　11.1.2　JavaScript 基础 ········150

任务 11.2　爬取新闻网站—使用 urllib 编写爬虫程序 ········152
　11.2.1　urllib 的基本应用 ·······152
　11.2.2　任务实施—批量采集新闻网站的新闻 ············153

任务 11.3　采集天气预报数据—使用 ScraPy 编写爬虫程序···155

任务 11.4　解析网页源代码—使用 beautifulsoup 4 编写爬虫程序 ············159

任务 11.5　采集微信公众号文章—使用 requests 编写爬虫程序 ············163
　11.5.1　requests 基本操作 ·······164
　11.5.2　任务实施—采集微信公众号文章 ············165

任务 11.6　借助百度搜索引擎—使用 Selenium 编写爬虫程序 ············166

习题 ···········168

项目 12　使用 NumPy 实现数组与矩阵运算 ··········169

任务 12.1　掌握数组运算与常用操作 ·············169

任务 12.2　掌握矩阵运算与常用操作 ·············177

习题 ···········181

项目 13　使用 Pandas 分析与处理数据 ··········182

任务 13.1　电影演员数据分析—掌握 Pandas 常用操作 ············182

任务 13.2　饭店营业额数据分析—Pandas 结合 Matplotlib 进行数据可视化 ············198

任务 13.3　Pandas 应用案例 ········204

习题 ···········206

项目 14 使用 Matplotlib 进行数据可视化 ······ 207

任务 14.1　认识 Matplotlib ············ 207

任务 14.2　商场促销活动可视化—
　　　　　 绘制折线图 ··················· 208

任务 14.3　手机信号强度可视化—
　　　　　 绘制散点图 ··················· 211

任务 14.4　成绩分布可视化—绘制
　　　　　 饼状图 ·························· 213

任务 14.5　销售业绩可视化—绘制
　　　　　 柱状图 ·························· 215

任务 14.6　课程成绩可视化—绘制
　　　　　 雷达图 ·························· 216

任务 14.7　绘制三维曲线、曲面、
　　　　　 柱状图 ·························· 218

任务 14.8　切分绘图区域 ············· 220

任务 14.9　设置图例属性和样式 ···· 222

任务 14.10　设置坐标轴刻度位置和
　　　　　　文本 ···························· 224

习题 ··· 225

参考文献 ·· 226

项目 1　搭建和使用 Python 开发环境

　　Python 语言以快速解决问题而著称，其特点在于自身提供了丰富的内置对象、运算符和标准库对象，庞大的扩展库更是极大增强了 Python 语言的功能，大幅度扩展了 Python 语言的用武之地，其应用几乎已经渗透到了所有领域和学科。本项目将介绍 Python 语言的特点、版本、编码规范、扩展库的安装、标准库对象与扩展库对象的导入和使用。

学习目标

- 了解 Python 语言版本
- 熟悉 Python 开发环境
- 了解 Python 编码规范
- 掌握扩展库安装方式
- 掌握标准库对象与扩展库对象的导入和使用

素养目标

- 引导学生关注程序设计语言的发展现状与前景
- 培养学生动手能力和探索精神
- 培养学生遵守规范的习惯
- 培养学生团队协作能力和交流沟通能力

任务 1.1　了解 Python 语言特点、应用场景和版本

　　Python 语言的名字来自于一部著名的英国电视剧 "Monty Python's Flying Circus"，Python 之父 Guido van Rossum（荷兰人）是这部电视剧的爱好者，所以把自己设计的程序设计语言命名为 Python。

　　Python 是一门跨平台、开源、免费的解释型高级动态编程语言，是一种通用编程语言。除了可以解释执行之外，Python 还支持将源代码伪编译为字节码来优化程序，提高加载速度，并对源代码进行一定程度的保密，也支持使用 py2exe、pyinstaller、cx_Freeze、Nuitka、py2app 或其他类似工具将 Python 程序及其所有依赖库打包成为各种平台上的可执行文件；Python 支持命令式编程和函数式编程两种方式，完全支持面向对象程序设计，语法简洁清晰，功能强大且易学易用，最重要的是拥有大量的几乎支持所有领域应用开发的成熟扩展库。

　　Python 语言拥有强大的"胶水"功能，可以把多种不同语言编写的程序融合到一起，实现无缝拼接，更好地发挥不同语言和工具的优势，满足不同应用领域的需求。目前，Python 已经广泛应用于统计分析、移动终端开发、科学计算可视化、系统安全、逆向工程与软件分析、图形图像处理、人工智能、机器学习、游戏设计与策划、网站开发、数据爬取与大数据处理、密

码学、系统运维、音乐编程、影视特效制作、计算机辅助教育、医药辅助设计、天文信息处理、化学与生物信息处理、神经科学与心理学、自然语言处理、电子电路设计、电子取证、树莓派（Raspberry Pi，为学习计算机编程教育而设计，只有信用卡大小的微型计算机）开发等几乎所有专业和领域。

虽然 Python 3.0 早在 2008 年 12 月 3 日就已经推出，但官方网站多年来一直同时维护着 Python 2 和 Python 3 两个不同系列的版本，一直到 2020 年 4 月 20 日才正式停止了对 Python 2 的维护，其最后一个版本是 Python 2.7.18。Python 3 系列也有很多版本，目前主要有 Python 3.5/3.6/3.7/3.8/3.9/3.10/3.11/3.12。

对于 Python 3 系列，每次升级新版本都会增加一些新特性或者新的标准库函数，增强一些内置函数、标准库函数的功能，同时也会优化一些内置对象的底层实现以获得更高的性能和速度，但不会有太大的变化，至少会保证低版本 Python 语言编写的程序可以正常被高版本 Python 解释器识别和运行。

与内置对象、内置模块和标准库不同的是，很多扩展库在版本升级时可能会有非常大的改动，除了新增和优化功能之外，还可能删除了一些低版本中的对象，或者修改了一些对象的用法，导致本来运行良好的程序在升级扩展库之后无法运行。如果遇到这种情况，需要查阅扩展库官方网站的版本升级历史和说明，查阅对象新用法或者加载建议替代的新对象，然后对程序进行必要的修改。

如果是初学者，建议直接安装 Python 3.10 或 Python 3.11 版本。如果已经使用低版本 Python 编写了大量应用程序并且使用了扩展库，那么在升级 Python 版本时一定要慎重，要确保用到的扩展库也升级到了相应的版本并且对程序做了必要的修改，以免影响程序运行和用户使用。

在同一台计算机上可以安装多个版本的 Python 开发环境，安装到不同位置并配置好系统环境变量 Path 或者在类似 PyCharm 的开发环境中配置解释器程序即可，然后可以根据需要启动和使用相应版本的解释器。

任务 1.2　安装与配置 Python 开发环境

除了 Python 官方安装包自带的 IDLE，还有 Anaconda 3、PyCharm、VS code、Eclipse、zwPython 等大量开发环境。相对来说，IDLE 稍微简陋一些，但也提供了语法高亮显示（使用不同的颜色显示不同的语法元素，例如，使用绿色显示字符串，橙色显示 Python 关键字，紫色显示内置函数等）、交互式运行、程序编写和运行以及简单的程序调试功能。其他 Python 开发环境则是对 Python 解释器主程序进行了不同的封装和集成，使得代码编写和项目管理更加方便一些。本节对 IDLE 和 Anaconda 3 这两个开发环境进行简单介绍，书中所有代码同样可以在 PyCharm 等其他开发环境中运行。

按照惯例，本书中所有在交互模式运行和演示的代码都以 IDLE 交互环境的提示符 ">>>" 开头，在运行这样的代码时，不需要输入提示符 ">>>"。书中所有不带提示符 ">>>" 的代码都表示需要写入一个程序文件然后保存和运行。

1.2.1 安装与使用 IDLE

IDLE 应该是最原始的 Python 开发环境之一，没有集成任何扩展库，也不具备强大的项目管理功能。但也正是因为这一点，使得开发过程中的一切都可以自己掌控，深受 Python 爱好者喜爱，成为提高 Python 水平的重要途径。

在 Python 官方网站 https://www.python.org/下载 Python 3.10 安装包并安装（建议安装路径为 C:\Python3.10），之后在"开始"菜单中可以打开 IDLE，如图 1-1 所示，然后看到的就是 IDLE 交互式开发界面，如图 1-2 所示。

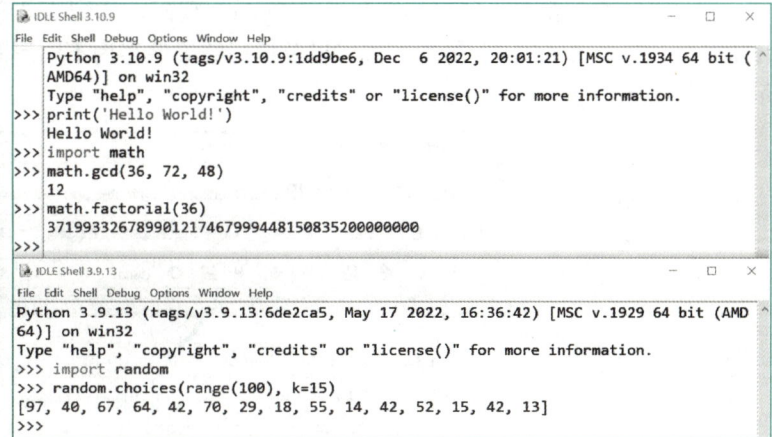

图 1-1 "开始"菜单

图 1-2 Python 3.10 和 Python 3.9 的 IDLE 交互式开发界面

在交互式开发环境中，每次只能执行一条语句，当提示符">>>"再次出现时方可输入下一条语句。普通语句或表达式可以直接按〈Enter〉键运行并立刻输出结果，而选择结构、循环结构、异常处理结构、函数定义、类定义、with 块等属于一条复合语句，需要按两次〈Enter〉键才能执行。

如果要执行大段代码，为了方便反复修改，可以在 IDLE 菜单中选择"File"→"New File"来创建一个程序文件，将其保存为扩展名为"py"或"pyw"的文件，然后按〈F5〉键或选择菜单中"Run"→"Run Module"运行程序，结果会显示到交互式窗口中，如图 1-3 所示。

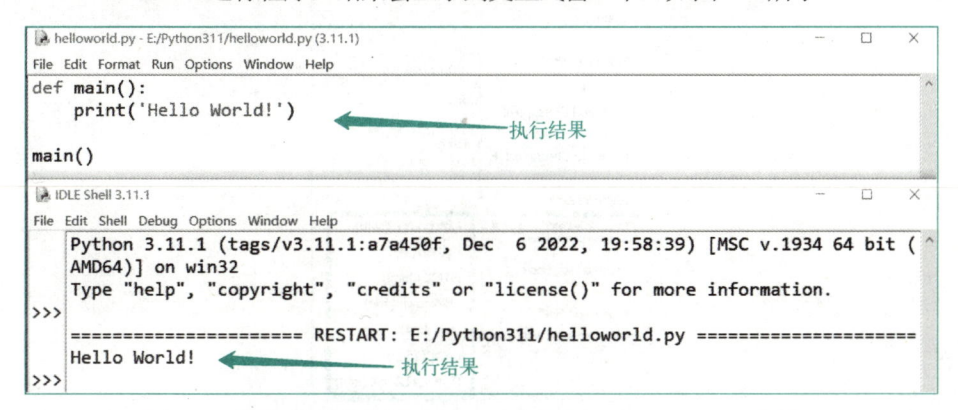

图 1-3 使用 IDLE 编写和运行 Python 程序（以 Python 3.11 为例）

1.2.2　安装与使用 Anaconda 3

Anaconda 3 的安装包集成了大量常用的扩展库，并提供 Jupyter Notebook 和 Spyder 两个开发环境，得到了广大初学者和教学、科研人员的喜爱，是目前比较流行的 Python 开发环境之一。从官方网站 https://www.anaconda.com/download/ 下载合适版本并安装，然后启动 Jupyter Notebook 或 Spyder 即可。

1.2.2 安装与使用 Anaconda 3

（1）Jupyter Notebook

启动 Jupyter Notebook 会打开一个网页，在该网页右上角选择菜单"New"→"Python 3"，则打开一个新窗口，即可编写和运行 Python 代码，如图 1-4 所示。另外，还可以选择菜单"File"→"Download as"将当前代码以及运行结果保存为不同形式的文件，方便日后学习和演示，如图 1-5 所示。

图 1-4　Jupyter Notebook 运行界面

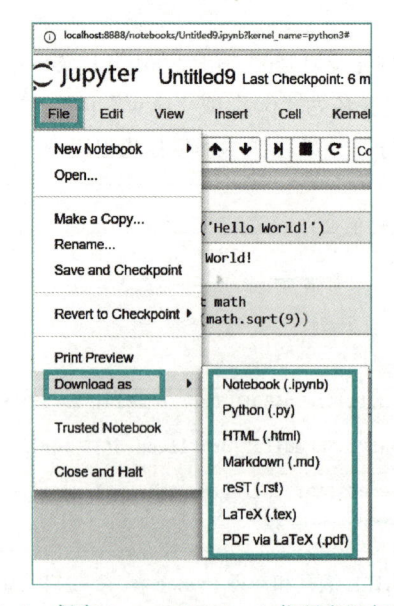

图 1-5　保存 Jupyter Notebook 代码和运行结果

（2）Spyder

Anaconda 3 自带的集成开发环境 Spyder 同时提供了交互式开发界面和程序编写与运行界面，以及程序调试和项目管理功能，使用非常方便，如图 1-6 所示。图中①表示在交互环境直接运行代码，②表示程序代码，单击"运行"按钮③运行程序，结果在④所指的位置显示。

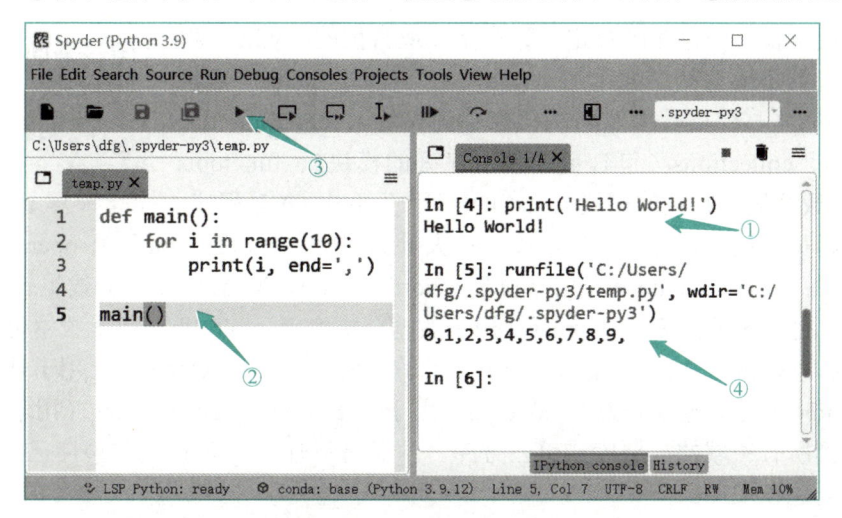

图 1-6　Spyder 运行界面

任务 1.3　了解 Python 编程规范

Python 非常重视代码的可读性，对代码布局和排版有更加严格的要求。这里重点介绍 Python 社区对代码编写的一些共同的要求、规范和一些常用的代码优化建议，最好在开始编写第一段代码时就要遵循这些规范和建议，养成一个好的习惯。

任务 1.3
了解 Python 编程规范

1）严格使用缩进来体现代码的逻辑从属关系。Python 对代码缩进是有硬性要求的，这一点必须时刻注意。在函数定义、类定义、选择结构、循环结构、异常处理结构、with 语句等结构中，对应的函数体或语句块都必须有相应的缩进，并且一般以 4 个空格为一个缩进单位。

2）每个 import 语句只导入一个模块，最好按标准库、扩展库、自定义库的顺序依次导入。尽量避免导入整个库，最好只导入确实需要使用的对象。

3）最好在每个类、函数定义和一段完整的功能代码之后增加一个空行，在运算符两侧各增加一个空格，逗号后面增加一个空格。

4）尽量不要写过长的语句。如果语句过长，可以改写成多个短一些的语句，或者拆分成多行并使用续行符"\"，或者使用圆括号把多行代码括起来表示是一条语句。

5）书写复杂的表达式时，建议在适当的位置加上括号，这样可以使得各种运算的隶属关系和顺序更加明确。

6）对关键代码和重要的业务逻辑代码进行必要的注释。在 Python 中有两种常用的注释形式：#号和三引号。#号用于单行注释，三引号常用于大段说明性文本的注释，尤其是文档字符串。

任务1.4 安装扩展库

库或模块是指一个包含函数定义、类定义或常量的 Python 程序文件，一般并不对这两个概念进行严格区分。除了 math（数学模块）、random（与随机数以及随机化有关的模块）、datetime（日期时间模块）、collections（包含更多扩展序列的模块）、functools（与函数及函数式编程有关的模块）、tkinter（用于开发 GUI 程序的标准库）、urllib（与网页内容读取及网页地址解析有关的标准库）等大量标准库之外，Python 还有 openpyxl（用于读写 Excel 文件）、python-docx（用于读写 Word 文件）、NumPy（用于数组计算与矩阵计算）、SciPy（用于科学计算）、Pandas（用于数据分析）、Matplotlib（用于数据可视化或科学计算可视化）、Scrapy（爬虫框架）、shutil（用于系统运维）、PyOpenGL（用于计算机图形学编程）、pygame（用于游戏开发）、sklearn（用于机器学习）、TensorFlow（用于深度学习）等几乎渗透到所有领域的扩展库或第三方库。本书出版时，Python 的扩展库已经超过 45 万个，并且每天还在增加。

在标准的 Python 安装包中，只包含了标准库，不包含任何扩展库，开发人员根据实际需要再选择合适的扩展库进行安装和使用。Python 自带的 pip 工具是管理扩展库的主要方式，支持 Python 扩展库的安装、升级和卸载等操作。常用 pip 命令的使用方法如表 1-1 所示。如果使用 Anaconda 3 可以使用 conda 命令管理扩展库，用法与 pip 类似。

表 1-1　常用 pip 命令的使用方法

pip 命令示例	说　　明
pip freeze[>requirements.txt]	列出已安装扩展库及其版本号
pip install SomePackage[==version]	在线安装扩展库 SomePackage 的指定版本
pip install SomePackage.whl	通过 whl 文件离线安装扩展库
pip install package1 package2…	依次（在线）安装 package1、package2 等扩展库
pip install -r requirements.txt	安装 requirements.txt 文件中指定的扩展库
pip install --upgrade SomePackage	升级扩展库 SomePackage
pip uninstall SomePackage[==version]	卸载扩展库 SomePackage

有些扩展库安装时要求本机已安装相应版本的 C/C++编译器，或者有些扩展库暂时还没有与本机 Python 版本对应的官方版本，这时可以从 http://www.lfd.uci.edu/~gohlke/pythonlibs/ 下载对应的.whl 文件（注意，一定不要修改文件名），然后在命令提示符环境中使用 pip 命令进行安装。例如：

```
pip install pygame-2.4.0-cp311-cp311-win_amd64.whl
```

注意，如果计算机上安装了多个版本的 Python 或者开发环境，最好切换至相应版本 Python 安装目录的 scripts 文件夹中，然后在命令提示符环境中执行 pip 命令。

任务 1.5　词频统计——导入与使用标准库、扩展库中的对象

Python 标准库和扩展库中的对象必须先导入才能使用，导入方式有如下 3 种。

1. import 模块名[as 别名]

使用"import 模块名[as 别名]"这种方式将模块导入以后，使用时需要在对象之前加上模块名作为前缀，必须以"模块名.对象名"的形式进行访问。如果模块名字很长，可以为导入的模块设置一个别名，然后使用"别名.对象名"的方式来使用其中的对象。

```
>>> import math                          # 导入标准库 math
>>> math.gcd(56, 64)                     # 计算最大公约数
8
>>> import random                        # 导入标准库 random
>>> n = random.random()                  # 返回[0,1] 内的随机小数
>>> n = random.randint(1, 100)           # 返回[1,100]区间上的随机整数
>>> n = random.randrange(1, 100)         # 返回[1, 100)区间中的随机整数
>>> import os.path as path               # 导入标准库 os.path，设置别名为 path
>>> path.isfile(r'C:\Windows\notepad.exe')
True
>>> import numpy as np                   # 导入扩展库 numpy，设置别名为 np
>>> a = np.array((1,2,3,4))              # 通过模块的别名来访问其中的对象
>>> a
array([1, 2, 3, 4])
>>> print(a)
[1 2 3 4]
```

根据 Python 编码规范，一般建议每个 import 语句只导入一个模块，并且要按照标准库、扩展库和自定义库的顺序进行导入。

2. from 包名/模块名 import 模块名对象名[as 别名]

使用"from 包名/模块名 import 模块名对象名 [as 别名]"方式仅导入明确指定的对象，并且可以为导入的对象起一个别名。这种导入方式可以减少查询次数，提高访问速度，同时也可以减少程序员需要输入的代码量，不需要使用模块名作为前缀。

```
>>> from random import sample
>>> sample(range(100), 10)               # 在指定范围内选择不重复元素
[24, 33, 59, 19, 79, 71, 86, 55, 68, 10]
>>> from os.path import isfile
>>> isfile(r'C:\Windows\notepad.exe')
True
>>> from math import sin as f            # 给导入的对象 sin 起个别名
>>> f(3)
0.1411200080598672
```

3. from 模块名 import *

使用"from 模块名 import *"方式可以一次导入模块中的所有对象,简单直接,写起来也比较省事,可以直接使用模块中的所有对象而不需要再使用模块名作为前缀,但一般并不推荐这样使用。

```
>>> from math import *          # 导入标准库 math 中所有对象
>>> sin(3)                      # 求正弦值
0.1411200080598672
>>> sqrt(9)                     # 求平方根
3.0
>>> pi                          # 常数 π
3.141592653589793
>>> e                           # 常数 e
2.718281828459045
>>> log2(8)                     # 计算以 2 为底 8 的对数值
3.0
>>> log10(100)                  # 计算以 10 为底 100 的对数值
2.0
>>> radians(180)                # 把角度转换为弧度
3.141592653589793
```

【例1-1】 编写程序,对一段文件进行分词,然后统计并输出每个词语出现的次数。

```
1.  from collections import Counter
2.  from jieba import cut
3.
4.  text = '''变量名、常量名、函数名和类名、成员方法名统称为标识符,\
5.  其中变量用来表示初始结果、中间结果和最终结果的值及其支持的操作,\
6.  函数用来表示一段封装了某种功能的代码,类是具有相似特征和共同行为对象的抽象。\
7.  在为标识符起名字时,至少应该做到"见名知义",\
8.  优先考虑使用英文单词或单词的组合作为标识符的名字。'''
9.  words = cut(text)
10. freq = Counter(words)
11. print(freq)
```

运行结果如图1-7所示。

```
Building prefix dict from the default dictionary ...
Loading model from cache C:\Users\dfg\AppData\Local\Temp\jieba.cache
Loading model cost 0.571 seconds.
Prefix dict has been built successfully.
Counter({'的': 6, ',': 5, '、': 4, '名': 3, '标识符': 3, '结果': 3, '函数': 2,
'为': 2, '用来': 2, '表示': 2, '和': 2, '。': 2, '名字': 2, '变量名': 1, '常量': 1
, '名和类': 1, '成员': 1, '方法': 1, '统称': 1, '其中': 1, '变量': 1, '初始': 1,
'中间': 1, '最终': 1, '值': 1, '及其': 1, '支持': 1, '操作': 1, '一段': 1, '封装'
: 1, '了': 1, '某种': 1, '功能': 1, '代码': 1, '类': 1, '是': 1, '具有': 1, '相似
': 1, '特征': 1, '共同': 1, '行为': 1, '对象': 1, '抽象': 1, '在': 1, '起': 1, '
时': 1, '至少': 1, '应该': 1, '做到': 1, '"': 1, '见名': 1, '知义': 1, '"': 1, '
优先': 1, '考虑': 1, '使用': 1, '英文单词': 1, '或': 1, '单词': 1, '组合': 1, '作
为': 1})
```

图1-7 词频统计程序运行结果

习题

一、选择题

1. 下面关于 Python 描述中正确的有（　　）。
   A．开源　　　　　B．免费　　　　　C．跨平台　　　　D．扩展库丰富
2. 下面导入对象的语句中，正确的有（　　）。
   A．from math import sin　　　　　B．import math.sin
   C．import math　　　　　　　　　D．from math import *
3. 下面能够支持 Python 程序编写和运行的环境有（　　）。
   A．IDLE　　　　　B．Anaconda3　　　C．PyCharm　　　　D．Eclipse
4. 下面扩展库中可以用来把 Python 程序打包为可执行程序的有（　　）。
   A．pyinstaller　　　B．Nuitka　　　　C．cx_Freeze　　　D．jieba
5. 关于 Python 语言的注释，以下选项中描述错误的是（　　）。
   A．Python 语言有两种注释方式：单行注释和多行注释
   B．Python 语言的单行注释以#开头
   C．Python 语言的多行注释以'''（三个单引号）开头和结尾
   D．Python 语言的单行注释以单引号'开头
6. Python 程序可以将一条长语句分成多行显示的续行符号是（　　）。
   A．\　　　　　　　B．;　　　　　　　C．#　　　　　　　D．'

二、上机实践

1. 下载安装 Python 3.x 的最新稳定版本。
2. 使用 pip 工具安装扩展库 Pandas、openpyxl 和 pillow。
3. 下载并安装 Anaconda 3。
4. 解释导入标准库与扩展库中对象的几种方法之间的区别。
5. 练习本项目中的代码。
6. 下载、安装和配置 PyCharm。
7. 在任务 1.4 列出的扩展库中挑选 3 个，查阅资料了解其用法。

关注微信公众号"Python 小屋"，发送消息"小屋刷题"，下载"Python 小屋刷题软件"客户端，练习客观题中"基础知识"相关的题目。

项目 2　使用内置对象和运算符

Python 内置对象不需要安装和导入任何模块就可以直接使用，其中很多内置函数除了常见的基本用法之外，还提供了更多参数支持高级用法。在使用 Python 运算符时，应注意很多运算符具有多重含义，作用于不同的对象时可能会有不同的表现。本项目将对 Python 的内置对象、运算符、表达式、关键字等用法进行介绍。

学习目标

- 理解变量类型的动态性
- 掌握运算符的用法
- 掌握内置函数的用法
- 理解函数式编程模式
- 了解关键字含义
- 了解变量命名规范

素养目标

- 引导学生遵守标识符命名规范
- 培养学生探索内置函数高级用法的习惯
- 培养学生优化代码的意识

任务 2.1　了解 Python 常用内置对象

在 Python 中的一切都是对象，整数、实数、复数、字符串、列表、元组、字典、集合是对象，zip、map、enumerate、filter 等函数返回值也是对象，函数和类也是对象。Python 中的对象有内置对象、标准库对象和扩展库对象，其中内置对象可以直接使用，标准库对象需要导入之后才能使用，扩展库对象需要先安装相应的扩展库然后才能导入并使用。Python 常用的内置对象如表 2-1 所示。

表 2-1　Python 内置对象

对象类型	类型名称	示　例	简要说明
数字	int float complex	123456789, 0x1ff 3.14, 1.3e5 3+4j, 3j	整数大小没有限制，实数计算可能有误差，且内置支持复数及其运算
字符串	str	'swfu' "I'm student" '''Python is a great language''' r'C:\Windows\notepad.exe'	使用单引号、双引号、三引号作为定界符，不同定界符之间可以互相嵌套；使用字母 r 或 R 引导的表示原始字符串
字节串	bytes	b'hello world'	以字母 b 引导
列表	list	[1, 2, 3] ['a', 'b', ['c', 2]]	所有元素放在一对方括号中，元素之间使用逗号分隔，其中的元素可以是任意类型

（续）

对象类型	类型名称	示 例	简要说明
元组	tuple	(2, −5, 6) (3,)	所有元素放在一对圆括号中，元素之间使用逗号分隔，如果元组中只有一个元素，后面的逗号不能省略
字典	dict	{1:'food', 2:'taste', 3:'import'}	所有元素放在一对大括号中，元素之间使用逗号分隔，元素形式为"键:值"，其中"键"不重复并且必须为不可变类型
集合	set	{'a', 'b', 'c'}	所有元素放在一对大括号中，元素之间使用逗号分隔，元素不重复且必须为不可变类型
布尔型	bool	True, False	逻辑值
空类型	NoneType	None	空值
异常	Exception ValueError TypeError …		Python 内置异常类
文件		f = open('test.dat', 'rb')	Open()是 Python 内置函数，使用指定的模式打开文件，返回文件对象

2.1.1　常量与变量

所谓常量，是指不能改变的字面值，例如，一个数字 3.0j，一个字符串"Hello world."，一个元组（4, 5, 6），都是常量。变量一般是指值可以变化的量。在 Python 中，不仅变量的值是可以变化的，变量的类型也是随时可以发生改变的。另外，在 Python 中，不需要事先声明变量名及其类型，赋值语句可以直接创建任意类型的变量。例如，下面第一条语句创建了整型变量 x，并赋值为 5。

```
>>> x = 5                        # 整型变量
>>> type(x)                      # 内置函数 type()用来查看变量类型
<class 'int'>
>>> type(x) == int
True
>>> isinstance(x, int)           # 内置函数 isinstance()测试变量是否为指定类型
True
```

下面的语句创建了字符串变量 x，并赋值为'Hello world.'，之前的整型变量 x 不复存在。

```
>>> x = 'Hello world.'           # 字符串变量
```

下面的语句又创建了列表对象 x，并赋值为[1, 2, 3]，之前的字符串变量 x 也就不再存在了。

```
>>> x = [1, 2, 3]
```

赋值语句的执行过程是：首先把等号右侧表达式的值计算出来，然后在内存中寻找一个位置把值存储进去，最后创建变量并引用这个内存地址。

也就是说，Python 变量并不直接存储值，而是存储值的内存地址或者引用，这也是变量类型随时可以改变的原因。

另外需要注意的是，虽然不需要在使用之前显式地声明变量及其类型，并且变量类型随时可以发生变化，但 Python 是一种不折不扣的强类型编程语言，Python 解释器会根据赋值运算符/分隔符右侧表达式的值来自动推断变量类型，每个变量在任何时刻都属于确定的类型。

在 Python 中定义变量名的时候，需要遵守下面的规范。

- 变量名必须以字母、汉字或下画线开头。
- 变量名中不能有空格或标点符号。
- 不能使用关键字作变量名，如 if、else、for、return 这样的变量名都是非法的。
- 变量名对英文字母的大小写敏感，如 student 和 Student 是不同的变量。
- 不建议使用系统内置的模块名、类型名或函数名，以及已导入的模块名及其成员名作变量名，如 id、max、len、list、math、random 这样的变量名都是不建议使用的。

2.1.2 数字类型

在 Python 中，内置的数字类型有整数、实数和复数。其中，整数类型除了常见的十进制整数，还有如下进制。

- 二进制。以 0b 开头，每一位只能是 0 或 1。
- 八进制。以 0o 开头，每一位只能是 0、1、2、3、4、5、6、7 这 8 数字之一。
- 十六进制。以 0x 开头，每一位只能是 0、1、2、3、4、5、6、7、8、9、a、b、c、d、e、f 之一，字母不区分大小写。

Python 支持任意大的整数。由于精度的问题，对于实数运算可能会有误差，应尽量避免在实数之间直接进行相等性测试，而是应该以二者之差的绝对值是否足够小作为两个实数是否相等的依据，或者使用标准库函数 math.isclose()进行检查，如下所示。

```
>>> 99999999999 ** 9                   # 这里**是幂乘运算符
999999999910000000003599999999916000000012599999999874000000008399999999964000000000899999999999
>>> 0.4 - 0.1                          # 实数相减，结果稍微有点偏差
0.30000000000000004
>>> 0.4 - 0.1 == 0.3                   # 应尽量避免直接比较两个实数是否相等
False
>>> abs(0.4-0.1 - 0.3) < 1e-6          # 这里 1e-6 表示 10 的-6 次方
True
>>> import math
>>>math.isclose(0.4-0.1, 0.3)
True
```

Python 内置支持复数类型及其运算，形式与数学上的复数完全一致。举例如下。

```
>>> x = 3 + 4j                         # 使用 j 或 J 表示复数虚部
>>> y = 5 + 6j
>>> x + y                              # 支持复数之间的算术运算
(8+10j)
>>> x * y
(-9+38j)
>>> abs(x)                             # 内置函数 abs()可用来计算复数的模
5.0
>>> x.imag                             # 虚部
4.0
>>> x.real                             # 实部
3.0
>>> x.conjugate()                      # 共轭复数
```

```
(3-4j)
```

为了提高可读性，Python 3.6.x 以及更高版本支持在数字中间位置插入单个下画线，下画线可以出现在中间任意位置，但不能出现在开头和结尾，也不能使用多个连续的下画线，具体用法如下所示。

```
>>> 1_000_000
1000000
>>> 1_2_3_4
1234
>>> 1_2 + 3_4j
(12+34j)
>>> 1_2.3_45
12.345
```

2.1.3 字符串

在 Python 中，没有字符常量和变量的概念，只有字符串类型的常量和变量，即使是单个字符也是字符串。Python 使用单引号、双引号、三单引号、三双引号作为定界符来表示字符串，并且不同的定界符之间可以互相嵌套。另外，Python 3.x 全面支持中文，中文字符和英文字符都作为一个字符对待，甚至可以使用中文作为变量名。

除了支持使用加号运算符连接字符串，使用乘号运算符对字符串进行重复，使用切片访问字符串中的一部分字符以外，很多内置函数和标准库对象也支持对字符串的操作。另外，Python 字符串还提供了大量的方法支持查找、替换、排版等操作。这里先简单介绍一下字符串对象的创建、连接和重复，更多详细内容见项目 7。

```
>>> x = 'Hello world.'                      # 使用单引号作为定界符
>>> x = "Python is a great language."        # 使用双引号作为定界符
>>> x = '''Tom said, "Let's go."'''          # 不同定界符之间可以互相嵌套
>>> print(x)
Tom said, "Let's go."
>>> x = 'good ' + 'morning'                  # 连接字符串
>>> x * 3                                    # 字符串重复
'good morninggood morninggood morning'
```

2.1.4 列表、元组、字典、集合

列表、元组、字典、集合和字符串是 Python 内置的容器对象，其中可以包含多个元素。另外，range、map、zip、filter、enumerate 等迭代器对象是 Python 中比较常用的内置对象，支持某些与容器类对象类似的用法，统称为可迭代对象。

这里先介绍一下列表、元组、字典和集合的创建与简单使用，更详细地介绍参考项目 3。

```
>>> x_list = [1, 2, 3]                       # 创建列表对象
>>> x_tuple = (1, 2, 3)                      # 创建元组对象
>>> x_dict = {'a':97, 'b':98, 'c':99}        # 创建字典对象，其中元素形式为"键:值"
>>> x_set = {1, 2, 3}                        # 创建集合对象
```

```
>>> print(x_list[1])                # 使用下标访问指定位置的元素
2
>>> print(x_tuple[1])               # 元组也支持使用序号作为下标
2
>>> print(x_dict['a'])              # 字典对象的下标是"键"
97
>>> x_set[1]                        # 集合不支持使用下标随机访问，出错
Traceback (most recent call last):
  File "<pyshell#6>", line 1, in <module>
    x_set[1]
TypeError: 'set' object does not support indexing
>>> 3 in x_set                      # 成员测试
True
```

2.1.5 函数

函数可以分为内置函数、标准库函数、扩展库函数和自定义函数。

在 Python 中，可以使用关键字 def 定义具名函数（有名字的函数），使用关键字 lambda 定义匿名函数（没有名字的函数，一般作为其他函数的参数来使用）。详细内容见本书项目5，本节仅简单介绍相关的语法。下面的代码演示了定义和调用函数的用法。

```
# func 是函数名，value 是形参，可以理解为占位符
# 在调用函数时，形参会被替换为实际传递过来的对象
def func(value):
    return value*3


# lambda 表达式常用来定义匿名函数，也可以定义具名函数
# 下面定义的 func 和上面的函数 func 在功能上是相同的
# value 相当于函数的形参，表达式 value*3 的值相当于函数的返回值
func = lambda value: value*3


# 通过函数名来调用，圆括号里的内容是实参，用来替换函数的形参
print(func(5))              # 输出 15
print(func([5]))            # 输出[5, 5, 5]
print(func((5,)))           # 输出(5, 5, 5)
print(func('5'))            # 输出 555
```

任务 2.2 掌握 Python 运算符

在 Python 中，单个常量或变量可以看作最简单的表达式，使用任意运算符连接的式子也属于表达式，在表达式中也可以包含函数的调用。

运算符用来表示特定类型的对象支持的行为和对象之间的操作，运算符的功能与对象类型密切相关，不同类型的对象支持的运算符不同，同一个运算符作用于不同类型的对象时功能也

会有所区别。常用的 Python 运算符如表 2-2 所示,大致按照优先级从低到高的顺序排列,且表格中第一列中同一个单元格内的运算符具有相同的优先级。在计算表达式时,会先计算高优先级的运算符再计算低优先级的运算符,相同优先级的运算符从左向右依次进行计算(幂运算符"**"除外)。

表 2-2 Python 运算符

运算符	功能说明
:=	赋值运算,Python 3.8 新增,俗称海象运算符
lambda [parameter]: expression	用来定义 lambda 表达式,功能相当于函数,parameter 相当于函数参数,可以没有;expression 表达式的值相当于函数返回值
value1 if condition else value2	用来表示一个二选一的表达式,其中 value1、condition、value2 都为表达式,如果 condition 的值等价于 True,则整个表达式的值为 value1 的值,否则整个表达式的值为 value2 的值,类似于一个双分支选择结构,见 3.2.2 节
or	"逻辑或"运算,以表达式 exp1 or exp2 为例,如果 exp1 的值等价于 True,则返回 exp1 的值;否则返回 exp2 的值
and	"逻辑与"运算,以表达式 exp1 and exp2 为例,如果 exp1 的值等价于 False,则返回 exp1 的值;否则返回 exp2 的值
not	"逻辑非"运算,对于表达式 not x,如果 x 的值等价于 True,则返回 False;否则返回 True
in、not in is、is not	成员测试,表达式 x in y 的值当且仅当 y 中包含元素 x 时才会为 True; 测试两个变量是否引用同一个对象。如果两个对象引用的是同一个对象,那么它们的内存地址相同
<、<=、>、>=、==、!=	关系运算,用于比较大小,作用于集合时表示测试集合的包含关系
|	"按位或"运算,集合并集
^	"按位异或"运算,集合对称差集
&	"按位与"运算,集合交集
<<、>>	左移位、右移位
+ -	算术加法,列表、元组、字符串连接; 算术减法,集合差集
* @ / // %	算术乘法,序列重复; 矩阵乘法; 真除; 整除; 求余数,字符串格式化
+ - ~	正号 负号,相反数 按位求反
**	幂运算,指数可以为小数,例如,3**0.5 表示计算 3 的平方根
[] . ()	下标,切片; 属性访问,成员访问; 函数定义或调用,修改表达式计算顺序,声明多行代码为一个语句
[]、()、{}	定义列表、元组、字典、集合以及列表推导式、生成器表达式、字典推导式、集合推导式

虽然 Python 运算符有一套严格的优先级规则,但不建议过于依赖运算符的优先级和结合性,而是应该在编写复杂表达式时尽量使用圆括号来明确说明其中的逻辑来提高代码可读性,圆括号中的表达式作为一个整体。

除了表 2-2 列出的运算符之外,还有+=、-=、*=、/=、//=、**=、&=、^=、|=、>>=、<<= 等大量复合赋值分隔符,例如,语句 data += 3 可以简单地理解为 data = data + 3,但实际功能细节会随着 data 的类型不同而存在较大的差异。一般不提倡使用 data += 3 这种形式的写法,更推荐使用 data = data + 3 这种形式的代码。

2.2.1 算术运算符

1)"+"运算符除了用于算术加法以外，还可以用于列表、元组、字符串的连接，但不支持不同内置类型的对象之间相加或连接。

```
>>> [1, 2, 3] + [4, 5, 6]        # 连接两个列表
[1, 2, 3, 4, 5, 6]
>>> (1, 2, 3) + (4,)             # 连接两个元组
(1, 2, 3, 4)
>>> 'abcd' + '1234'              # 连接两个字符串
'abcd1234'
>>> 'A' + 1                      # 不支持字符与数字相加，抛出异常
Traceback (most recent call last):
  File "<pyshell#20>", line 1, in <module>
    'A' + 1
TypeError: Can't convert 'int' object to str implicitly
```

2)"*"运算符除了表示算术乘法，还可用于列表、元组、字符串这几个序列类型的对象与整数的乘法，表示序列元素的重复，生成新的序列对象。

```
>>> [1, 2, 3] * 3
[1, 2, 3, 1, 2, 3, 1, 2, 3]
>>> (1, 2, 3) * 3
(1, 2, 3, 1, 2, 3, 1, 2, 3)
>>> 'abc' * 3
'abcabcabc'
```

3)"/"和"//"运算符在Python中分别表示算术除法和算术求整商。

```
>>> 3 / 2                        # 数学意义上的除法
1.5
>>> 15 // 4                      # 如果两个操作数都是整数，结果为整数
3
>>> 15.0 // 4                    # 如果操作数中有实数，结果为实数形式的整数值
3.0
>>> -15//4                       # 向下取整
-4
```

4)"%"运算符可以用于整数或实数的求余数运算，还可以用于字符串格式化。

```
>>> 789 % 23                     # 余数，789-(789//23*23)
7
>>> '%c,%d' % (65, 65)           # 把65分别格式化为字符和整数
'A,65'
>>> '%f,%s' % (65, 65)           # 把65分别格式化为实数和字符串
'65.000000,65'
```

5)"**"运算符表示幂运算。

```
>>> 3 ** 2                       # 3的2次方，等价于pow(3, 2)
9
>>> 9 ** 0.5                     # 9的0.5次方，平方根
3.0
>>> 3 ** 2 ** 3                  # 幂运算符从右往左计算
6561
```

2.2.2 关系运算符

Python 关系运算符可以连用，要求操作数之间必须可比较大小。

```
>>> 1 < 3 < 5                    # 等价于 1 < 3 and 3 < 5
True
>>> 3 < 5 > 2
True
>>> 'Hello' > 'world'            # 比较字符串大小
False
>>> [1, 2, 3] < [1, 2, 4]        # 比较列表大小，依次比较对应位置的元素
                                 # 得出结论后立即停止
True
>>> 'Hello' > 3                  # 字符串和数字不能比较
TypeError: unorderable types: str() > int()
>>> {1, 2, 3} < {1, 2, 3, 4}     # 测试是否为真子集
True
>>> {1, 2, 3} == {3, 2, 1}       # 测试两个集合是否相等
True
>>> {1, 2, 4} > {1, 2, 3}        # 集合之间的包含测试
False
>>> {1, 2, 4} < {1, 2, 3}
False
>>> {1, 2, 4} == {1, 2, 3}
False
```

2.2.3 元素测试运算符

元素测试运算符 in 用于成员测试，即测试一个对象是否为另一个对象的元素。

```
>>> 3 in [1, 2, 3]               # 测试 3 是否存在于列表[1, 2, 3]中
True
>>> 5 in range(1, 10, 1)         # range()用来生成指定范围数字
True
>>> 'abc' in 'abcdefg'           # 子字符串测试
True
>>> for i in (3, 5, 7):          # 循环，成员遍历
    print(i, end='\t')           # 注意，循环结构属于复合语句
                                 # 这里要连续按〈Enter〉键两次才能执行
                                 # 后面类似的情况不再说明

3    5    7
```

2.2.4 集合运算符

集合的交集、并集、对称差集等运算分别使用&、|和^运算符来实现，差集使用减号运算符实现。

```
>>> {1, 2, 3} | {3, 4, 5}        # 并集，自动去除重复元素
{1, 2, 3, 4, 5}
>>> {1, 2, 3} & {3, 4, 5}        # 交集
{3}
>>> {1, 2, 3} ^ {3, 4, 5}        # 对称差集
{1, 2, 4, 5}
>>> {1, 2, 3} - {3, 4, 5}        # 差集
{1, 2}
```

2.2.5 逻辑运算符

逻辑运算符 and、or、not 常用来连接条件表达式构成更加复杂的条件表达式，并且 and 和 or 具有惰性求值或逻辑短路的特点，即当连接多个表达式时只计算必须要计算的值，前面介绍的关系运算符也具有类似的特点。

```
>>> 3>5 and a>3                  # 注意，此时并没有定义变量 a，但不会出错
False
>>> 3>5 or a>3                   # 3>5 的值为 False，所以需要计算后面表达式，出错
NameError: name 'a' is not defined
>>> 3<5 or a>3                   # 3<5 的值为 True，不需要计算后面表达式
True
>>> 3 and 5                      # and 和 or 连接的表达式的值不一定是 True 或 False
5
>>> 3 and 5>2                    # 而是把最后一个计算的表达式的值作为整个表达式的值
True
>>> 3 not in [1, 2, 3]           # 逻辑非运算符 not
False
```

2.2.6 赋值分隔符

除了表 2-2 中列出的运算符之外，Python 还有赋值分隔符=和+=、-=、*=、/=、//=、**=、|=、^=等大量复合赋值分隔符。

Python 不支持++和--运算符，虽然在形式上有时候似乎可以这样用，但实际上是另外的含义。

```
>>> i = 3
>>> ++i                          # 这里的++解释为两个正号
3
>>> +(+3)                        # 与++i 等价
3
>>> i++                          # Python 不支持++运算符，语法错误
SyntaxError: invalid syntax
>>> --i                          # 负负得正
3
>>> -(-i)                        # 与--i 等价
3
```

```
>>> ---i                          # 等价于-(-(-i))
-3
>>> i--                           # Python不支持--运算符,语法错误
SyntaxError: invalid syntax
```

Python 3.8 开始新增了真正的赋值运算符":=",也称海象运算符,可以在表达式中创建变量并为变量赋值,运用得当可以让代码更加简洁。这个运算符不能在普通语句中直接使用,如果必须使用,需要在外面加一对圆括号。下面的代码演示了赋值运算符":="的用法,第一段代码中用到了随机选择,每次运行结果可能不一样,请自行运行程序并查看结果。

```python
from random import choices

text = ''.join(choices('01', k=100))
if (c:=text.count('0')) > 50:
    print(f'0 出现的次数多,有{c}次。')
else:
    print(f'1 出现的次数多,有{100-c}次。')

with open('news.txt', encoding='utf8') as fp:
    while (length:=len(line:=fp.readline())) > 0:
        if length > 30:
            print(f'第一个长度大于 30 的行为:{line}长度为:{length}')
            break
    else:
        print('没有长度大于 30 的行。')

for num in (data:=[1,2,3]):
    print(num)
# 循环结构中创建的变量在循环结束之后还可以访问
print(data, num)
```

任务 2.3　打字练习程序—使用 Python 内置函数

内置函数不需要额外导入任何模块即可直接使用,具有非常快的运行速度,推荐优先使用。使用下面的语句可以查看所有内置函数和内置对象。

```
>>> dir(__builtins__)              # 注意,前后各有两个下画线
```

使用 help(函数名)可以查看某个函数的用法。常用的内置函数及其功能简要说明如表 2-3 所示,其中方括号内的参数可以省略。

表 2-3　Python 常用内置函数

函数	功能简要说明
abs(x, /)	返回数字 x 的绝对值或复数 x 的模,斜线表示该位置之前的所有参数必须为位置参数,见 7.2 节。例如,只能使用 abs(-3)这样的形式调用,不能使用 abs(x=-3)的形式进行调用
aiter(async_iterable, /)	返回异步可迭代对象的异步迭代器对象,Python 3.10 新增
all(iterable, /)	如果可迭代对象 iterable 为空或其中所有元素都等价于 True,则返回 True,否则返回 False

（续）

函数	功能简要说明
anext(⋯)	返回异步迭代器对象中的下一个元素，Python 3.10 新增
any(iterable, /)	如果可迭代对象 iterable 中存在等价于 True 的元素就返回 True，否则返回 False。如果可迭代对象 iterable 为空，返回 False
ascii(obj, /)	返回对象的 ASCII 码表示形式，进行必要的转义。例如，ascii('abcd')返回 "'abcd'"，ascii('微信公众号：Python 小屋')返回 "'\\u5fae\\u4fe1\\u516c\\u4f17\\u53f7\\uff1aPython\\u5c0f\\u5c4b'"，其中'\\u5fae'为汉字'微'的转义字符
bin(number, /)	返回整数 number 的二进制形式的字符串，参数 number 可以是二进制、八进制、十进制或十六进制数。例如，表达式 bin(3)的值为'0b11'，表达式 bin(-3)的值为'-0b11'
bool(x)	如果参数 x 的值等价于 True 就返回 True，否则返回 False
bytearray(iterable_of_ints) bytearray(string, 　　　　encoding[, errors]) bytearray(bytes_or_buffer) bytearray(int) bytearray()	返回可变的字节数组，可以使用函数 dir()和 help()查看字节数组对象的详细用法。例如，bytearray((65, 97, 103))返回 bytearray(b'Aag')，bytearray('社会主义核心价值观','gbk')返回 bytearray(b'\xc9\xe7\xbb\xe1\xd6\xf7\xd2\xe5\xba\xcb\xd0\xc4\xbc\xdb\xd6\xb5\xb9\xdb')，bytearray(b'abcd')返回 bytearray(b'abcd')，bytearray(5)返回 bytearray(b'\x00\x00\x00\x00\x00')
bytes(iterable_of_ints) bytes(string, 　　　encoding[, errors]) bytes(bytes_or_buffer) bytes(int) bytes()	创建字节串或把其他类型数据转换为字节串，不带参数时创建空字节串。例如，bytes(5)表示创建包含 5 个 0 的字节串 b'\x00\x00\x00\x00\x00'，bytes((97, 98, 99))表示把若干介于[0,255]区间的整数转换为字节串 b'abc'，bytes((97,))可用于把一个介于[0,255]区间的整数 97 转换为字节串 b'a'，bytes('董付国', 'utf8')使用 UTF-8 编码格式把字符串'董付国'转换为字节串 b'\xe8\x91\xa3\xe4\xbb\x98\xe5\x9b\xbd'
callable(obj, /)	如果参数 obj 为可调用对象就返回 True，否则返回 False，Python 中的可调用对象包括函数、lambda 表达式、类、类方法、静态方法、对象方法、实现了特殊方法__call__()的类的对象
classmethod(function)	修饰器函数，用来把一个成员方法转换为类方法
complex(real=0, imag=0)	返回复数，其中 real 是实部，imag 是虚部，默认值均为 0，直接调用函数 complex()，不加参数时返回虚数 0j
chr(i, /)	返回 Unicode 编码为 i 的字符，其中 0 ≤ i ≤ 0x10ffff
compile(source, filename, 　　　mode, flags=0, 　　　dont_inherit=False, 　　　optimize=-1, *, 　　　_feature_version=-1)	把 Python 程序源码伪编译为字节码，可被 exec()或 eval()函数执行
delattr(obj, name, /)	删除对象 obj 的 name 属性，等价于 del obj.name
dict() dict(mapping) dict(iterable) dict(**kwargs)	把可迭代对象 iterable 转换为字典，不加参数时返回空字典。参数名前面加两个星号表示可以接收多个关键参数，也就是调用函数时以 name=value 这样形式传递的参数，见 7.2.4 节
dir([object])	返回指定对象或模块 object 的成员列表，如果不带参数则返回包含当前作用域内所有可用对象名字的列表
divmod(x, y, /)	计算整商和余数，返回元组(x//y, x%y)，满足恒等式：div*y + mod == x
enumerate(iterable, 　　　　start=0)	枚举可迭代对象 iterable 中的元素，返回包含元素形式为(start, iterable[0])，(start+1, iterable[1])，(start+2, iterable[2])，⋯的迭代器对象，start 表示计数的起始值，默认为 0
eval(source, 　　globals=None, 　　locals=None, /)	计算并返回字符串或字节码对象 source 中表达式的值，参数 globals 和 locals 用来指定字符串 source 中变量的值，如果二者有冲突，以 locals 为准。如果参数 globals 和 locals 都没有指定，就按 LEGB 顺序搜索字符串 source 中的变量并进行替换。该函数可以对任意字符串进行求值，有安全隐患，建议使用标准库 ast 中的安全函数 literal_eval()
exec(source, globals=None, 　　locals=None, /)	在参数 globals 和 locals 指定的上下文中执行 source 代码或者 compile()函数编译得到的字节码对象
exit()	结束程序，退出当前 Python 环境
filter(function or None, 　　　iterable)	使用可调用对象 function 描述的规则对 iterable 中的元素进行过滤，返回 filter 对象，其中包含可迭代对象 iterable 中使得可调用对象 function 返回值等价于 True 的那些元素，第一个参数为 None 时，返回的 filter 对象中包含 iterable 中所有等价于 True 的元素

（续）

函数	功能简要说明
float(x=0, /)	把整数或字符串 x 转换为浮点数
format(value, format_spec='', /)	把参数 value 按 format_spec 指定的格式转换为字符串。例如，format(5, '6d') 等价于 '{:6d}'.format(5)，结果均为 ' 5'
getattr(object, name[, default])	获取对象 object 的 name 属性，等价于 obj.name
globals()	返回当前作用域中能够访问的所有全局变量名称与值组成的字典
hasattr(obj, name, /)	检查对象 obj 是否拥有 name 指定的属性
hash(obj, /)	计算参数 obj 的哈希值，如果 obj 不可哈希则抛出异常。该函数常用来测试一个对象是否可哈希，但一般不需要关心具体的哈希值。对于 Python 内置对象，可哈希与不可变是一个意思，不可哈希与可变是一个意思。从面向对象程序设计的角度来讲，可哈希对象是指同时实现了特殊方法 __hash__() 和 __eq__() 的类的对象
help(obj)	返回对象 obj 的帮助信息，例如，help(sum) 可以查看内置函数 sum() 的使用说明，help('math') 可以查看标准库 math 的使用说明，使用任意列表对象作为参数可以查看列表对象的使用说明，参数也可以是类、对象方法、标准库或扩展库函数等。直接调用 help() 函数不加参数时进入交互式帮助会话，输入字母 q 退出
hex(number, /)	返回整数 number 的十六进制形式的字符串，参数 number 可以是二进制、八进制、十进制或十六进制数
id(obj, /)	返回对象的内存地址
input(prompt=None, /)	输出参数 prompt 的内容作为提示信息，接收键盘输入的内容，回车表示输入结束，以字符串形式返回输入的内容（不包含最后的回车符）
int([x]) int(x, base=10)	返回实数 x 的整数部分，或把字符串 x 看作 base 进制数并转换为十进制，base 默认为十进制，取值范围为 0 或 2～36 的整数
isinstance(obj, class_or_tuple,/)	测试对象 obj 是否属于指定类型（如果有多个类型的话需要放到元组中）的实例
issubclass(cls, class_or_tuple, /)	检查参数 cls 是否为 class_or_tuple 或其（其中某个类的）子类
iter(iterable) iter(callable, sentinel)	第一种形式用来根据可迭代对象创建迭代器对象，第二种形式用来重复调用可调用对象，直到其返回参数 sentinel 指定的值
len(obj, /)	返回容器对象 obj 包含的元素个数，适用于列表、元组、集合、字典、字符串以及 range 对象，不适用于具有惰性求值特点的生成器对象和 map、zip 等迭代器对象
list(iterable=(), /)	把对象 iterable 转换为列表，不加参数时返回空列表
map(func, *iterables)	返回包含若干函数值的 map 对象，函数 func 的参数分别来自于 iterables 指定的一个或多个可迭代对象中对应位置的元素，直到最短的一个可迭代对象中的元素全部用完。形参前面加一个星号表示可以接收任意多个按位置传递的实参，见 7.2.4 节
max(iterable, *[, default=obj, key=func]) max(arg1, arg2, *args, *[, key=func])	返回可迭代对象中所有元素或多个实参的最大值，允许使用参数 key 指定排序规则，使用参数 default 指定 iterable 为空时返回的默认值
min(iterable, *[, default=obj, key=func]) min(arg1, arg2, *args, *[, key=func])	返回可迭代对象中所有元素或多个实参的最小值，允许使用参数 key 指定排序规则，使用参数 default 指定 iterable 为空时返回的默认值
next(iterator[, default])	返回迭代器对象 iterator 中的下一个值，如果 iterator 为空则返回参数 default 的值，如果不指定 default 参数，当 iterable 为空时会抛出 StopIteration 异常
oct(number, /)	返回整数 number 的八进制形式的字符串，参数 number 可以是二进制、八进制、十进制或十六进制数
open(file, mode='r', buffering=-1, encoding=None, errors=None, newline=None, closefd=True, opener=None)	打开参数 file 指定的文件并返回文件对象，详见 8.1 节

（续）

函数	功能简要说明
pow(base, exp, mod=None)	相当于 base**exp 或(base**exp)%mod
ord(c, /)	返回 1 个字符 c 的 Unicode 编码

print(value, ..., sep=' ',
    end='\n',
    file=sys.stdout,
    flush=False)
	基本输出函数，可以输出一个或多个表达式的值，参数 sep 表示相邻数据之间的分隔符（默认为空格），参数 end 用来指定输出完所有值后的结束符（默认为换行符）

property(fget=None,
    fset=None,
    fdel=None, doc=None)
	用来创建属性，也可以作为修饰器使用

quit(code=None)	结束程序，退出当前 Python 环境
range(stop) range(start, stop[, step])	返回 range 对象，其中包含左闭右开区间[start,stop)内以 step 为步长的整数，其中 start 默认为 0，step 默认为 1
reduce(function, sequence[, initial])	将双参数函数 function 以迭代的方式从左到右依次应用至可迭代对象 sequence 中每个元素，并把中间计算结果作为下一次计算时函数 function 的第一个参数，最终返回单个值作为结果。在 Python 3.x 中 reduce()不是内置函数，需要从标准库 functools 中导入再使用
repr(obj, /)	把对象 obj 转换为适合 Python 解释器内部识别的字符串形式，对于不包含反斜线的字符串和其他类型对象，repr(obj)与 str(obj)功能一样，对于包含反斜线的字符串，repr()会把单个反斜线转换为两个反斜线
reversed(sequence, /)	返回序列 sequence 中所有元素逆序的迭代器对象
round(number, ndigits=None)	对整数或实数 number 进行四舍五入，最多保留 ndigits 位小数，参数 ndigits 可以为负数。如果 number 本身的小数位数少于 ndigits，不再处理。例如，round(3.1, 3)的结果为 3.1，round(1234, -2)的结果为 1200
set(iterable) set()	把可迭代对象 iterable 转换为集合，不加参数时返回空集合
setattr(obj, name, value, /)	设置对象属性，相当于 obj.name = value
slice(stop) slice(start, stop[, step])	创建切片对象，可以用作下标。例如，对于列表对象 data，那么 data[slice(start, stop, step)]等价于 data[start:stop:step]

sorted(iterable, /, *,
    key=None,
    reverse=False)
	返回参数 iterable 中所有元素排序后组成的列表，参数 key 用来指定排序规则或依据，参数 reverse 用来指定升序或降序，默认值 False 表示升序。单个星号*做参数表示该位置后面的所有参数都必须为关键参数，星号本身不是参数，见 7.2 节

staticmethod(function)	把成员方法转换为类的静态方法
str(object='') str(bytes_or_buffer [, encoding[, errors]])	把任意对象直接转换为字符串或者把字节串转换为参数 encoding 指定的编码格式的字符串，相当于 bytes_or_buffer.decode(encoding)
sum(iterable, /, start=0)	返回参数 start 与可迭代对象 iterable 中所有元素相加之和
super() super(type) super(type, obj) super(type, type2)	返回基类
tuple(iterable=(), /)	把可迭代对象 iterable 转换为元组，不加参数时返回空元组
type(object_or_name, bases, dict) type(object) type(name, bases, dict)	查看对象类型或创建新类型
vars([object])	不带参数时等价于 locals()，带参数时等价于 object.__dict__
zip(*iterables)	组合一个或多个可迭代对象中对应位置上的元素，返回 zip 对象，其中每个元素为(seq1[i], seq2[i], …)形式的元组，最终 zip 对象中可用的元组个数取决于所有参数可迭代对象中最短的那个

2.3.1 类型转换与判断

1）内置函数 bin()、oct()、hex()用来将整数转换为二进制、八进制和十六进制形式，这 3 个函数都要求参数必须为整数，但不必须为十进制整数。

```
>>> bin(555)                    # 把数字转换为二进制串
'0b1000101011'
>>> oct(555)                    # 转换为八进制串
'0o1053'
>>> hex(555)                    # 转换为十六进制串
'0x22b'
```

内置函数 float()用来将其他类型数据转换为实数，complex()可以用来创建复数。

```
>>> float(3)                    # 把整数转换为实数
3.0
>>> float('3.5')                # 把数字字符串转换为实数
3.5
>>> float('inf')                # 无穷大，其中 inf 不区分大小写
inf
>>> complex(3)                  # 指定实部
(3+0j)
>>> complex(3, 5)               # 指定实部和虚部
(3+5j)
>>> complex('inf')              # 无穷大
(inf+0j)
```

2）ord()用来返回单个字符的 Unicode 码，chr()用来返回 Unicode 编码对应的字符，str()直接将其任意类型参数转换为字符串。

```
>>> ord('a')                    # 查看指定字符的 Unicode 编码
97
>>> chr(65)                     # 返回数字 65 对应的字符
'A'
>>> chr(ord('A')+1)             # Python 不允许字符串和数字直接相加
'B'
>>> chr(ord('国')+1)            # 支持中文
'图'
>>> str(1234)                   # 直接变成字符串
'1234'
>>> str([1,2,3])
'[1, 2, 3]'
>>> str((1,2,3))
'(1, 2, 3)'
>>> str({1,2,3})
'{1, 2, 3}'
```

3）list()、tuple()、dict()、set()用来把其他类型的数据转换成为列表、元组、字典和可变集合，或者创建空列表、空元组、空字典和空集合。

```
>>> list(range(5))              # 把 range 对象转换为列表
[0, 1, 2, 3, 4]
>>> tuple(_)                    # 一个下画线表示上一次正确的输出结果
(0, 1, 2, 3, 4)
>>> dict(zip('1234', 'abcde'))  # 创建字典
{'1': 'a', '2': 'b', '3': 'c', '4': 'd'}
```

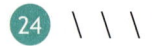

```
>>> set('1112234')                    # 创建集合，自动去除重复
{'4', '2', '3', '1'}
```

4）内置函数 eval()用来计算字符串或字节串中表达式的值，在有些场合也可以用来实现类型转换的功能。

```
>>> eval('3+5')
8
>>> eval(b'3+5')                      # 引号前面加字母 b 表示字节串
8
>>> eval('9')                         # 把数字字符串转换为数字
9
>>> eval('09')                        # 抛出异常，不允许以 0 开头的数字
SyntaxError: invalid token
>>> int('09')                         # 这样转换是可以的
9
>>> list(str([1, 2, 3, 4]))           # 字符串中每个字符都变为列表中的元素
['[', '1', ',', ' ', '2', ',', ' ', '3', ',', ' ', '4', ']']
>>> eval(str([1, 2, 3, 4]))           # 字符串求值
[1, 2, 3, 4]
```

5）内置函数 type()和 isinstance()用来查看和判断数据的类型。

```
>>> type([3])                         # 查看[3]的类型
<class 'list'>
>>> type({3}) in (list, tuple, dict)
False
>>> isinstance(3, int)                # 判断 3 是否为 int 类型的实例
True
>>> isinstance(3j, (int, float, complex))
True
```

2.3.2 最值与求和

max()、min()、sum()这 3 个内置函数分别用于计算列表、元组或其他包含有限个元素的可迭代对象中所有元素最大值、最小值以及所有元素之和。

下面的代码首先使用列表推导式（见 3.2.6 节）生成包含 10 个随机数的列表，然后分别计算该列表的最大值、最小值、所有元素之和以及平均值。

```
>>> from random import randint
>>> a = [randint(1,100) for i in range(10)]   # 包含 10 个[1,100]之间随机数的列表
>>> print(max(a), min(a), sum(a))             # 最大值、最小值、所有元素之和
>>> sum(a) / len(a)                           # 平均值
```

函数 max()和 min()还支持 key 参数，用来指定比较大小的依据或规则，可以是函数或 lambda 表达式等任意类型的可调用对象。

```
>>> max(['2', '111'])                         # 不指定排序规则
```

```
'2'
>>> max(['2', '111'], key=len)          # 返回最长的字符串
'111'
>>> from random import randint
>>> lst = [[randint(1, 50) for i in range(5)] for j in range(30)]
                                        # 列表推导式，生成包含 30 个子列表的列表
                                        # 每个子列表中包含 5 个介于[1,50]区间的整数
>>> max(lst, key=sum)                   # 返回元素之和最大的子列表
>>> max(lst, key=lambda x: x[1])        # 所有子列表中第 2 个元素最大的子列表
>>> max(lst, key=lambda x: (x[1], x[3]))
```

2.3.3 基本输入/输出

input()和 print()是 Python 的基本输入/输出函数，前者用来接收用户的键盘输入，后者用来把数据以指定的格式输出到标准控制台或指定的文件对象。不论用户输入什么内容，input()一律将其作为字符串对待，必要的时候可以使用内置函数 int()、float()或 eval()对用户输入的内容进行类型转换。例如：

```
>>> x = input('Please input: ')         # input()函数的参数表示提示信息
Please input: 345
>>> x
'345'
>>> type(x)                             # 把用户的输入作为字符串对待
<class 'str'>
>>> int(x)                              # 转换为整数
345
>>> eval(x)                             # 对字符串求值，或类型转换
345
>>> x = input('Please input: ')
Please input: [1, 2, 3]
>>> x                                   # 不管用户输入什么，一律返回字符串
'[1, 2, 3]'
>>> type(x)
<class 'str'>
>>> eval(x)                             # 注意，这里不能使用 list()进行转换
[1, 2, 3]
```

内置函数 print()用于将信息输出到标准控制台或指定文件中，语法格式如下：

```
print(value1, value2, ..., sep=' ', end='\n', file=sys.stdout, flush=False)
```

其中 sep 参数之前为需要输出的内容（可以有多个）；sep 参数用于指定数据之间的分隔符，默认为空格；end 参数表示结束符，默认为换行符。例如：

```
>>> print(1, 3, 5, 7, sep='\t')         # 修改默认分隔符
1   3   5   7
```

```
>>> for i in range(10):                 # 修改 end 参数，每个输出之后不换行
        print(i, end=' ')

0 1 2 3 4 5 6 7 8 9
```

2.3.4 排序与逆序

sorted()可以对列表、元组、字典、集合或其他可迭代对象进行排序并返回新列表，支持使用 key 参数指定排序规则，其含义和用法与 max()、min()函数的 key 参数相同。

```
>>> x = list(range(11))
>>> import random
>>> random.shuffle(x)                   # shuffle()用来随机打乱顺序
>>> x
[2, 4, 0, 6, 10, 7, 8, 3, 9, 1, 5]
>>> sorted(x)                           # 以默认规则排序
[0, 1, 2, 3, 4, 5, 6, 7, 8, 9, 10]
>>> sorted(x, key=lambda item:len(str(item)), reverse=True)
                                        # 按转换成字符串以后的长度降序排序
[10, 2, 4, 0, 6, 7, 8, 3, 9, 1, 5]
>>> sorted(x, key=str)                  # 按转换成字符串以后的大小升序排序
[0, 1, 10, 2, 3, 4, 5, 6, 7, 8, 9]
>>> x                                   # 不影响原来列表的元素顺序
[2, 4, 0, 6, 10, 7, 8, 3, 9, 1, 5]
>>> x = ['aaaa', 'bc', 'd', 'b', 'ba']
>>> sorted(x, key=lambda item: (len(item), item))
                                        # 先按长度排序，长度一样的正常排序
['b', 'd', 'ba', 'bc', 'aaaa']
```

reversed()可以对可迭代对象（生成器对象和具有惰性求值特性的 zip、map、filter、enumerate 等类似对象除外）进行翻转（首尾交换），并返回可迭代的 reversed 对象。

```
>>> list(reversed(x))                   # reversed 对象是可迭代的
['ba', 'b', 'd', 'bc', 'aaaa']
```

2.3.5 枚举与迭代

enumerate()函数用来枚举可迭代对象中的元素，返回可迭代的 enumerate 对象，其中每个元素都是包含索引和值的元组。在使用时，既可以把 enumerate 对象转换为列表、元组、集合，也可以使用 for 循环（见 4.3 节）直接遍历其中的元素。

```
>>> list(enumerate('abcd'))             # 枚举字符串中的元素
[(0, 'a'), (1, 'b'), (2, 'c'), (3, 'd')]
>>> list(enumerate(['Python', 'Greate']))   # 枚举列表中的元素
[(0, 'Python'), (1, 'Greate')]
>>> for index, value in enumerate(range(10, 15)):   # 序列解包的语法见 3.6 节
        print((index, value), end=' ')
```

(0, 10) (1, 11) (2, 12) (3, 13) (4, 14)

2.3.6 map()函数、reduce()函数、filter()函数

1. map()函数

内置函数 map()是把一个可调用对象 func 依次映射到一个或多个可迭代对象中对应位置的元素上，返回一个可迭代的 map 对象作为结果，map 对象中每个元素都是原可迭代对象中元素经过可调用对象 func 处理后的结果。

```
>>> list(map(str, range(5)))            # 把列表中的元素转换为字符串
['0', '1', '2', '3', '4']
>>> def add5(v):                         # 单参数函数
        return v+5

>>> list(map(add5, range(10)))           # 把单参数函数映射到一个可迭代对象的所有元素
[5, 6, 7, 8, 9, 10, 11, 12, 13, 14]
>>> def add(x, y):                       # 可以接收两个参数的函数
        return x+y

>>> list(map(add, range(5), range(5,10)))
                                         # 把双参数函数映射到两个可迭代对象上
[5, 7, 9, 11, 13]
>>> list(map(lambda x, y: x+y, range(5), range(5,10)))
                                         # 使用 lambda 表达式实现同样功能
                                         # 该 lambda 表达式相等于一个函数，
                                         # 接收 x 和 y 作为参数，返回 x+y
                                         # lambda 表达式的介绍详见 2.1.5 节、5.4 节
[5, 7, 9, 11, 13]
>>> import random
>>> x = random.randint(1, 1e30)          # 生成指定范围内的随机整数
                                         # 1e30 表示 10 的 30 次方
>>> x
839746558215897242220046223150
>>> list(map(int, str(x)))               # 提取大整数每位上的数字
[8, 3, 9, 7, 4, 6, 5, 5, 8, 2, 1, 5, 8, 9, 7, 2, 4, 2, 2, 2, 0, 0, 4, 6, 2, 2, 3, 1, 5, 0]
```

2. reduce()函数

标准库 functools 中的函数 reduce()可以将一个接收两个参数的函数以迭代的方式从左到右依次作用到一个可迭代对象的所有元素上，并且允许指定一个初始值。例如，

```
reduce(lambda x, y: x+y, [1, 2, 3, 4, 5])
```

计算过程为((((1+2)+3)+4)+5)，第一次计算时 x 为 1 而 y 为 2，第二次计算时 x 的值为(1+2)而 y 的值为 3，第三次计算时 x 的值为((1+2)+3)而 y 的值为 4，以此类推，最终完成计算并返回((((1+2)+3)+4)+5)的值。

```
>>> from functools import reduce
>>> reduce(lambda x, y: x+y, range(1, 10))      # lambda 表达式相当于函数
```

45

上面实现数字累加的代码运行过程如图 2-1 所示。

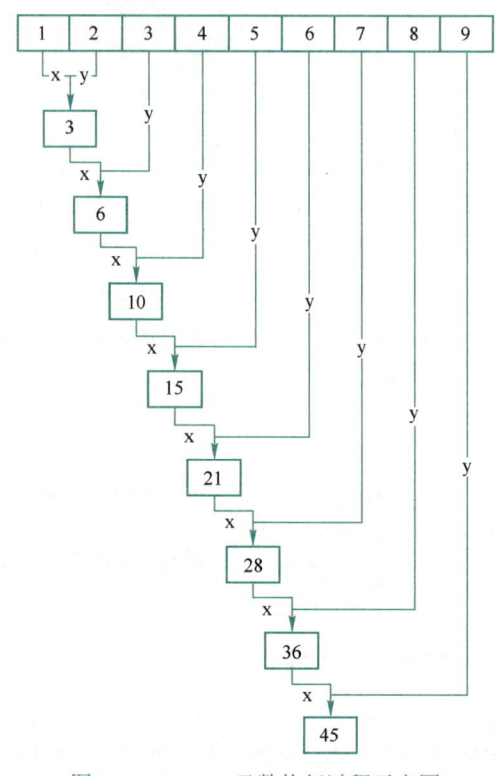

图 2-1 reduce()函数执行过程示意图

3. filter()函数

内置函数 filter()将一个单参数函数作用到一个可迭代对象上,返回其中使得该函数返回值为 True 的那些元素组成的 filter 对象,如果指定函数为 None,则返回可迭代对象中等价于 True 的元素。在使用时,可以把 filter 对象转换为列表、元组、集合,也可以直接使用 for 循环遍历其中的元素。

```
>>> seq = ['foo', 'x41', '?!', '***']
>>> def func(x):
    return x.isalnum()          # isalnum()是字符串的方法
                                # 用于测试 x 是否为字母或数字
                                # 等价于 str.isalnum 方法
>>> filter(func, seq)           # 返回 filter 对象
<filter object at 0x000000000305D898>
>>> list(filter(func, seq))     # 把 filter 对象转换为列表
['foo', 'x41']
>>> seq                         # 不对原列表做任何修改
['foo', 'x41', '?!', '***']
```

2.3.7 range()函数

range()是 Python 开发中常用的一个内置函数,语法格式为 range([start,] stop [, step]),有 range(stop)、range(start, stop)和 range(start, stop, step)三种用法。该函数返回的 range 对象中包含左闭右开区间[start, stop)内以 step 为步长的整数，其中参数 start 默认值为 0，step 默认值为 1。

```
>>> range(5)                    # start 默认值为 0，step 默认值为 1
range(0, 5)
>>> list(_)
[0, 1, 2, 3, 4]
>>> list(range(1, 10, 2))       # 指定起始值和步长
[1, 3, 5, 7, 9]
>>> list(range(9, 0, -2))       # 步长为负数时，start 应比 end 大
[9, 7, 5, 3, 1]
>>> for i in range(4):          # 循环 4 次
    print(3, end=' ')

3 3 3 3
```

2.3.8 zip()函数

zip()函数用来把多个可迭代对象中对应位置上的元素重新组合到一起，返回一个可迭代的 zip 对象，其中每个元素都是包含原来多个可迭代对象对应位置上元素的元组，最终结果中包含的元素个数取决于所有参数可迭代对象中最短的那个。

```
>>> list(zip('abcd', [1, 2, 3]))              # 重新组合字符串和列表中的元素
[('a', 1), ('b', 2), ('c', 3)]
>>> list(zip('abcd'))
[('a',), ('b',), ('c',), ('d',)]
>>> list(zip('123', 'abc', ',.!'))
[('1', 'a', ','), ('2', 'b', '.'), ('3', 'c', '!')]
>>> for item in zip('abcd', range(3)):        # zip 对象是可迭代的
    print(item)

('a', 0)
('b', 1)
('c', 2)
>>> x = zip('abcd', '1234')
>>> list(x)                                   # 把 zip 对象转换为列表
[('a', '1'), ('b', '2'), ('c', '3'), ('d', '4')]
>>> list(x)                                   # 注意，zip 对象只能遍历一次
# 访问过的元素就不存在了，enumerate、filter、map 对象以及生成器对象也有这个特点
[]
```

2.3.9 任务实施——打字练习程序

【例 2-1】 打字练习程序。每次运行程序时随机输出 100 个字，为防止练习者不认识，为每个字标注拼音。练习者输入完成后，程序输出成绩。

```
1.  from time import time
2.  from operator import eq
```

```
from random import choices
from pypinyin import pinyin

characters = '''黍煤勇入圾厨找匿坯叮残讣钉都够敞猜褪氓棵趾番搔培吱对\
击窥夷汉聪众卯捻闷叶寿喘龚瞻凝乒萧卞凑眷盅封辊晶箔玛粕颓邪圈阅挨瞄件翘\
旱熏藐幽拢侈娠实哪嫡固壶逆需度崭脊斧韵依轮彭绽幼驳密拿臃踌锄瑚年驳庐湖\
散甚慰柄溪潜党代沂墅钥船癣傲耳粳懈浴妙篡董捂侈豆乏卑畏客瑰丹险什拣誉乘\
狗班遗障欺碟丁祈侧盗豺粟卑朝饲澈烬奸区始油匈泗拈多重诲啊改钧疽匿新刮一\
友簇抒腋万镊盗种女胶牡诡溺词筹冯鳞但床惨帧写扩跟犁涸硬蹭邱馁右够出耶欣\
票贮汽腑败请蛰婶皋挚吓刮若窖菜位茵渴五杖森酉舜都继讨北耘咖奸瘩狂鹿腥胸\
堰杆项涌膝絮丧闺曲饭襟窜台斑厄亩名岩志溺刁值帮潞志泳孤箕哮烂咸盛县官眩\
汽饱拇箩轨猩臻吱舰卯筏以大竣置塞诺娠署荐惜喧静溃循莽秉赌汉炒钒泊勇参'''
origin = ''.join(choices(characters, k=100))
prompt = ''.join(map(''.join,
                     zip(origin,
                         map(str,
                             pinyin(origin))))).replace("'", "")
print('原文：', prompt, sep='\n')
start_time = time()
user_input = input('请开始输入，回车表示输入完成：\n')
time_span = time() - start_time
right = sum(map(eq, origin, user_input))
print(f'原文共有{len(origin)}个字，\n'
      f'您输入了{len(user_input)}个字，其中正确字数为{right}，'
      f'正确率：{right/len(origin):.2%}。\n'
      f'用时：{round(time_span,2)}秒，'
      f'打字速度{round(len(user_input)/time_span,2)}字/秒，'
      f'正确打字的速度为{round(right/time_span,2)}字/秒')
```

运行结果如图 2-2 所示。

```
原文：
卑[bēi]叮[dīng]盛[shèng]拇[mǔ]诺[nuò]坯[pī]叶[yè]代[dài]藐[miǎo]女[nǚ]疽[jū]遗[yí]
钥[yào]簇[cù]始[shǐ]秉[bǐng]硬[yìng]油[yóu]婶[shěn]勇[yǒng]继[jì]挚[zhì]词[cí]耳[ě
r]筹[chóu]筏[fá]絮[xù]依[yī]酉[yǒu]志[zhì]钒[fán]找[zhǎo]喧[xuān]瘩[dā]胶[jiāo]实[
shí]皋[gāo]票[piào]幽[yōu]乒[pīng]窥[kuī]静[jìng]吓[xià]盅[zhōng]溃[kuì]棵[kē]娠[s
hēn]坯[pī]鳞[lín]婶[shěn]帮[bāng]舰[jiàn]咖[kā]圾[jī]鹿[lù]氓[máng]胸[xiōng]丁[dīn
g]祈[qí]眩[xuàn]捻[niǎn]叮[dīng]溺[nì]汉[hàn]闺[guī]轮[lún]韵[yùn]耶[yé]颓[tuí]叶[
yè]挚[zhì]炒[chǎo]犁[lí]莽[mǎng]豆[dòu]匿[nì]饲[sì]傲[ào]朝[cháo]亩[mǔ]油[yóu]棵[k
ē]欺[qī]拣[jiǎn]堰[yàn]煤[méi]卑[bēi]但[dàn]咖[kā]瑚[hú]溺[nì]扩[kuò]继[jì]但[dàn]
豺[chái]墅[shù]澈[chè]依[yī]驳[bó]荐[jiàn]
请开始输入，回车表示输入完成：
卑叮盛拇诺坯叶带藐女疽遗钥簇始秉硬油婶勇继挚词耳筹筏絮依酉
原文共有100个字，
您输入了29个字，其中正确字数为28，正确率：28.00%。
用时：119.14秒，打字速度0.24字/秒，正确打字的速度为0.24字/秒
```

图 2-2　打字练习程序运行结果

任务 2.4　了解 Python 关键字

关键字只允许用来表达特定的语义，不允许通过任何方式改变它们的含义，也不能用作变量名、函数名或类名等标识符。在 Python 开发环境中导入模块 keyword 之后，可以使用 print(keyword.kwlist)查看所有关键字，其含义如表 2-4 所示。

表 2-4　Python 关键字含义

关　键　字	含　　义
False	常量，逻辑假，首字母必须大写
None	常量，空值，首字母必须大写
True	常量，逻辑真，首字母必须大写
and	逻辑与运算，具有惰性求值的特点
as	在 import、with 或 except 语句中给对象起别名
assert	断言，用来确认某个条件必须满足，可用来帮助调试程序
break	用在循环中，提前结束 break 所在层次的循环
class	用来定义类
continue	用在循环中，提前结束本次循环
def	定义函数
del	删除对象或对象成员
elif	用在选择结构中，表示 else if 的意思
else	可以用在选择结构、循环结构和异常处理结构中
except	用在异常处理结构中，用来捕获特定类型的异常
finally	用在异常处理结构中，用来表示无论是否发生异常都会执行的代码
for	构造 for 循环，用来遍历可迭代对象中的元素
from	常用于明确指定从哪个模块中导入什么对象，如 from math import sin
global	定义或声明全局变量
if	用在选择结构中或各种推导式中测试条件是否成立
import	导入模块或模块中的对象
in	元素测试
is	同一性测试
lambda	定义 lambda 表达式，等价于函数
nonlocal	声明 nonlocal 变量
not	逻辑非运算
or	逻辑或运算，具有惰性求值的特点
pass	空语句，执行该语句时什么都不做，常用作占位符
raise	显式抛出异常
return	在函数中用来返回值，如果没有指定返回值，表示返回空值 None
try	在异常处理结构中用来限定可能会引发异常的代码块
while	构造 while 循环结构，只要条件表达式等价于 True 就重复执行限定的代码块
with	上下文管理，具有自动管理资源的功能
yield	在生成器函数中用来返回值

习题

一、填空题

1. Python 运算符中用来计算整商的是_____。

2．Python 运算符中用来计算集合并集的是_____。

3．Python 运算符中用来计算集合差集的是_____。

4．Python 运算符中用来计算集合交集的是_____。

5．使用运算符测试集合 A 是否为集合 B 的真子集的表达式为_____。

6．语句 print(1, 2, 3, sep=':')的输出结果为_____。

7．Python 内置函数_____可以返回列表、元组、字典、集合、字符串以及 range 对象中的元素个数。

8．用来计算列表长度的内置函数是_____。

9．表达式'12' + '34'的值为_____。

10．表达式-17 // 4 的值为_____。

11．表达式 10 % 3 的值为_____。

12．表达式 3>5 and a<b 的值为_____。

13．表达式 8 ** (1/3)的值为_____。

14．表达式'123' * 3 的值为_____。

15．表达式 max(['121', '34'])的值为_____。

16．已知 x 为包含若干整数的列表，那么表达式 sorted(x, reverse=True) == reversed(x)的值为_____。

17．表达式 sum([1, 2, 3])的值为_____。

18．表达式 round(3.4)的值为_____。

19．表达式 int(3.5)的值为_____。

20．表达式 divmod(36, 12)的值为_____。

21．表达式 chr(ord('b')+1)的值为_____。

22．表达式 eval('[1,2,3]')的值为_____。

二、判断题

1．已知 x = 3；那么赋值语句 x = 'abcedfg'是无法正常执行的。　　　　　　　　（　　）

2．0o12f 是合法的八进制数字。　　　　　　　　　　　　　　　　　　　　　　（　　）

3．x = 9999**9999 这样的语句在 Python 中无法运行，因为数字太大超出了整型变量的表示范围。　　　　　　　　　　　　　　　　　　　　　　　　　　　　　　　　　　（　　）

4．Python 变量使用前必须先声明，并且一旦声明就不能在当前作用域内改变其类型。（　　）

三、简答题

1．已知 x = {1, 2, 3}，那么可以计算 3*x 的值吗？如果可以，值是什么？如果不可以，请解释原因。

2．已知 x = zip('abc', '1234')，那么连续两次执行 list(x)会得到同样的结果吗？如果能，结果是什么？如果不能，请解释原因。

3．表达式 0.4 - 0.3 == 0.1 的值是什么？请解释原因。

4．下面可以作为变量名的有哪些？

age	name1	if	return
for	123	姓名	break

关注微信公众号"Python 小屋"，发送消息"小屋刷题"，下载"Python 小屋刷题软件"客户端，练习客观题和编程题中"内置函数、运算符"相关的题目。

项目 3　使用列表、元组、字典、集合

Python 语言中可迭代对象包括容器对象和迭代器对象，其中常用的容器对象有列表、元组、字典、集合、字符串。本项目介绍列表、元组、字典、集合这 4 种容器对象，字符串的内容较多，将在项目 7 中详细讲解。

学习目标

- 掌握列表、元组、字典、集合的特点和自身提供的方法
- 掌握运算符和内置函数对列表、元组、字典、集合的操作
- 理解列表推导式、生成器表达式的工作原理
- 掌握切片操作
- 掌握序列解包的用法

素养目标

- 培养学生选择最佳数据类型的习惯
- 培养学生优化代码的意识
- 培养学生安全编码的意识

任务 3.1　了解 Python 容器对象

Python 容器对象类似于 C、C++、Java 等语言中的数组，是用来存储大量数据的容器，但又有自己的特点，并且提供了更加强大的功能。熟练运用这些对象，可以更加快捷、高效地解决问题。

从是否有序和是否可变这两个角度对常用的容器对象分类，如图 3-1 所示。

对于有序容器对象，可以说哪个是第一个元素，哪个是第二个元素，或者哪个是倒数第一个元素，哪个是倒数第二个元素，也可以使用整数作为索引去直接访问指定位置上的元素，

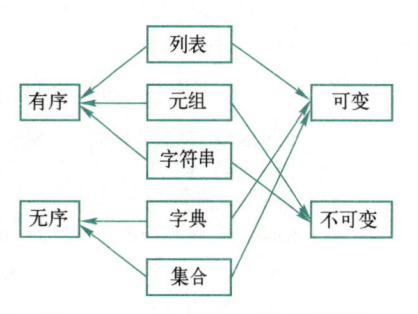

图 3-1　Python 容器对象分类示意

并且支持使用切片，而无序容器对象则不支持这些用法。对于可变容器对象，可以修改其中元素的值，也可以为其增加新元素或删除已有的元素，不可变容器对象则不支持这样做。

任务 3.2　查询学生成绩 — 使用列表

在形式上，列表（list）的所有元素放在一对方括号中，相邻元素之间使用逗号分隔。同一

个列表中元素的数据类型可以各不相同，可以同时包含整数、实数、字符串等基本类型的元素，也可以包含列表、元组、字典、集合、函数以及其他任意对象。如果只有一对方括号而没有任何元素则表示空列表。下面几个都是合法的列表对象。

```
[10, 20, 30, 40]
['crunchy frog', 'ram bladder', 'lark vomit']
['spam', 2.0, 5, [10, 20]]
[['file1', 200,7], ['file2', 260,9]]
[{3}, {5:6}, (1, 2, 3)]
```

3.2.1 列表创建与删除

使用 "=" 或 ":=" 直接将一个列表常量赋值给变量即可创建列表对象。

```
>>> a_list = ['a', 'b', 'c', 'd', 'e']
>>> a_list = []                          # 创建空列表
```

也可以使用 list() 函数把元组、range 对象、字符串、字典、集合或其他可迭代对象转换为列表。

```
>>> list((3, 5, 7, 9, 11))               # 将元组转换为列表
[3, 5, 7, 9, 11]
>>> list(range(1, 10, 2))                # 将 range 对象转换为列表
[1, 3, 5, 7, 9]
>>> list('hello world')                  # 将字符串转换为列表
['h', 'e', 'l', 'l', 'o', ' ', 'w', 'o', 'r', 'l', 'd']
>>> list({3, 7, 5})                      # 将集合转换为列表，集合中的元素是无序的
[3, 5, 7]
>>> list({'a':3, 'b':9, 'c':78})         # 将字典的"键"转换为列表
['a', 'b', 'c']
>>> list({'a':3, 'b':9, 'c':78}.items()) # 将字典的元素转换为列表
[('a', 3), ('b', 9), ('c', 78)]
>>> x = list()                           # 创建空列表
```

当一个列表不再使用时，可以使用 del 命令将其删除。

```
>>> x = [1, 2, 3]
>>> del x                                # 删除列表对象
>>> x                                    # 对象删除后无法再访问，抛出异常
NameError: name 'x' is not defined
```

3.2.2 访问列表元素

列表属于有序容器对象，可以使用整数作为下标来随机访问其中任意位置上的元素，其中 0 表示第 1 个元素，1 表示第 2 个元素，2 表示第 3 个元素，以此类推；列表还支持使用负整数作为下标，其中-1 表示最后 1 个元素，-2 表示倒数第 2 个元素，-3 表示倒数第 3 个元素，以此类推。以列表['P', 'y', 't', 'h', 'o', 'n']为例，图 3-2 显示了每个元素的正向索引和反向索引。

```
>>> x = list('Python')                   # 把字符串转换为列表
>>> x
['P', 'y', 't', 'h', 'o', 'n']
```

```
>>> x[1]                        # 下标为 1 的元素，第 2 个元素
'y'
>>> x[-3]                       # 下标为-3 的元素，倒数第 3 个元素
'h'
```

	'P'	'y'	't'	'h'	'o'	'n'
正向索引—	0	1	2	3	4	5	6
反向索引—	-6	-5	-4	-3	-2	-1

图 3-2 双向索引示意图

3.2.3 列表常用方法

列表对象常用方法如表 3-1 所示。

表 3-1 列表对象常用方法

方法	说明
append(object, /)	将任意对象 object 追加至当前列表的尾部
clear()	删除列表中的所有元素
copy()	返回当前列表对象的浅复制
count(value, /)	返回值为 value 的元素在当前列表中的出现次数
extend(iterable, /)	将有限长度的可迭代对象 iterable 中所有元素追加至当前列表的尾部
insert(index,object, /)	在当前列表的 index 位置前面插入对象 object
index(value,start=0, stop=9223372036854775807,/)	返回当前列表指定范围中第一个值为 value 的元素的索引，若不存在值为 value 的元素则抛出异常
pop(index=-1, /)	删除并返回当前列表中下标为 index 的元素
remove(value, /)	在当前列表中删除第一个值为 value 的元素
reverse()	对当前列表中的所有元素进行原地翻转，首尾交换
sort(*, key=None, reverse=False)	对当前列表中的元素进行原地排序

（1）append()、insert()、extend()

append()用于向列表尾部追加一个元素，insert()用于向列表任意指定位置插入一个元素，extend()用于将另一个列表或其他类型的可迭代对象中的所有元素追加至当前列表的尾部。

```
>>> x = [1, 2, 3]
>>> x.append(4)                 # 在尾部追加元素
>>> x.insert(0, 0)              # 在头部插入元素
>>> x.extend([5, 6, 7])         # 在尾部追加多个元素
>>> x
[0, 1, 2, 3, 4, 5, 6, 7]
```

（2）pop()、remove()

pop()用于删除并返回指定位置（默认是最后一个）上的元素，如果指定的位置不是合法的索引则抛出异常；remove()用于删除列表中第一个值与指定值相等的元素，如果列表中不存在该元素则抛出异常。另外，还可以使用 del 命令删除列表中指定位置的元素。

```
>>> x = [1, 2, 3, 4, 5, 6, 7]
>>> x.pop()                     # 删除并返回尾部元素
7
```

```
>>> x.pop(0)                          # 删除并返回第一个元素
1
>>> x = [1, 2, 1, 1, 2]
>>> x.remove(2)                       # 删除第一个值为 2 的元素
>>> del x[3]                          # 删除下标为 3 的元素
>>> x
[1, 1, 1]
```

注意，列表具有内存自动收缩和扩张功能，在中间位置插入或删除元素时，会涉及该位置之后的元素后移或前移，这些额外的开销会影响速度，而且该位置后面所有元素在列表中的索引也会发生变化。

（3）count()、index()

count()用于返回列表中指定元素出现的次数；index()用于返回指定元素在列表中首次出现的位置，如果该元素不在列表中则抛出异常。

```
>>> x = [1, 2, 2, 3, 3, 3, 4, 4, 4, 4]
>>> x.count(3)                        # 元素 3 在列表 x 中出现的次数
3
>>> x.index(2)                        # 元素 2 在列表 x 中首次出现的索引
1
>>> x.index(5)                        # 列表 x 中没有 5，抛出异常
ValueError: 5 is not in list
```

（4）sort()、reverse()

sort()方法用于按照指定的规则对列表中所有元素进行原地排序；reverse()方法用于将列表所有元素原地翻转，也就是第一个元素和倒数第一个元素交换位置，第二个元素和倒数第二个元素交换位置，以此类推。

```
>>> x = list(range(11))               # 包含 11 个整数的列表
>>> import random
>>> random.shuffle(x)                 # 把列表 x 中的元素随机乱序排列
>>> x
[6, 0, 1, 7, 4, 3, 2, 8, 5, 10, 9]
>>> x.sort(key=lambda item:len(str(item)), reverse=True)
                                      # 按转换成字符串以后的长度降序排列
>>> x
[10, 6, 0, 1, 7, 4, 3, 2, 8, 5, 9]
>>> x.sort(key=str)                   # 按转换为字符串后的大小升序排序
>>> x
[0, 1, 10, 2, 3, 4, 5, 6, 7, 8, 9]
>>> x.sort()                          # 按元素本身大小升序排序
>>> x
[0, 1, 2, 3, 4, 5, 6, 7, 8, 9, 10]
>>> x.reverse()                       # 把所有元素翻转或逆序
>>> x
[10, 9, 8, 7, 6, 5, 4, 3, 2, 1, 0]
```

3.2.4 列表对象支持的运算符

加法运算符"+"可以连接两个列表，得到一个新列表。

```
>>> x = [1, 2, 3]
>>> x = x + [4]
>>> x
[1, 2, 3, 4]
```

乘法运算符 "*" 可以用于列表和整数相乘，表示序列重复，返回新列表。

```
>>> x = [1, 2, 3, 4]
>>> x = x * 2
>>> x
[1, 2, 3, 4, 1, 2, 3, 4]
```

元素测试运算符 "in" 可以用于测试列表中是否包含某个元素。

```
>>> 3 in [1, 2, 3]
True
>>> 3 in [1, 2, '3']
False
```

关系运算符可以用来比较两个列表的大小。

```
>>> [1, 2, 4] > [1, 2, 3, 5]            # 逐个比较对应位置的元素
                                        # 直到某个元素能够比较出大小为止
True
>>> [1, 2, 4] == [1, 2, 3, 5]
False
```

3.2.5 内置函数对列表的操作

除了列表对象自身方法之外，很多 Python 内置函数也可以对列表进行操作。

```
>>> x = list(range(11))                 # 创建列表
>>> import random
>>> random.shuffle(x)                   # 打乱列表中元素顺序
>>> x
[0, 6, 10, 9, 8, 7, 4, 5, 2, 1, 3]
>>> all(x)                              # 测试是否所有元素都等价于 True
False
>>> any(x)                              # 测试是否存在等价于 True 的元素
True
>>> max(x)                              # 返回最大值
10
>>> max(x, key=str)                     # 返回转换为字符串后最大的元素
9
>>> min(x)                              # 返回最小值
0
>>> sum(x)                              # 所有元素之和
55
>>> len(x)                              # 列表元素个数
11
>>> list(zip(x, [1]*11))                # 多个列表中对应位置上的元素重新组合
[(0, 1), (6, 1), (10, 1), (9, 1), (8, 1), (7, 1), (4, 1), (5, 1), (2, 1), (1, 1), (3, 1)]
```

```
>>> list(zip(range(1, 4)))                  # zip()函数也可以用于一个可迭代对象
[(1,), (2,), (3,)]
>>> list(zip(['a', 'b', 'c'], [1, 2]))      # 如果两个列表不等长，以短的为准
[('a', 1), ('b', 2)]
>>> list(enumerate(x))                      # 把 enumerate 对象转换为列表
                                            # 也可以转换成元组、集合等
[(0, 0), (1, 6), (2, 10), (3, 9), (4, 8), (5, 7), (6, 4), (7, 5), (8, 2), (9,
1), (10, 3)]
```

3.2.6 列表推导式

列表推导式使用非常简洁的形式对列表或其他类型可迭代对象的元素进行遍历、过滤或再次计算，生成满足特定需求的新列表。列表推导式的语法形式为：

```
[expression  for item 1 in iterable1 if condition1
             for item 2 in iterable2 if condition2
             for item 3 in iterable3 if condition3
                        ⋮
             for item N in iterableN if conditionN]
```

列表推导式在逻辑上等价于一个循环结构（见 4.3 节），只是形式上更加简洁。例如：

```
>>> aList = [x+x for x in range(30)]
```

相当于：

```
>>> aList = []
>>> for x in range(30):
        aList.append(x+x)
```

再例如：

```
>>> freshFruit = [' banana', ' loganberry ', 'passion fruit ']
>>> aList = [w.strip() for w in freshFruit]
>>> aList
['banana', 'loganberry', 'passion fruit']
```

等价于下面的代码：

```
>>> aList = []
>>> for item in freshFruit:
        aList.append(item.strip())    # 字符串方法 strip()用来删除两侧的空格，见 7.3.6 节
```

【例 3-1】 使用列表推导式实现嵌套列表的平铺。

基本思路：先遍历列表中嵌套的子列表，然后再遍历子列表中的元素并提取出来作为最终列表中的元素。

```
>>> vec = [[1, 2, 3], [4, 5, 6], [7, 8, 9]]
>>> [num for elem in vec for num in elem]
[1, 2, 3, 4, 5, 6, 7, 8, 9]
```

在这个列表推导式中有两个循环，其中第一个循环可以看作是外循环，执行得慢；第二个

循环可以看作是内循环，执行得快。上面代码的执行过程与下面代码的执行过程等价：

```
>>> vec = [[1, 2, 3], [4, 5, 6], [7, 8, 9]]
>>> result = []
>>> for elem in vec:
        for num in elem:
            result.append(num)

>>> result
[1, 2, 3, 4, 5, 6, 7, 8, 9]
```

【例 3-2】 在列表推导式中使用 if 过滤不符合条件的元素。

基本思路：在列表推导式中可以使用 if 子句对列表中的元素进行筛选，只在结果列表中保留符合条件的元素。

1）下面的代码可以列出当前文件夹下所有 Python 源文件，其中 os.listdir()用来列出指定文件夹中所有文件和子文件夹清单（见 10.1 节），字符串方法 endswith()用来测试字符串是否以指定的字符串结束（见 7.3.7 节）。

```
>>> import os
>>> [filename
     for filename in os.listdir('.')           # '.'表示当前文件夹
     if filename.endswith(('.py', '.pyw'))]
```

2）下面的代码用于从列表中选择符合条件的元素组成新的列表。

```
>>> aList = [-1, -4, 6, 7.5, -2.3, 9, -11]
>>> [i for i in aList if i>0]                  # 保留所有大于 0 的数字
[6, 7.5, 9]
```

3）下面的代码使用列表推导式查找列表中最大元素出现的所有位置。

```
>>> from random import randint
>>> x = [randint(1, 10) for i in range(20)]    # [1, 10]中 20 个的整数
>>> x
[10, 2, 3, 4, 5, 10, 10, 9, 2, 4, 10, 8, 2, 2, 9, 7, 6, 2, 5, 6]
>>> m = max(x)
>>> [index for index, value in enumerate(x) if value == m]
                                               # 最大整数出现的所有位置
[0, 5, 6, 10]
```

【例 3-3】 在列表推导式中遍历多个列表或可迭代对象。

列表推导式 1：

```
>>> [(x, y) for x in [1, 2, 3] for y in [3, 1, 4] if x != y]
[(1, 3), (1, 4), (2, 3), (2, 1), (2, 4), (3, 1), (3, 4)]
```

列表推导式 2：

```
>>> [(x, y) for x in [1, 2, 3] if x==1 for y in [3, 1, 4] if y!=x]
[(1, 3), (1, 4)]
```

对于包含多个循环的列表推导式，一定要清楚多个循环的执行顺序或"嵌套关系"。例如，列表推导式 2 等价于：

```
>>> result = []
>>> for x in [1, 2, 3]:
        if x == 1:
```

```
            for y in [3, 1, 4]:
                if y != x:
                    result.append((x,y))
>>> result
[(1, 3), (1, 4)]
```

3.2.7 切片

除了适用于列表之外，切片（slice）还适用于元组、字符串、range 对象，但列表的切片操作具有强大的功能，不仅可以使用切片来截取列表中的任何部分并返回得到一个新列表，也可以通过切片来修改和删除列表中的部分元素，甚至可以通过切片操作为列表对象增加元素。

在形式上，切片使用两个冒号分隔的三个数字来完成。

```
[start:end:step]
```

其中第一个数字 start 表示切片开始位置，默认为 0；第二个数字 end 表示切片截止（但不包含）位置（默认为列表长度）；第三个数字 step 表示切片的步长（默认为 1）。当 start 为 0 时可以省略，当 end 为列表长度时可以省略，当 step 为 1 时可以省略，省略步长时还可以同时省略最后一个冒号。另外，当 step 为负整数时，表示反向切片，这时 start 应该在 end 的右侧才可以。

切片最常见的用法是返回列表中部分元素组成的新列表。当切片范围超出列表边界时，不会因为下标越界而抛出异常，而是简单地在列表尾部截断或者返回一个空列表，代码具有更强的健壮性。

```
>>> aList = [3, 4, 5, 6, 7, 9, 11, 13, 15, 17]
>>> aList[::]                # 返回包含原列表中所有元素的新列表
[3, 4, 5, 6, 7, 9, 11, 13, 15, 17]
>>> aList[::-1]              # 返回包含原列表中所有元素的逆序列表
[17, 15, 13, 11, 9, 7, 6, 5, 4, 3]
>>> aList[::2]               # 从下标0开始，隔一个取一个
[3, 5, 7, 11, 15]
>>> aList[3:6]               # 指定切片的开始和结束位置
[6, 7, 9]
>>> aList[0:100]             # 切片结束位置大于列表长度时，从列表尾部截断
[3, 4, 5, 6, 7, 9, 11, 13, 15, 17]
```

3.2.8 任务实施—查询学生成绩

【例3-4】 编写程序，使用列表存储学生成绩，然后从不同角度进行查询。

```
1.  from functools import reduce
2.
3.  # 每个元素中包含学生姓名和语文、数学、英语成绩
4.  scores = [['张一', 87, 90, 100], ['周二', 89, 68, 86],
```

```
5.         ['张三', 87, 79, 90], ['李四', 90, 92, 95],
6.         ['王五', 83, 60, 86], ['赵六', 77, 78, 79],
7.         ['钱七', 81, 69, 60], ['孙八', 88, 89, 87],
8.         ['李九', 66, 90, 80], ['周十', 77, 67, 87]]
9.  print('原始数据：', *scores, sep='\n')
10. print('按总分从高到低排序：',
11.       *sorted(scores, key=lambda row: sum(row[1:]), reverse=True),
12.       sep='\n')
13. max_total = sum(max(scores, key=lambda row: sum(row[1:]))[1:])
14. print('总分最高的同学：',
15.       *[row for row in scores if sum(row[1:])==max_total],
16.       sep='\n')
17. min_total = sum(min(scores, key=lambda row: sum(row[1:]))[1:])
18. print('总分最低的同学：',
19.       *[row for row in scores if sum(row[1:])==min_total],
20.       sep='\n')
21. mean_total = sum(map(lambda row: sum(row[1:]), scores)) / len(scores)
22. print('总分高于平均分的同学成绩：',
23.       *filter(lambda row: sum(row[1:])>mean_total, scores),
24.       sep='\n')
25. print('按语文成绩从高到低：',
26.       *sorted(scores, key=lambda row: row[1], reverse=True),
27.       sep='\n')
28. print('按数学成绩从高到低：',
29.        *sorted(scores, key=lambda row: row[2], reverse=True),
30.       sep='\n')
31. print('按英语成绩从高到低：',
32.       *sorted(scores, key=lambda row: row[3], reverse=True),
33.       sep='\n')
34. print('所有张姓同学的成绩：',
35.       *[row for row in scores if row[0][0]== '张'],
36.       sep='\n')
37. mean_every = reduce(lambda x, y: [x[-3]+y[-3], x[-2]+y[-2], x[-1]+y[-1]],
38.                     scores)
39. mean_every = [num/len(scores) for num in mean_every]
40. print('语文、数学、英语三科平均分：', mean_every)
```

任务 3.3 使用元组与生成器表达式

3.3.1 元组创建与元素访问

可以把元组（tuple）看作是轻量级列表或者简化版列表，支持与列表类似的操作，但功能不如列表强大。在形式上，元组的所有元素放在一对圆括号中，元素之间使用逗号分隔，如果元组中只有一个元素则必须在最后增加一个逗号。

```
>>> x = (1, 2, 3)        # 直接把元组赋值给一个变量
>>> type(x)              # 使用 type()函数查看变量类型
```

```
<class 'tuple'>
>>> x[0]                    # 元组支持使用下标访问特定位置的元素
1
>>> x[-1]                   # 最后一个元素，元组也支持双向索引
3
>>> x[1] = 4                # 元组是不可变的
TypeError: 'tuple' object does not support item assignment
>>> x = (3,)                # 如果元组中只有一个元素，必须在后面多写一个逗号
>>> x
(3,)
>>> x = ()                  # 空元组
>>> x = tuple()             # 空元组
>>> tuple(range(5))         # 将其他迭代对象转换为元组
(0, 1, 2, 3, 4)
```

3.3.2 元组与列表的异同点

元组和列表都属于有序序列，都支持使用双向索引随机访问其中的元素，均可以使用 count()方法统计指定元素的出现次数和使用 index()方法获取指定元素的索引；len()、map()、filter()等大量内置函数以及+、*、in 等运算符也都可以作用于列表和元组。虽然有着一定的相似之处，但元组和列表在本质上和内部实现上都有着很大的不同。

元组属于不可变序列，不可以直接修改元组中元素的值，也无法为元组增加或删除元素。因此，元组没有提供 append()、extend()和 insert()等方法，无法向元组中添加元素。同样，元组也没有 remove()和 pop()方法，也不支持对元组元素进行 del（删除）操作，不能从元组中删除元素。元组也支持切片操作，但是只能通过切片来访问元组中的元素，不允许使用切片来修改元组中元素的值，也不支持使用切片来为元组增加或删除元素。从一定程度上讲，可以认为元组是轻量级的列表，或者是"常量列表"。

元组的访问速度比列表略快，占用空间略少。如果定义了一系列常量值，主要用途仅是对它们进行遍历或其他类似用途，不需要对其元素进行任何修改，那么一般建议使用元组而不用列表。元组在内部实现上不允许修改其元素引用，从而使得代码更加安全。例如，调用函数时使用元组传递参数可以防止在函数中修改元组，使用列表则无法保证这一点。

最后，作为不可变序列，与整数、字符串一样，元组可用作字典的键，也可以作为集合的元素。列表不能用作字典的键，也不能作为集合中的元素，因为列表不是不可变的，或者说不可散列（也称不可哈希）。

3.3.3 生成器表达式

在形式上，生成器表达式使用圆括号作为定界符，而不是列表推导式所使用的方括号。生成器表达式的结果是一个生成器对象，具有惰性求值的特点，只在需要时生成新元素，比列表推导式具有更高的效率，空间占用非常少，尤其适合大数据处理的场合。

使用生成器对象的元素时，可以将其转化为列表或元组，也可以使用生成器对象的 __next__()方法或者内置函数 next()进行遍历，或者直接使用 for 循环来遍

历其中的元素。但是不管用哪种方法，只能从前往后正向访问每个元素，没有任何方法可以再次访问已访问过的元素，也不支持使用下标访问其中的元素。当所有元素访问结束以后，如果需要重新访问其中的元素，必须重新创建该生成器对象，enumerate、filter、map、zip 等其他迭代器对象也具有同样的特点。

```
>>> g = ((i+2)**2 for i in range(10))   # 创建生成器对象
>>> g
<generator object <genexpr> at 0x0000000003095200>
>>> tuple(g)                            # 将生成器对象转换为元组
(4, 9, 16, 25, 36, 49, 64, 81, 100, 121)
>>> list(g)                             # 生成器对象已遍历结束，得到空列表
[]
>>> g = ((i+2)**2 for i in range(10))   # 重新创建生成器对象
>>> g.__next__()                        # 使用生成器对象的__next__()方法获取元素
4
>>> g.__next__()                        # 获取下一个元素
9
>>> next(g)                             # 使用内置函数next()获取生成器对象中的下一个元素
16
>>> g = ((i+2)**2 for i in range(10))
>>> for item in g:                      # 使用for循环遍历生成器对象中的元素
    print(item, end=' ')

4 9 16 25 36 49 64 81 100 121
>>> g = map(str, range(20))             # map对象也具有同样的特点
>>> '2' in g
True
>>> '2' in g                            # 这次判断访问了所有元素才能得出结论
False
>>> '8' in g                            # 此时g中已空，无法生成任何元素
False
```

任务 3.4　词频统计——使用字典

字典（dict）是包含若干"键:值"元素的无序可变容器对象，字典中的每个元素包含用冒号分隔开的"键"和"值"两部分，表示一种映射或对应关系，也称关联数组。定义字典时，每个元素的"键"和"值"之间用冒号分隔，不同元素之间用逗号分隔，所有的元素放在一对大括号"{}"中。

字典中元素的"键"可以是 Python 中任意不可变数据，如整数、实数、复数、字符串、元组等类型可散列（也称可哈希）数据，但不能使用列表、集合、字典或其他可变类型作为字典的"键"。另外，字典中的"键"不允许重复，"值"是可以重复的。使用内置字典类型 dict 时不要太在意元素的先后顺序。

3.4.1 字典的创建与删除

使用赋值运算符"="将一个字典赋值给一个变量即可创建一个字典变量，也可以使用内置类 dict 以不同形式创建字典。当不再需要时，可以直接用 del 命令删除字典。

```
>>> aDict = {'server': '127.0.0.1', 'database': 'mysql'}
>>> aDict
{'server': '127.0.0.1', 'database': 'mysql'}
>>> x = dict()                                      # 空字典
>>> x = {}                                          # 空字典
>>> keys = ['a', 'b', 'c', 'd']
>>> values = [1, 2, 3, 4]
>>> d = dict(zip(keys, values))                     # 根据已有数据创建字典
>>> d
{'a': 1, 'b': 2, 'c': 3, 'd': 4}
>>> d = dict(name='Dong', age=39)                   # 以关键参数的形式创建字典
>>> d
{'name': 'Dong', 'age': 39}
>>> aDict = dict.fromkeys(['name', 'age', 'sex'])   # 以给定内容为"键"
                                                    # 创建"值"为空的字典
>>> aDict
{'name': None, 'age': None, 'sex': None}
>>> aDict = dict.fromkeys([1, 2, 3], 666)           # 所有"值"的引用是一样的
>>> aDict
{1: 666, 2: 666, 3: 666}
>>> aDict = dict.fromkeys([1, 2, 3], [])
>>> aDict
{1: [], 2: [], 3: []}
>>> aDict[1].append(666)                            # 所有"值"的引用一样，会互相影响
>>> aDict
{1: [666], 2: [666], 3: [666]}
>>> del aDict                                       # 删除字典 aDict
```

3.4.2 字典元素的访问

字典中的每个元素表示一种映射关系或对应关系，根据提供的"键"作为下标就可以访问对应的"值"，如果字典中不存在这个"键"，则会抛出异常。

```
>>> aDict = {'age': 39, 'score': [98, 97], 'name': 'Dong', 'sex': 'male'}
>>> aDict['age']                    # 指定的"键"存在，返回对应的"值"
39
>>> aDict['address']                # 指定的"键"不存在，抛出异常
KeyError: 'address'
```

字典对象提供了一个 get()方法用来返回指定"键"对应的"值"，并且允许指定该键不存在时返回特定的"值"。

```
>>> aDict.get('age')                        # 如果字典中存在该"键"，则返回对应的"值"
39
>>> aDict.get('address', 'Not Exists.')     # 指定的"键"不存在时返回指定的默认值
'Not Exists.'
```

最后，也可以对字典对象进行迭代或者遍历，默认是遍历字典的"键"，如果需要遍历字典的元素必须使用字典对象的 items()方法明确说明，如果需要遍历字典的"值"必须使用字典对象的 values()方法明确说明。当使用 len()、max()、min()、sum()、sorted()、enumerate()、map()、filter()等内置函数以及成员测试运算符 in 对字典对象进行操作时，也遵循同样的约定。

```
>>> aDict = {'age': 39, 'score': [98, 97], 'name': 'Dong', 'sex': 'male'}
>>> for item in aDict:                       # 默认遍历字典的"键"
    print(item)

age
score
Name
sex
>>> for item in aDict.items():               # 明确指定遍历字典的元素
    print(item)

('age', 39)
('score', [98, 97])
('name', 'Dong')
('sex', 'male')
>>> for value in aDict.values():             # 明确指定遍历字典的值
    print(value)

39
[98, 97]
Dong
male
>>> aDict.items()                            # 查看字典中的所有元素
dict_items([('age', 37), ('score', [98, 97]), ('name', 'Dong'), ('sex', 'male')])
>>> aDict.keys()                             # 查看字典中的所有键
dict_keys(['age', 'score', 'name', 'sex'])
>>> aDict.values()                           # 查看字典中的所有值
dict_values([37, [98, 97], 'Dong', 'male'])
```

3.4.3 元素的添加、修改与删除

当以指定"键"为下标，为字典元素赋值时，有两种含义。
1) 若该"键"存在，则表示修改该"键"对应的值。
2) 若不存在，则表示添加一个新的"键:值"对，也就是添加一个新元素。

```
>>> aDict = {'age': 35, 'name': 'Dong', 'sex': 'male'}
>>> aDict['age'] = 39                        # 修改元素值
>>> aDict
{'age': 39, 'name': 'Dong', 'sex': 'male'}
>>> aDict['address'] = 'Yantai'              # 添加新元素
>>> aDict
{'age': 39, 'name': 'Dong', 'sex': 'male', 'address': 'Yantai'}
```

使用字典对象的 update()方法可以将另一个字典的"键:值"元素全部添加到当前字典对

象，如果两个字典中存在相同的"键"，则以另一个字典中的"值"为准对当前字典进行更新。

```
>>> aDict = {'age': 37, 'score': [98, 97], 'name': 'Dong', 'sex': 'male'}
>>> aDict.update({'a':97, 'age':39})    # 修改'age'键的值，同时添加新元素'a':97
>>> aDict
{'age': 39,'score': [98, 97], 'name': 'Dong', 'sex': 'male', 'a': 97}
```

可以使用字典对象的pop()和popitem()方法弹出并删除指定的元素，例如：

```
>>> d = {'server': '127.0.0.1', 'port': 8080, 'protocol': 'tcp'}
>>> d.popitem()                # 删除并返回最后一个元素
('protocol', 'tcp')
>>> d.pop('server')            # 删除指定"键"对应的元素，返回元素的"值"
'127.0.0.1'
>>> d
{'port': 8080}
```

3.4.4 任务实施——词频统计

【例 3-5】 首先生成包含 1000 个随机字符的字符串，然后统计每个字符的出现次数，注意 get()方法和字典赋值语句的运用。

基本思路： 在 Python 标准库 string 中，ascii_letters 表示英文字母大小写，digits 表示 10 个数字字符。本例中使用字典存储每个字符的出现次数，其中"键"表示字符，对应的"值"表示出现次数。在生成随机字符串时使用到了生成器表达式，''.join(…)的作用是使用空字符串把参数中的字符串连接起来成为一个长字符串。最后使用 for 循环遍历该长字符串中的每个字符，把每个字符的已出现次数加 1，如果是第一次出现，就假设已出现次数为 0。本例也可以使用其他方式实现，见配套微课视频。

```
import string
import random

x = string.ascii_letters + string.digits
z = ''.join((random.choice(x) for i in range(1000)))
                            # choice()用于从多个元素中随机选择一个
d = dict()
for ch in z:                # 遍历字符串，统计频次
    d[ch] = d.get(ch, 0) + 1    # 已出现次数加1
for k, v in sorted(d.items()):  # 查看统计结果
    print(k, ':', v)
```

运行结果如下：

```
0 : 15
1 : 12
2 : 21
3 : 12
4 : 13
5 : 14
6 : 10
7 : 14
8 : 15
```

```
9 : 10
A : 15
B : 24
```
…（略去更多输出结果。注意，字符串 z 是随机的，所以每次运行结果会不同）

任务 3.5　电影推荐与无效评论过滤－使用集合

集合（set）属于 Python 无序可变容器对象，使用一对大括号作为定界符，元素之间使用逗号分隔，同一个集合内的每个元素都是唯一的，不会重复。另外，集合中只能包含数字、字符串、元组等不可变类型的数据，不能包含列表、字典、集合等可变类型的数据，这与字典中"键"的要求是一样的。

3.5.1　集合对象的创建与删除

直接将集合赋值给变量即可创建一个集合对象。

```
>>> a = {3, 5}                                    # 创建集合对象
```

也可以使用 set()函数将列表、元组、字符串、range 对象等其他可迭代对象转换为集合，如果原来的数据中存在重复元素，则在转换为集合的时候只保留一个；如果可迭代对象中有不可散列的值，无法转换成为集合，则抛出异常。

```
>>> a_set = set(range(8, 14))                     # 把 range 对象转换为集合
>>> a_set
{8, 9, 10, 11, 12, 13}
>>> b_set = set([0, 1, 2, 3, 0, 1, 2, 3, 7, 8])   # 转换时自动删除重复元素
>>> b_set
{0, 1, 2, 3, 7, 8}
>>> x = set()                                     # 空集合
```

当不再使用某个集合时，可以使用 del 命令删除整个集合。

3.5.2　集合的操作与运算

（1）集合元素增加与删除

使用集合对象的 add()方法可以增加新元素，如果该元素已存在则忽略该操作，不会抛出异常；update()方法用于合并另外一个集合中的元素到当前集合中，并自动去除重复元素。例如：

```
>>> s = {1, 2, 3}
>>> s.add(3)                      # 添加元素，重复元素自动忽略
>>> s
{1, 2, 3}
>>> s.update({3,4})               # 更新当前字典，自动忽略重复的元素
>>> s
{1, 2, 3, 4}
```

集合对象的 pop()方法用于随机删除并返回集合中的一个元素，如果集合为空则抛出异常；

remove()方法用于删除集合中的元素,如果指定元素不存在则抛出异常;discard()用于从集合中删除一个特定元素,如果元素不在集合中则忽略该操作。

```
>>> s.discard(5)              # 删除元素,不存在则忽略该操作
>>> s
{1, 2, 3, 4}
>>> s.remove(5)               # 删除元素,不存在就抛出异常
KeyError: 5
>>> s.pop()                   # 删除并返回一个元素
1
```

(2)集合运算

内置函数 len()、max()、min()、sum()、sorted()、map()、filter()、enumerate()等也适用于集合。另外,Python 集合还支持数学意义上的交集、并集、差集等运算。例如:

```
>>> a_set = set([8, 9, 10, 11, 12, 13])
>>> b_set = {0, 1, 2, 3, 7, 8}
>>> a_set | b_set             # 并集
{0, 1, 2, 3, 7, 8, 9, 10, 11, 12, 13}
>>> a_set & b_set             # 交集
{8}
>>> a_set - b_set             # 差集
{9, 10, 11, 12, 13}
>>> a_set ^ b_set             # 对称差集
{0, 1, 2, 3, 7, 9, 10, 11, 12, 13}
```

需要注意的是,关系运算符>、>=、<、<=作用于集合时表示集合之间的包含关系,不是集合中元素的大小关系。例如,两个集合 A 和 B,如果 A<B 不成立,不代表 A>=B 就一定成立。

```
>>> {1, 2, 3} < {1, 2, 3, 4}  # 真子集
True
>>> {1, 2, 3} <= {1, 2, 3}    # 子集
True
```

3.5.3 集合应用案例

【例 3-6】 使用集合快速提取序列中的唯一元素。

问题描述:所谓唯一元素,这里是指不重复的元素。也就是说,如果原序列中某个元素出现多次,那么只保留一个。

基本思路:首先使用列表推导式生成一个包含 100 个 10000 以内随机数的列表,然后把列表转换为集合,自动去除重复元素。

```
1. import random
2.
3. # 生成 100 个 10000 以内的随机数
4. listRandom = [random.choice(range(10000)) for i in range(100)]
5. newSet = set(listRandom)
6. print(newSet)
```

【例 3-7】 电影评分与推荐。

问题描述：假设有大量用户对若干电影的评分数据，现有某用户，也看过一些电影并进行过评分，要求根据已有打分数据为该用户进行推荐。

基本思路：使用基于用户的协同过滤算法，也就是根据用户喜好来确定与当前用户最相似的用户，然后再根据最相似用户的喜好为当前用户进行推荐。本例采用字典来存储打分数据，格式为

{用户1:{电影名称1:打分1, 电影名称2:打分2,…}, 用户2:{…}}

首先在已有数据中查找与当前用户共同打分电影（使用集合的交集运算）数量最多的用户，如果有多个这样的用户就再从中选择打分最接近（打分的差距最小）的用户。代码中使用到了 random 模块中的 randrange()函数，用来生成指定范围内的一个随机数。

```
from random import randrange

# 历史电影打分数据，一共10个用户，每个用户对3~9个电影进行评分
# 每个电影的评分最低1分、最高5分，这里是字典推导式和集合推导式的用法
data = {'user'+str(i):{'film'+str(randrange(1, 15)):randrange(1, 6)
                       for j in range(randrange(3, 10))}
        for i in range(10)}

# 模拟当前用户打分数据，为5部随机电影打分
user = {'film'+str(randrange(1, 15)):randrange(1,6) for i in range(5)}
# 最相似的用户及其对电影打分情况
# 两个用户共同打分的电影最多，并且所有电影打分差值的平方和最小

f = lambda item:(-len(item[1].keys()&user),
                 sum(((item[1].get(film)-user.get(film))**2
                      for film in user.keys()&item[1].keys())))
similarUser, films = min(data.items(), key=f)

# 在输出结果中，第一列表示两个人共同打分的电影的数量
# 第二列表示二人打分之间的相似度，数字越小表示越相似
# 然后是该用户对电影的打分数据
print('known data'.center(50, '='))
for item in data.items():
    print(len(item[1].keys()&user.keys()),
          sum(((item[1].get(film)-user.get(film))**2
               for film in user.keys()&item[1].keys())),
          item,
          sep=':')
print('current user'.center(50, '='))
print(user)
print('most similar user and his films'.center(50, '='))
```

```
32.    print(similarUser, films, sep=':')
33.    print('recommended film'.center(50, '='))
34.    # 在当前用户没看过的电影中选择打分最高的进行推荐
35.    print(max(films.keys()-user.keys(), key=lambda film: films[film]))
```

某次运行结果如图 3-3 所示，在所有已知用户中，user7 和 user9 都与当前用户共同打分的电影数量最多，都是 3。但是，user7 与当前用户打分的距离是 9，而 user9 的距离是 20，所以 user7 与当前用户更接近一些，最终选择该用户进行推荐。

```
====================known data====================
3:26:('user0', {'film3': 5, 'film7': 1, 'film5': 1, 'film9': 5, 'film12': 5, 'film11': 2, 'film13': 1})
1:9:('user1', {'film13': 1, 'film6': 5, 'film1': 4, 'film5': 1})
1:0:('user2', {'film5': 2, 'film8': 4, 'film1': 2, 'film7': 4, 'film13': 4})
2:25:('user3', {'film8': 1, 'film4': 2, 'film13': 1})
1:0:('user4', {'film2': 4, 'film12': 3, 'film4': 4, 'film11': 1})
2:25:('user5', {'film14': 3, 'film2': 3, 'film7': 5, 'film8': 3, 'film6': 3, 'film3': 4, 'film10': 5})
2:13:('user6', {'film2': 3, 'film1': 3, 'film3': 4})
2:5:('user7', {'film11': 2, 'film9': 3, 'film10': 3})
0:0:('user8', {'film5': 1, 'film12': 2, 'film7': 1, 'film8': 5, 'film1': 4, 'film9': 4, 'film14': 5})
2:9:('user9', {'film12': 3, 'film14': 2, 'film7': 1, 'film11': 1, 'film5': 4, 'film3': 4, 'film6': 3})
====================current user====================
{'film11': 1, 'film3': 1, 'film10': 1, 'film13': 4}
=========most similar user and his films=========
user0:{'film3': 5, 'film7': 1, 'film5': 1, 'film9': 5, 'film12': 5, 'film11': 2, 'film13': 1}
==============recommended film==============
film9
```

图 3-3 例 3-7 运行结果

【**例 3-8**】 过滤无效商品评论。

问题描述：很多购物网站对提交的评论有字数要求，必须超过一定的字数。有的顾客会随意连续按下一个键填写很多重复的字以满足字数要求，本例用来过滤这些重复字超过一定比例的评论。

例 3-8

基本思路：每个评论都是一个字符串，将其转换为集合之后只保留不重复的字，如果这些不重复字的数量超过一定的比例则认为是有效评论。代码使用 lambda 表达式定义规则，然后使用内置函数 filter() 把规则作用到每条评论中。

```
1.  comments = ['这是一本非常好的书，作者用心了',
2.              '作者大大辛苦了',
3.              '好书，感谢作者提供了这么多的好案例',
4.              '啊啊啊啊啊啊，我怎么才发现这么好的书啊，相见恨晚',
5.              '好好好好好好好好好好',
6.              '好难啊看不懂好难啊看不懂好难啊看不懂',
7.              '书的内容很充实',
8.              '物超所值，好书，赞一个',
9.              '32 个赞赞赞赞赞赞赞赞赞赞赞赞赞赞赞赞赞赞赞赞赞赞赞',
10.             '你的书上好多代码啊，不过想想也是，编程的书嘛，肯定代码多一些',
11.             '书很不错!!一级棒!!正版，价格又实惠，让人放心!!!  ',
12.             '无意中来到你小铺就淘到心仪的宝贝，心情不错！',
13.             '送给朋友的、很不错',
14.             '老师让买的，果然不错，没有让我失望']
15. rule = lambda s: len(set(s))/len(s) > 0.7
16. result = filter(rule, comments)
17.
```

```
18. print('原始评论：')
19. for comment in comments:
20.     print(comment)
21.
22. print('='*30)
23. print('过滤后的评论：')
24. for comment in result:
25.     print(comment)
```

运行结果如图 3-4 所示。

```
原始评论：
这是一本非常好的书，作者用心了
作者大大辛苦了
好书，感谢作者提供了这么多的好案例
啊啊啊啊啊啊，我怎么才发现这么好的书啊，相见恨晚
好好好好好好好好好
好难啊看不懂好难啊看不懂好难啊看不懂
书的内容很充实
物超所值，好书，赞一个
32个赞赞赞赞赞赞赞赞赞赞赞赞赞赞赞赞赞赞赞赞赞赞
你的书上好多代码啊，不过想想也是，编程的书嘛，肯定代码多一些
书很不错！！一级棒！！正版，价格又实惠，让人放心！！！
无意中来到你小铺就淘到心仪的宝贝，心情不错！
送给朋友的、很不错
老师让买的，果然不错，没有让我失望
==============================
过滤后的评论：
这是一本非常好的书，作者用心了
作者大大辛苦了
好书，感谢作者提供了这么多的好案例
书的内容很充实
物超所值，好书，赞一个
你的书上好多代码啊，不过想想也是，编程的书嘛，肯定代码多一些
书很不错！！一级棒！！正版，价格又实惠，让人放心！！！
无意中来到你小铺就淘到心仪的宝贝，心情不错！
送给朋友的、很不错
老师让买的，果然不错，没有让我失望
```

图 3-4　评论过滤结果

任务 3.6　小明爬楼梯——理解序列解包

序列解包是对多个变量同时进行赋值的简洁形式，也就是把一个可迭代对象中的多个元素的引用同时赋值给多个变量，要求等号左侧变量的数量和等号右侧值的数量必须一致。

```
>>> x, y, z = 1, 2, 3                    # 多个变量同时赋值
>>> v_tuple = (False, 3.5, 'exp')
>>> x, y, z = v_tuple
>>> x, y = y, x                          # 交换两个变量的值
>>> x, y, z = range(3)                   # 可以对 range 对象进行序列解包
>>> x, y, z = map(str, range(3))         # 使用可迭代的 map 对象进行序列解包
```

序列解包也可以用于列表、字典、enumerate 对象、filter 对象、zip 对象等，但在使用字典时默认是对字典"键"进行操作，如果需要对"键:值"对进行操作应使用字典的 items() 方法说明，如果需要对字典"值"进行操作应使用字典的 values() 方法明确指定。

```
>>> a = [1, 2, 3]
>>> b, c, d = a                      # 列表也支持序列解包的用法
>>> x, y, z = sorted([1, 3, 2])      # sorted()函数返回排序后的列表
>>> s = {'a':1, 'b':2, 'c':3}
>>> b, c, d = s.items()              # 对字典的元素进行解包
>>> b
('a', 1)
>>> b, c, d = s                      # 对字典的键进行解包
>>> b
'a'
>>> b, c, d = s.values()             # 对字典的值进行解包
>>> print(b, c, d)
1 2 3
>>> a, b, c = 'ABC'                  # 字符串也支持序列解包
>>> print(a, b, c)
A B C
```

使用序列解包可以很方便地同时遍历多个序列。

```
>>> keys = ['a', 'b', 'c', 'd']
>>> values = [1, 2, 3, 4]
>>> for k, v in zip(keys, values):   # 对 zip 对象进行解包
    print(k, v)


a 1
b 2
c 3
d 4
```

下面的代码演示了对内置函数 enumerate()返回的迭代对象进行遍历时序列解包的用法。

```
>>> x = ['a', 'b', 'c']
>>> for i, v in enumerate(x):
    print('The value on position {0} is {1}'.format(i, v))
                                     # format()是字符串格式化方法,详见 7.2.2 节


The value on position 0 is a
The value on position 1 is b
The value on position 2 is c
```

下面的代码对字典的操作也使用到了序列解包,比遍历"键"再用下标访问"值"略快。

```
>>> s = {'a':1, 'b':2, 'c':3}
>>> for k, v in s.items():      # 字典中每个元素都包含"键"和"值"两部分
    print(k, v)


a 1
b 2
c 3
```

【例 3-9】 假设一段楼梯共 15 个台阶，小明一步最多能迈 3 个台阶，那么小明上这段楼梯一共有多少种方法？

基本思路： 从第 15 个台阶上往回看，有 3 种方法可以上来（从第 14 个台阶上一步迈 1 个台阶上来，从第 13 个台阶上一步迈 2 个台阶上来，从第 12 个台阶上一步迈 3 个台阶上来），同理，第 14 个、13 个、12 个台阶都可以这样推算，从而得到公式 f(n) = f(n-1) + f(n-2) + f(n-3)，其中 n=15,14,13,…,5,4。

然后确定这个递归公式的结束条件，第一个台阶只有 1 种上法，第二个台阶有 2 种上法（一步迈 2 个台阶上去、一步迈 1 个台阶分两步上去），第三个台阶有 4 种上法（一步迈 3 个台阶上去、一步 2 个台阶+一步 1 个台阶、一步 1 个台阶+一步 2 个台阶、一步迈 1 个台阶分 3 步上去）。

```
n = 15
a, b, c = 1, 2, 4
for i in range(n-3):
    c, b, a = a+b+c, c, b
print(c)
```

习题

一、填空题

1. 已知 x = list(range(10))，则表达式 x[-4:]的值为_____。
2. 已知 x = [3,5,3,7]，那么表达式[x.index(i) for i in x if i==3]的值为_____。
3. 已知 x = [1, 2, 3, 2, 3]，执行语句 x.pop()之后，x 的值为_____。
4. 已知 x = [3, 7, 5]，那么执行语句 x = x.sort(reverse=True)之后，x 的值为_____。
5. 表达式 {1, 2, 3, 4} - {3, 4, 5, 6}的值为_____。
6. 表达式 {1:'a', 2:'b', 3:'c'}.get(4, 'd') 的值为_____。
7. 语句 sorted([1, 2, 3], reverse=True) == reversed([1, 2, 3])的执行结果为_____。
8. 表达式[1, 2, 3]*3 的值为_____。
9. 已知 x = [1, 2, 3, 2, 3, 1]，表达式 x.index(3)的值为_____。
10. 已知 x = 3 和 y = 5，执行语句 x, y = y, x 之后，y 的值为_____。
11. 表达式(2) == (2,)的值为_____。
12. 表达式 2 in {65: 97, 66: 98, 3: 2}的值为_____。
13. 表达式 set([1, 2, 3, 2, 3, 1])的值为_____。

二、判断题

1. 假设 random 模块已导入，那么表达式 random.sample(range(10), 20)的作用是生成 20 个不重复的整数。（   ）
2. 已知 x 和 y 是两个等长的整数列表，那么表达式 sum((i*j for i, j in zip(x, y)))的作用是计算这两个列表所表示的向量的内积。（   ）
3. 表达式(i**2 for i in range(100))的结果是个元组。（   ）

三、编程题

1. 让用户通过键盘输入一个自然数 n，然后在区间[1, 5n]上随机生成 n 个不重复的自然数，输出这些自然数，然后继续编写代码对这些自然数进行处理，只保留所有偶数，并输出这些偶数。

2．首先生成包含 20 个随机数的列表，然后将前 10 个元素升序排列，后 10 个元素降序排列，并输出结果。

3．让用户通过键盘输入一个包含若干整数的列表，输出翻转后的列表。

4．阿凡提与国王比赛下棋，国王说要是自己输了阿凡提想要什么他都可以拿得出来。阿凡提说那就要点米吧，棋盘一共 64 个小格子，在第一个格子里放 1 粒米，第二个格子里放 2 粒米，第三个格子里放 4 粒米，第四个格子里放 8 粒米，以此类推，后面每个格子里的米都是前一个格子里的 2 倍，一直把 64 个格子都放满。需要多少粒米呢？要求使用列表推导式和内置函数进行计算。

关注微信公众号"Python小屋"，发送消息"小屋刷题"，下载"Python小屋刷题软件"客户端，练习客观题"序列、推导式"相关的题目以及编程题中"列表、元组、字典、集合"相关的题目。

项目 4　使用程序控制结构

在表达特定的业务逻辑时，不可避免地要使用选择结构和循环结构，并且在必要时还会对这两种结构进行组合和嵌套。异常处理结构对提高程序的健壮性有着重要作用。在本项目中，除了介绍这三种结构的用法之外，还对前两个项目学过的内容通过案例进行大量的拓展。

学习目标

- 理解条件表达式与 True/False 的等价关系
- 熟练运用常见选择结构
- 熟练运用 for 循环和 while 循环
- 理解带 else 子句的循环结构执行过程
- 理解 break 和 continue 语句在循环中的作用
- 理解异常处理结构的工作原理与作用

素养目标

- 培养学生优化代码的意识
- 培养学生安全编码的意识
- 培养学生编写健壮代码的意识

任务 4.1　理解条件表达式的值与 True/False 的等价关系

在选择结构和循环结构中，都要根据条件表达式的值来确定下一步的执行流程。条件表达式的值只要不是 False、0（或 0.0、0j）、空值 None、空列表、空元组、空集合、空字典、空字符串、空 range 对象或其他空容器对象，Python 解释器均认为与 True 等价。

```
>>> if 666:              # 使用整数作为条件表达式，非零表示成立
    print(9)

9
>>> a = [3, 2, 1]
>>> if a:                # 使用列表作为条件表达式，非空列表表示成立
    print(a)

[3, 2, 1]
>>> a = []
>>> if a:                # 空列表等价于 False
    print(a)
else:
    print('empty')
```

```
empty
>>> i = s = 0
>>> while i <= 10:          # 使用关系表达式作为条件表达式
    s += i                  # 等价于 s = s+i，一般使用后者的写法
    i += 1

>>> print(s)
55
>>> i = s = 0
>>> while True:             # 使用常量 True 作为条件表达式，表示始终成立
    s += i
    i += 1
    if i > 10:              # 满足特定条件时使用 break 语句退出循环
        break

>>> print(s)
55
>>> s = 0
>>> for i in range(0, 11, 1):   # 遍历序列元素
    s += i

>>> print(s)
55
```

在前面 2.2 节已经介绍过 Python 的各种运算符，这里再回顾一下几个在条件表达式中比较常用的运算符。

（1）关系运算符

Python 中的关系运算符可以连续使用，这样不仅可以减少代码量，也比较符合人类的思维方式。

```
>>> print(1<2<3)            # 等价于 1<2 and 2<3
True
>>> print(1<2>3)
False
>>> print(3= =3 is not True)
True
```

在 Python 语法中，条件表达式中不允许使用赋值分隔符"="，避免了误将关系运算符"=="写作赋值分隔符"="带来的麻烦。在条件表达式中使用赋值分隔符"="将抛出异常，提示语法错误。

```
>>> if age=40:              # 条件表达式中不允许使用赋值分隔符
SyntaxError: invalid syntax
```

（2）逻辑运算符

逻辑运算符 and、or、not 分别表示逻辑与、逻辑或、逻辑非。对于 and 而言，必须两侧的表达式都等价于 True，整个表达式才等价于 True；对于 or 而言，只要两侧的表达式中有一个等价于 True，整个表达式就等价于 True；对于 not 而言，如果后面的表达式等价于 False，整个表达式就等价于 True。对于使用 and 和 or 连接的表达式，最后计算的表达式的值作为整个表达式的值。

```
>>> 3 and 5                    # 整个表达式的值是最后一个计算的子表达式的值
5
>>> 3 or 5
3
>>> 0 and 5                    # 0 等价于 False
0
>>> 0 or 5
5
>>> not [1, 2, 3]              # 非空列表等价于 True
False
>>> not {}                     # 空字典等价于 False
True
```

任务 4.2　使用选择结构

4.2.1　程序员买包子—使用单分支选择结构

单分支选择结构语法如下所示。

```
if 表达式:
    语句块
```

其中，表达式后面的冒号"："是不可缺少的，表示一个语句块的开始，并且语句块必须做相应的缩进，一般是以 4 个空格为缩进单位。

当表达式值为 True 或其他与 True 等价的值时，表示条件满足，语句块被执行，否则该语句块不被执行，而是继续执行后面的代码（如果有），如图 4-1 所示。

【例 4-1】 程序员小明的妻子打电话让小明下班路上买饭回来，原话是"回来路上买 10 个包子，如果看到旁边有卖西瓜的，买一个"。结果，小明回到家后妻子发现他只买了一个包子，问怎么回事，小明说"我看到卖西瓜的了"。编写程序模拟小明的思路。

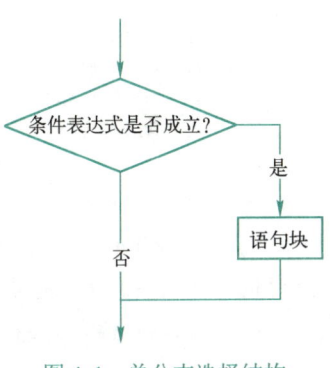

图 4-1　单分支选择结构

```
1.  # 要买的包子数量
2.  num = 10
3.  flag = input('有卖西瓜的吗？输入 Y/N: ')
4.  if flag == 'Y':
5.      num = 1
6.  print(f'实际买的包子数量为：{num}')
```

连续两次运行结果为：

```
有卖西瓜的吗？输入 Y/N: Y
实际买的包子数量为：1
有卖西瓜的吗？输入 Y/N: N
实际买的包子数量为：10
```

4.2.2 鸡兔同笼问题—使用双分支选择结构

双分支选择结构的语法如下。

```
if 表达式:
    语句块1
else:
    语句块2
```

当表达式值为 True 或其他等价值时，执行语句块 1，否则执行语句块 2。语句块 1 或语句块 2 总有一个会执行，然后再执行后面的代码（如果有），如图 4-2 所示。

【例 4-2】 编写程序，使用双分支结构计算鸡兔同笼问题。

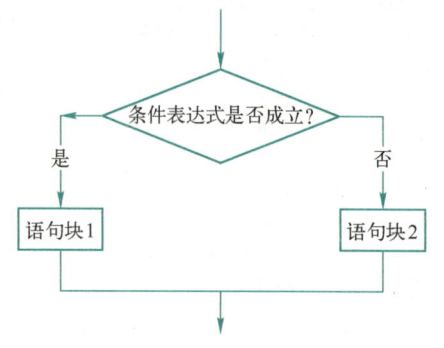

问题描述：鸡兔同笼问题是指已知鸡、兔总数量和腿的总数量，求解鸡、兔各多少只，这实际上是一个二元一次方程组的求解问题。根据数学知识容易知道，二元一次方程组如果有解应该只有唯一解。

图 4-2 双分支选择结构

基本思路：本例代码模拟的是下面的二元一次方程组求解过程，其中 ji 表示鸡的数量，tu 表示兔子的数量，jitu 表示鸡和兔子的总数量，tui 表示腿的总数量。

$$\begin{cases} ji + tu = jitu \\ 2ji + 4tu = tui \end{cases}$$

```
1.  jitu, tui = map(int, input('请输入鸡兔总数和腿总数：').split())
2.  tu = (tui - jitu*2) / 2
3.  if int(tu)==tu and 0<=tu<=jitu:
4.      print('鸡：{0},兔：{1}'.format(int(jitu-tu), int(tu)))
5.  else:
6.      print('数据不正确，无解')
```

另外，Python 还提供了一个三元运算符可以实现类似于双分支结构的功能，并且在三元运算符构成的表达式中还可以嵌套三元运算符。语法如下。

```
value1 if condition else value2
```

当条件表达式 condition 的值与 True 等价时，表达式的值为 value1，否则表达式的值为 value2。

```
>>> a = 5
>>> print(6 if a>3 else 5)
6
>>> b = 6 if a>13 else 9
>>> b
9
```

4.2.3 成绩转换—使用多分支选择结构

多分支选择结构的语法如下。

```
if 表达式 1:
    语句块 1
elif 表达式 2:
    语句块 2
elif 表达式 3:
    语句块 3
...
else:
    语句块 n
```

其中，关键字 elif 是 else if 的缩写。

【例 4-3】 编写程序，输入一个百分制考试成绩，然后输出对应的等级制成绩，要求使用多分支选择结构。

基本思路：考试成绩的百分制和等级制之间的对应关系为：[90, 100]区间上的分数对应 A，[80, 90)区间上的分数对应 B，[70, 80）区间上的分数对应 C，[60, 70）区间上的分数对应 D，小于 60 分的成绩对应 F。

```
1.  score = float(input('请输入一个成绩: '))
2.  if score > 100 or score < 0:
3.      print('wrong score.must between 0 and 100.')
4.  elif score >= 90:
5.      print('A')
6.  elif score >= 80:
7.      print('B')
8.  elif score >= 70:
9.      print('C')
10. elif score >= 60:
11.     print('D')
12. else:
13.     print('F')
```

4.2.4 成绩转换—使用嵌套的选择结构

选择结构可以进行嵌套，示例语法如下。

```
if 表达式 1:
    语句块 1
    if 表达式 2:
        语句块 2
    else:
        语句块 3
else:
    if 表达式 4:
        语句块 4
```

使用嵌套的选择结构时，一定要严格控制好不同级别代码块的缩进量，这决定了不同代码块的从属关系和业务逻辑是否被正确实现，以及代码是否能够被解释器正确理解和执行。

【例 4-4】 编写程序，输入一个百分制考试成绩，然后输出对应的等级制成绩，要求使用嵌套的选择结构。

基本思路：首先检查输入的成绩是否介于 0~100，如果是则再进一步计算其对应的等级。

```
1.   score = float(input('请输入一个成绩：'))
2.   degree = 'DCBAAF'                        # [90, 99]区间和100都对应 A
3.   if score > 100 or score < 0:
4.       print('wrong score.must between 0 and 100.')
5.   else:
6.       index = int (score - 60) // 10
7.       if index >= 0:                       # 这里对应 60 分以上的成绩
8.           print(degree[index])
9.       else:
10.          print(degree[-1])                # 60 分以下，对应 F
```

任务 4.3　使用循环结构

4.3.1　斐波那契数列与九九乘法表 — 使用 while 循环与 for 循环

Python 主要有 while 循环和 for 循环两种形式的循环结构，多个循环可以嵌套使用，也可以和选择结构嵌套使用来实现复杂的业务逻辑。

在 Python 中，循环结构可以带 else 子句，其执行过程为：如果循环因为条件表达式不成立或序列遍历结束而自然结束时则执行 else 结构中的语句，如果循环是因为执行了 break 语句而导致循环提前结束则不会执行 else 中的语句。while 循环和 for 循环的完整语法形式分别如下：

```
while 条件表达式：
    循环体
[else:
    else 子句代码块]
```

和

```
for 取值 in 序列或迭代对象：
    循环体
[else:
    else 子句代码块]
```

其中，方括号内的 else 子句可以有，也可以没有，根据要解决的问题来确定。

【**例 4-5**】编写程序，输出斐波那契数列中大于 1000 的第一个数字。

基本思路：while 循环适用于不能提前确定循环次数的场合，使用 True 作为条件表达式表示始终成立，然后在循环体中满足特定条件时使用 break 语句结束循环。

```
1.   a, b = 1, 1
2.   while True:
3.       a, b = b, a+b
4.       if b > 1000:
5.           print(b)
6.           break
```

运行结果：

```
1597
```

【例 4-6】 编写程序，打印九九乘法表。

基本思路：内循环中对于范围的控制，j 的范围不超过 i 的值；第 3 行代码中的 format 是字符串格式化的方法，可以查阅 7.2.2 节。

```
1.  for i in range(1, 10):
2.      for j in range(1, i+1):
3.          print('{0}*{1}={2}'.format(i,j,i*j), end=' ')
4.      print()                      # 打印空行
```

运行结果：

```
1*1=1
2*1=2  2*2=4
3*1=3  3*2=6   3*3=9
4*1=4  4*2=8   4*3=12  4*4=16
5*1=5  5*2=10  5*3=15  5*4=20  5*5=25
6*1=6  6*2=12  6*3=18  6*4=24  6*5=30  6*6=36
7*1=7  7*2=14  7*3=21  7*4=28  7*5=35  7*6=42  7*7=49
8*1=8  8*2=16  8*3=24  8*4=32  8*5=40  8*6=48  8*7=56  8*8=64
9*1=9  9*2=18  9*3=27  9*4=36  9*5=45  9*6=54  9*7=63  9*8=72  9*9=81
```

4.3.2 求 100 以内的最大素数—使用 break 与 continue 语句

break 语句和 continue 语句在 while 循环和 for 循环中都可以使用，并且一般常与选择结构或异常处理结构结合使用，但不能在循环结构之外使用。一旦 break 语句被执行，将使得 break 语句所属层次的循环提前结束；continue 语句的作用是结束本次循环，忽略 continue 之后的所有语句，提前进入下一次循环。

【例 4-7】 编写程序，计算小于 100 的最大素数。

基本思路：在下面的代码中，内循环用来测试特定的整数 n 是否为素数，如果其中的 break 语句得到执行则说明 n 不是素数，并且由于循环提前结束而不会执行后面的 else 子句。如果某个整数 n 为素数，则内循环中的 break 语句不会执行，内循环自然结束后执行后面 else 子句中的语句，输出素数 n 之后执行 break 语句跳出外循环。

```
1.  for n in range(100, 1, -1):
2.      if n%2 == 0:
3.          continue
4.      for i in range(3, int(n**0.5)+1, 2):
5.          if n%i == 0:
6.              # 结束内循环
7.              break
8.      else:
9.          print(n)
10.         # 结束外循环
11.         break
```

运行结果：

97

任务 4.4　计算平均分 — 使用异常处理结构

异常是指代码运行时由于输入的数据不合法或者某个条件临时不满足发生的错误，例如，要打开的文件不存在、用户权限不足、磁盘空间已满、网络连接故障、拼写错误等。程序一旦引发异常就会崩溃而无法继续执行后面的代码，如果得不到正确的处理会导致整个程序退出运行。

一个好的程序应该能够充分预测可能发生的异常并提前设计好处理方案，要么给出友好提示信息，要么忽略异常继续执行，要么重新执行一次，要么撤销未能全部完成的任务，程序表现出很好的健壮性。异常处理结构的一般思路是先尝试运行代码，如果不出现异常就正常执行，如果引发异常就根据异常类型的不同采取不同的处理方案。

在使用异常处理结构时，一般建议把确实可能会出错的代码放在 try 块中，确定不会出错的代码不建议放在 try 块中。另外，建议使用 except 捕捉尽可能精准的异常并进行相应的处理，尽量避免捕捉异常基类 Exception 或 BaseException。如果有多个 except 子句，应按照从派生类到基类的顺序依次捕捉异常，把 Exception 或 BaseException 放在最后一个 except 子句中捕捉。

异常处理结构的完整语法形式如下：

```
try:
    # 可能会引发异常的代码块
except 异常类型1 as 变量1:
    # 处理异常类型1的代码块
except 异常类型2 as 变量2:
    # 处理异常类型2的代码块
...
[else:
    # 如果try块中的代码没有引发异常，就执行这里的代码块
]
[finally:
    # 不论try块中的代码是否引发异常，也不论异常是否被处理
    # 总是最后执行这里的代码块
]
```

在上面的语法形式中，else 和 finally 子句不是必需的。

【例 4-8】 输入若干个成绩，求所有成绩的平均分。每输入一个成绩后询问是否继续输入下一个成绩，回答"yes"就继续输入下一个成绩，回答"no"就停止输入成绩。

基本思路：使用循环结构+异常处理结构来保证用户输入的合法性。

```
1.  numbers = []
2.  while True:
```

```
3.     x = input('请输入一个成绩：')
4.     # 异常处理结构，用来保证用户只能输入实数
5.     try:
6.         # 先把 x 转换成实数，然后追加到列表 numbers 尾部
7.         numbers.append(float(x))
8.     except:
9.         print('不是合法成绩')
10.
11.    # 下面的循环用来限制用户只能输入任意大小写的"yes"或者"no"
12.    while True:
13.        flag = input('继续输入吗？（yes/no）').lower()
14.        if flag not in ('yes', 'no'):
15.            print('只能输入 yes 或 no')
16.        else:
17.            break
18.    if flag == 'no':
19.        break
20.
21. # 计算平均分
22. print(sum(numbers)/len(numbers))
```

任务 4.5　程序控制结构应用案例

【例 4-9】 编写程序，判断今天是今年的第几天。

基本思路：先假设 2 月有 28 天，然后获取当前日期，如果是闰年再把 2 月改为 29 天。如果当前是 1 月，该月第几天也就是今年的第几天；如果不是 1 月，先把前面已经过完的所有整月天数加起来，再加上当月的第几天，就是今年的第几天。

```
1.  import time
2.
3.  date = time.localtime()                              # 获取当前日期时间
4.  year, month, day = date[:3]                          # 获取年、月、日信息
5.  day_month = [31, 28, 31, 30, 31, 30, 31, 31, 30, 31, 30, 31]
6.                                                       # 一年中每个月的天数
7.  if year%400==0 or (year%4==0 and year%100!=0):       # 判断是否为闰年
8.      day_month[1] = 29                                # 闰年的 2 月是 29 天
9.  if month == 1:
10.     print(day)
11. else:
12.     print(sum(day_month[:month-1])+day)              # 前面所有月的天数加上
13.                                                      # 本月第几天
```

【例 4-10】 编写程序，输出由星号（*）组成的菱形图案，并且可以灵活控制图案的大小。

基本思路：首先使用一个 for 循环输出菱形的上半部分，然后使用一个 for 循环输出菱形的下半部分。

```
1.  n = int(input('输入一个整数：'))
```

```
2.    for i in range(n):
3.        print(('* '*i).center(n*3))      # center()是字符串排版方法，居中对齐
4.                                          # 其中的参数 n*3 表示排版后字符串长度
5.    for i in range(n, 0, -1):
6.        print(('* '*i).center(n*3))
```

图 4-3 和图 4-4 分别为参数 n 等于 6 和 9 的运行效果。

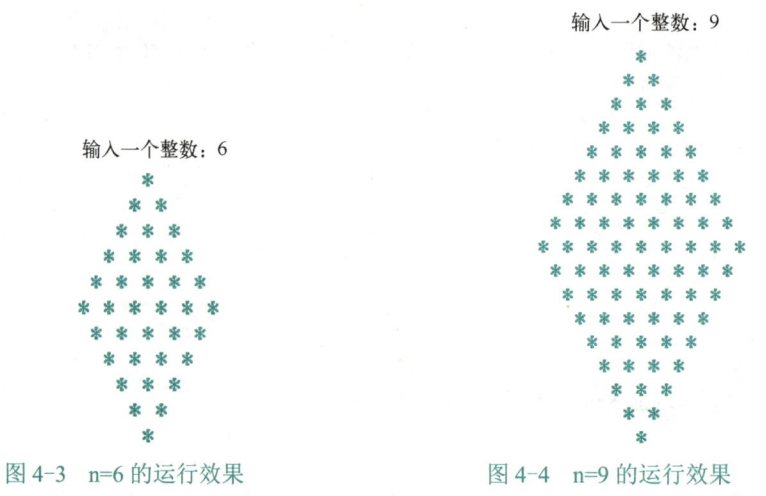

图 4-3 n=6 的运行效果　　图 4-4 n=9 的运行效果

【例 4-11】 编写程序，快速判断一个数是否为素数。

基本思路：除了 2 之外的所有偶数都不是素数；大于 5 的素数对 6 的余数必然是 1 或 5，但对 6 的余数是 1 或 5 的不一定是素数；如果一个大于 2 的整数 n 不能被 2 和 3 到 n 的平方根之间的奇数整除，那么它是素数。

```
1.  n = input("输入一个大于1的自然数：")
2.  n = int(n)
3.  # 2 和 3 是素数
4.  if n in (2,3):
5.      print('Yes')
6.  # 除了 2 之外的所有偶数必然不是素数
7.  elif n%2 == 0:
8.      print('No')
9.  else:
10.     # 大于 5 的素数必然出现在 6 的倍数两侧
11.     # 因为 6x+2、6x+3、6x+4 肯定不是素数，假设 x 为大于 1 的自然数
12.     m = n % 6
13.     if m!=1 and m!=5:
14.         print('No')
15.     else:
16.         # 判断整数 n 是否能被 3 到 n 的平方根之间的奇数整除
17.         for i in range(3, int(n**0.5)+1, 2):
18.             if n%i == 0:
19.                 print('No')
20.                 break
21.         else:
22.             print('Yes')
```

【例 4-12】编写程序，输出各位数字之和等于 32 的所有 4 位数。

基本思路：遍历所有 4 位整数，将其转换为字符串后再把每个数字字符转换为整数，求和后判断是否为 32。

```
for num in range(1000, 10000):
    if sum(map(int, str(num))) == 32:
        print(num, end=' ')
```

运行结果：

```
5999 6899 6989 6998 7799 7889 7898 7979 7988 7997 8699 8789 8798 8879 8888 8897
8969 8978 8987 8996 9599 9689 9698 9779 9788 9797 9869 9878 9887 9896 9959 9968 9977
9986 9995
```

【例 4-13】编写程序，输入一个自然数 n，然后计算并输出前 n 个自然数的阶乘之和 1!+2!+3!+…+n!的值。

基本思路：在前一项(n-1)!的基础上再乘以 n 就可以得到下一项，利用相邻两项之间的关系可以减少计算量。

```
1.  n = int(input('请输入一个自然数：'))
2.  # 使用 result 保存最终结果，t 表示每一项
3.  result, t = 1, 1
4.  for i in range(2, n+1):
5.      # 在前一项的基础上得到当前项
6.      t =t*i
7.      # 把当前项加到最终结果上
8.      result result + t
9.  print(result)
```

【例 4-14】 编写代码，模拟决赛现场最终成绩的计算过程。至少有 3 个评委，打分规则为删除最高分和最低分之后计算剩余分数的平均分。

基本思路：首先使用一个循环要求用户输入评委人数（应大于 2，至少有 3 个评委），然后再使用一个循环输入每个评委的打分，在两个循环中都使用了异常处理结构来保证用户输入的是整数，最后删除最高分和最低分，并计算剩余分数的平均分。

```
1.  while True:
2.      try:
3.          n = int(input('请输入评委人数：'))
4.          if n <= 2:
5.              print('评委人数太少，必须多于2个人。')
6.          else:
7.              break
8.      except:
9.          # pass 是空语句，表示什么也不做
10.         pass
11. 
12. scores = []
13. 
14. for i in range(n):
15.     # 这个 while 循环用来保证用户必须输入 0~100 的数字
16.     while True:
```

```
17.     try:
18.         score = input('请输入第{0}个评委的分数：'.format(i+1))
19.         # 把字符串转换为实数
20.         score = float(score)
21.         assert 0<=score<=100
22.         scores.append(score)
23.         # 如果数据合法，跳出while循环，继续输入下一个评委的分数
24.         break
25.     except:
26.         print('分数错误')
27.
28. # 计算并删除最高分与最低分
29. highest = max(scores)
30. lowest = min(scores)
31. scores.remove(highest)
32. scores.remove(lowest)
33. finalScore = round(sum(scores)/len(scores),2)
34.
35. formatter = '去掉一个最高分{0}\n去掉一个最低分{1}\n最后得分{2}'
36. print(formatter.format(highest, lowest, finalScore))
```

【例 4-15】 编写程序，实现人机对战的尼姆游戏。

问题描述：假设有一堆物品，计算机和人类玩家轮流从其中拿走一部分。在每一步中，人或计算机可以自由选择拿走多少物品，但是必须至少拿走一个并且最多只能拿走一半物品，然后轮到下一个玩家。拿走最后一个物品的玩家输掉游戏。

基本思路：在每次循环中让人类玩家先拿，然后让计算机拿，要求拿走的物品数量不超过剩余数量的一半。如果物品全部取完则结束游戏，并且判定拿走最后一个物品的玩家为输。这种无法提前确定循环次数的场合适合使用while循环。

```
1.  from random import randint
2.
3.  n = int(input('请输入一个正整数：'))
4.  while n > 1:
5.      # 人类玩家先走
6.      print("该你拿了，现在剩余物品数量为：{0}".format(n))
7.      # 确保人类玩家输入合法整数值
8.      while True:
9.          try:
10.             num = int(input('输入你要拿走的物品数量：'))
11.             # 确保拿走的物品数量不超过一半
12.             assert 1 <= num <= n//2
13.             break
14.         except:
15.             print('最少必须拿走1个，最多可以拿走{0}个。'.format(n//2))
16.     n -= num
17.     if n == 1:
18.         print('恭喜,你赢了！')
19.         break
20.     # 计算机玩家随机拿走一些，randint()用来生成指定范围内的一个随机数
```

```
21.        n -= randint(1, n//2)
22.    else:
23.        print('哈哈,你输了。')
```

习题

一、填空题

1. Python 中有两种循环结构,分别是_____和_____,其中前者尤其适合遍历列表、元组、字典、集合或类似对象中的元素。
2. 在循环结构中,一旦_____语句被执行,将使得该语句所属层次的循环提前结束;_____语句的作用是提前结束本次循环,忽略该语句之后的所有语句,提前进入下一次循环。

二、判断题

1. 当列表作为条件表达式时,空列表等价于 False,包含任何内容的列表等价于 True,所以表达式[3, 5, 8] == True 的结果是 True。   (   )
2. 数字3和数字5直接作为条件表达式时,作用是一样的,都表示条件成立。 (   )
3. 选择结构必须带有 else 或 elif 子句。   (   )
4. 在 Python 中,else 只有选择结构这一种用法,在其他场合不允许使用 else 关键字。(   )
5. 只允许在循环结构中嵌套选择结构,不允许在选择结构中嵌套循环结构。 (   )

三、编程题

1. 使用筛选法求解小于 n 的所有素数。
2. 计算小于 1000 的所有整数中能够同时被 5 和 7 整除的最大整数。
3. 要求用户输入一些数字,输出这些数字中只出现过一次的那些数字。
4. 要求用户输入一些数字,输出这些数字中的唯一数字。也就是说,如果某个数字出现了多次,只保留一个。
5. 实现抓狐狸游戏。假设墙上有 5 个洞(编号分别为 0、1、2、3、4),其中一个洞里有狐狸,人类玩家输入洞口编号,如果洞里有狐狸就抓到了;如果洞里没有狐狸就第二天再来抓。但在第二天人类玩家来抓之前,狐狸会跳到隔壁的洞里。
6. 生成一个包含 20 个[1, 50]随机整数的列表,然后使用插入法对给定整数列表中的所有元素升序排序。
7. 生成一个包含 20 个[1, 50]随机整数的列表,将其循环左移 5 个元素。所谓循环左移是指,每次移动时把列表最左侧的元素移出列表然后追加到列表尾部。
8. 给定一个包含若干数字的列表 A,编写程序计算满足 0≤a≤b<n(其中 n 为序列长度)的 A[b] - A[a]的最大值。
9. 写出下面程序的运行结果。

```
1. s = 0
2. for i in range(1,101):
3.     s += i
4. else:
5.     print(1)
```

10. 写出下面程序的运行结果。

```
1.  s = 0
2.  for i in range(1,101):
3.      s += i
4.      if i == 50:
5.          print(s)
6.          break
7.  else:
8.      print(1)
```

11. 下面的程序是否能够正常执行，若不能，请解释原因；若能，请分析其执行结果。

```
1.  from random import randint
2.
3.  result = set()
4.  while True:
5.      result.add(randint(1,10))
6.      if len(result)==20:
7.          break
8.  print(result)
```

12. 编写程序，让用户输入一个整数，如果输入的是正数就输出 1，如果输入的是负数就输出-1，否则输出 0。

关注微信公众号"Python 小屋"，发送消息"小屋刷题"，下载"Python 小屋刷题软件"客户端，练习客观题和编程题中"选择结构与循环结构"相关的题目。

项目 5　设计和使用自定义函数

在实际程序开发中，把可能需要反复执行的代码封装为函数，然后在需要执行该段代码功能的地方调用封装好的函数，这样不仅可以实现代码的复用，更重要的是可以保证代码的一致性，只需要修改该函数代码则所有调用位置均得到体现。同时，把大任务拆分成多个函数也是分治法和模块化设计的基本思路，这样有利于复杂问题简单化。本项目将详细介绍 Python 中函数的定义与使用。

学习目标

- 掌握函数定义和调用的语法
- 理解递归函数的执行过程
- 掌握位置参数、关键参数、默认值参数和长度可变参数的用法
- 理解函数调用时参数传递的序列解包用法
- 理解变量作用域
- 掌握 lambda 表达式的定义与用法
- 理解生成器函数工作原理

素养目标

- 培养学生复用代码的习惯和意识
- 培养学生编写优雅代码的习惯和意识
- 培养学生学以致用的习惯和意识
- 培养学生精益求精的工匠精神

任务 5.1　定义与调用函数

5.1.1　斐波那契数列——基本语法

自定义函数的语法如下。

```
def 函数名([参数列表]):
    '''注释'''
    函数体
```

其中，def 是用来定义函数的关键字。定义函数时在语法上需要注意的问题主要如下。
- 不需要说明形参类型，Python 解释器会根据实参的值自动推断形参类型。
- 不需要指定函数返回值类型，这由函数中 return 语句返回的值来确定。
- 即使函数不需要接收任何参数，也必须保留一对空的圆括号。

- 函数头部括号后面的冒号必不可少。
- 函数体相对于 def 关键字必须保持一定的空格缩进。

【例 5-1】 编写函数，计算并输出斐波那契数列中小于参数 n 的所有值，并调用该函数进行测试。

基本思路：每次循环时输出斐波那契数列中的一个数字，并生成下一个数字，如果某个数字大于或等于函数参数指定的数字，则结束循环。

```
1.  def fib(n):                    # 定义函数，括号里的 n 是形参
2.      a, b = 1, 1
3.      while a < n:
4.          print(a, end=' ')
5.          a, b = b, a+b          # 序列解包，生成数列中的下一个数字
6.
7.  fib(1000)                      # 调用函数，括号里的 1000 是实参
```

本例代码中各部分的含义如图 5-1 所示。

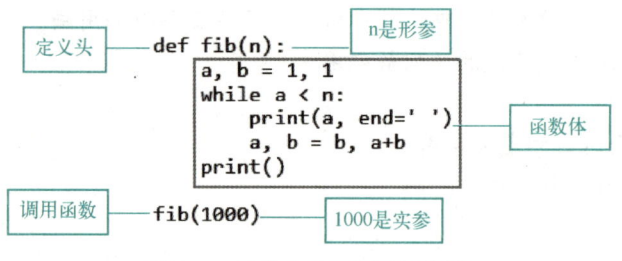

图 5-1 函数定义与调用示意图

5.1.2 计算列表元素之和—定义和使用递归函数

如果在一个函数中直接或间接地又调用了该函数自身，叫作递归调用。函数的递归调用是函数调用的一种特殊情况，函数调用自己，自己再调用自己，自己再调用自己……，当某个条件得到满足的时候就不再调用了，然后再一层一层地返回，直到返回该函数的第一次调用，如图 5-2 所示。

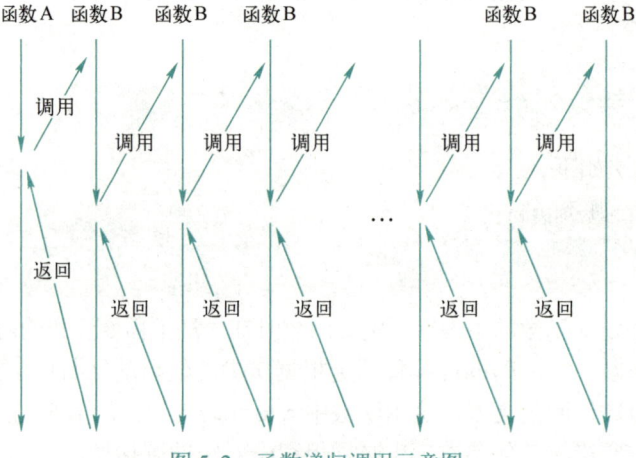

图 5-2 函数递归调用示意图

函数递归通常用来把一个大型的复杂问题层层转化为一个与原来问题性质相同但规模很小、很容易解决或描述的问题，只需要很少的代码就可以描述解决问题过程中需要的大量重复计算。在编写递归函数时，应注意以下几点。

- 每次递归应保持问题性质不变。
- 每次递归应使用更小或更简单的输入。
- 必须有一个能够直接处理而不需要再次进行递归的特殊情况来保证递归过程可以结束。
- 函数递归深度不能太大，否则会引起内存崩溃。

【例 5-2】 编写递归函数，计算整数列表中所有元素之和。

基本思路：每次递归时，如果列表中只有一个元素就直接返回，否则返回第一个元素与剩余元素之和相加的结果。本例只是演示定义和使用递归函数的语法，在实际计算列表元素之和时并不需要这样做，直接使用内置函数 sum() 即可。

```
1.  def mySum(lst):
2.      if len(lst) == 1:
3.          return lst[0]
4.      return lst[0]+mySum(lst[1:])
5.
6.  print(mySum([1, 2, 3, 4, 5]))
```

任务 5.2　理解函数参数

函数定义时圆括号内是使用逗号分隔开的形参列表，函数可以有多个参数，也可以没有参数，但定义和调用函数时一对圆括号必须要有，表示这是一个函数并且不接收参数。调用函数时向其传递实参，将实参的引用传递给形参。

5.2.1　位置参数

位置参数是比较常用的形式，调用函数时实参和形参的顺序必须严格一致，并且实参和形参的数量必须相同，按顺序和位置一一对应地把实参传递给形参。

```
>>> def demo(a, b, c):
        print(a, b, c)
>>> demo(3, 4, 5)
3 4 5
>>> demo(3, 5, 4)
3 5 4
>>> demo(1, 2, 3, 4)              # 实参与形参数量必须相同，否则会出错
TypeError: demo() takes 3 positional arguments but 4 were given
```

5.2.2　默认值参数

在定义函数时，Python 支持默认值参数，可以为形参设置默认值。在调用带有默认值参数的函数时，可以不用为设置了默认值的形参传递实参，此时函数将会直接使用函数定义时设置

的默认值，也可以通过传递实参来替换其默认值。

在定义带有默认值参数的函数时，任何一个默认值参数右侧都不能再出现没有默认值的普通位置参数，否则会提示语法错误。带有默认值参数的函数定义语法如下。

```
def 函数名(…, 形参名=默认值):
    函数体
```

例如，下面的函数定义：

```
>>> def say(message, times=1):
        print((message+' ') * times)
```

调用该函数时，如果只为第一个参数传递实参，则第二个参数使用默认值"1"，如果为第二个参数传递实参，则不再使用默认值"1"，而是使用显式传递的值。

```
>>> say('hello')
hello
>>> say('hello', 3)
hello hello hello
```

5.2.3 关键参数

通过关键参数可以按参数名字传递值，明确指定哪个值传递给哪个参数，实参顺序可以和形参顺序不一致，但不影响参数值的传递结果，避免了用户需要牢记参数位置和顺序的麻烦，使得函数的调用和参数传递更加灵活方便。

```
>>> def demo(a, b, c=5):
        print(a, b, c)

>>> demo(3, 7)
3 7 5
>>> demo(a=7, b=3, c=6)
7 3 6
>>> demo(c=8, a=9, b=0)
9 0 8
```

5.2.4 可变长度参数

可变长度参数在定义函数时主要有两种形式：*parameter 和**parameter。

前者用来接收任意多个位置参数并将其放在一个元组中，后者接收多个关键参数并将其放入一个字典中。

下面的代码演示了第一种形式可变长度参数的用法，无论调用该函数时传递了多少实参，一律将其放入元组中。

```
>>> def demo(*p):
        print(p)

>>> demo(1, 2, 3)
(1, 2, 3)
```

```
>>> demo(1, 2, 3, 4, 5, 6, 7)
(1, 2, 3, 4, 5, 6, 7)
```

下面的代码演示了第二种形式可变长度参数的用法，在调用该函数时自动将接收的多个关键参数转换为字典中的元素。

```
>>> def demo(**p):
        for item in p.items():
            print(item)

>>> demo(x=1, y=2, z=3)
('y', 2)
('x', 1)
('z', 3)
```

5.2.5 传递参数时的序列解包

调用函数时，可以使用列表、元组、集合、字典以及其他可迭代对象作为实参，并在实参名称前加一个星号，Python 解释器将自动进行解包，把其中的元素全部取出来作为位置参数分别传递给多个形参。

```
>>> def demo(a, b, c):              # 可以接收多个位置参数的函数
        print(a+b+c)

>>> seq = [1, 2, 3]
>>> demo(*seq)                      # 对列表进行解包
6
>>> tup = (1, 2, 3)
>>> demo(*tup)                      # 对元组进行解包
6
>>> dic = {1:'a', 2:'b', 3:'c'}
>>> demo(*dic)                      # 对字典的"键"进行解包
6
>>> demo(*dic.values())             # 对字典的"值"进行解包
abc
>>> Set = {1, 2, 3}
>>> demo(*Set)                      # 对集合进行解包
6
```

如果实参是个字典，可以使用两个星号**对其进行解包，会把字典转换成类似于关键参数的形式进行传递。对于这种形式的序列解包，要求实参字典中的所有键都必须是函数的形参名称，或者与函数中两个星号的可变长度参数相对应。

```
>>> p = {'a':1, 'b':2, 'c':3}       # 要解包的字典
>>> def f(a, b, c=5):                # 带有位置参数和默认值参数的函数
        print(a, b, c)

>>> f(**p)
1 2 3
>>> def f(a=3, b=4, c=5):            # 带有多个默认值参数的函数
        print(a, b, c)
```

```
>>> f(**p)                          # 对字典元素进行解包
1 2 3
>>> def demo(**p):                  # 接收任意多个关键参数的函数
        for item in p.items():
            print(item)

>>> p = {'x':1, 'y':2, 'z':3}
>>> demo(**p)                       # 对字典元素进行解包
('x', 1)
('y', 2)
('z', 3)
```

任务 5.3　统计小写字母个数 — 理解局部变量和全局变量

变量起作用的代码范围称为变量的作用域，不同作用域内同名变量之间互不影响。如果想要在函数内部修改一个定义在函数外的变量值，必须要使用关键字 global 明确声明，否则会自动创建新的局部变量。

在函数内如果只引用某个变量的值而没有为其赋新值，该变量为（隐式的）全局变量。如果在函数内有为变量赋值的操作，该变量就被认为是（隐式的）局部变量，除非在函数内赋值操作之前显式地用关键字 global 进行了声明。

下面的代码演示了局部变量和全局变量的用法，更多应用见项目 10 中的例 10-4 和例 10-6。

```
>>> def demo():
        global x           # 声明或创建全局变量，必须在使用 x 之前执行该语句
        x = 3              # 修改全局变量的值
        y = 4              # 局部变量
        print(x, y)

>>> x = 5                  # 在函数外部定义了全局变量 x
>>> demo()                 # 本次调用修改了全局变量 x 的值
3 4
>>> x
3
>>> y                      # 局部变量在函数运行结束之后自动删除，不再存在
NameError: name 'y' is not defined
>>> del x                  # 删除了全局变量 x
>>> x
NameError: name 'x' is not defined
>>> demo()                 # 本次调用创建了全局变量
3 4
>>> x
3
```

如果局部变量与全局变量具有相同的名字，那么该局部变量会在自己的作用域内暂时隐藏同名的全局变量。

```
>>> def demo():
        x = 3              # 创建了局部变量，并自动隐藏了同名的全局变量
        print(x)

>>> x = 5                  # 创建全局变量
>>> x
5
>>> demo()
3
>>> x                      # 函数调用结束后，不影响全局变量 x 的值
5
```

【例 5-3】 编写递归函数，统计字符串中小写字母的个数。

```
total = 0
def func(s):
    global total
    if not s:
        return
    if 'a'<=s[0]<='z':
        total = total + 1
    func(s[1:])

func('微信公众号：Python 小屋')
print(total)
```

任务 5.4 自定义排序规则——使用 lambda 表达式

lambda 表达式常用来声明匿名函数，也就是没有函数名字、临时使用的小函数，常用在临时需要一个类似于函数的功能但又不想定义函数的场合。例如，内置函数 sorted()、max()、min()和列表方法 sort()的 key 参数，内置函数 map()和 filter()的第一个参数等。也可以使用 lambda 表达式定义具名函数，但一般不这样用。

lambda 表达式只可以包含一个表达式，不允许包含复杂语句和结构，该表达式的计算结果相当于函数的返回值。下面的代码演示了不同情况下 lambda 表达式的应用。

```
>>> f = lambda x, y, z: x+y+z         # 也可以给 lambda 表达式起个名字
>>> print(f(1, 2, 3))                 # 把 lambda 表达式当作函数使用
6
>>> g = lambda x, y=2, z=3: x+y+z     # 支持默认值参数
>>> print(g(1))
6
>>> print(g(2, z=4, y=5))             # 调用时使用关键参数
11
>>> L = [1, 2, 3, 4, 5]
>>> list(map(lambda x: x+10, L))      # lambda 表达式作为函数参数
[11, 12, 13, 14, 15]
>>> data = list(range(20))
>>> import random
```

```
>>> random.shuffle(data)                               # 随机打乱顺序,可自行增加代码查看结果
>>> data.sort(key=lambda x: len(str(x)))               # 按所有元素转换为字符串后的长度排序
>>> data.sort(key=lambda x: len(str(x)), reverse=True)
                                                        # reverse=True 表示降序排列
```

任务 5.5　斐波那契数列 — 理解生成器函数

包含 yield 语句的函数用来创建生成器对象(与生成器表达式创建的生成器对象一样),这样的函数也称生成器函数。yield 语句与 return 语句的作用相似,都是用来从函数中返回值。与 return 语句不同的是,return 语句一旦执行会立刻结束函数的运行,而每次执行到 yield 语句并返回一个值之后会暂停或挂起后面代码的执行。下次通过生成器对象的__next__()方法、内置函数 next()、for 循环遍历生成器对象元素或其他方式显式"索要"数据时恢复执行。生成器具有惰性求值的特点,适合大数据处理。

【例 5-4】 编写并使用能够生成斐波那契数列的生成器函数。

```
>>> def f():
        a, b = 1, 1                    # 序列解包,同时为多个变量赋值
        while True:
            yield a                    # 暂停执行,需要时再产生一个新元素
            a, b = b, a+b              # 序列解包,继续生成新元素

>>> a = f()                            # 创建生成器对象
>>> for i in range(10):                # 斐波那契数列中前 10 个元素
    print(a.__next__(), end=' ')

1 1 2 3 5 8 13 21 34 55
>>> for i in f():                      # 斐波那契数列中第一个大于 100 的元素
    if i > 100:
        print(i, end=' ')
        break
144
```

任务 5.6　函数应用案例

【例 5-5】 编写函数,接收一个整数 t 为参数,打印杨辉三角前 t 行。

问题描述:杨辉三角的左侧和对角线边缘(也就是三角形的两个腰)上的数字都是 1,内部每个位置上的数字都是它正上方和右上方两个数字的和。

基本思路:首先输出杨辉三角的前两行,然后在每次循环中根据上一行的内容计算出下一

行除两端的 1 之外的数字，最后在前后各增加数字 1 并输出，重复这个过程，直到输出指定的行数。

```
1.  def yanghui(t):
2.      print([1])                              # 输出第一行
3.      line = [1, 1]
4.      print(line)                             # 输出第二行
5.      for i in range(2, t):
6.          r = []                              # 存储当前行除两端之外的数字
7.          for j in range(0, len(line)-1):
8.              r.append(line[j]+line[j+1])     # 第 i 行除两端之外其他的数字
9.          line = [1]+r+[1]                    # 第 i 行的全部数字
10.         print(line)                         # 输出第 i 行
```

当调用 yanghui(6)时，执行结果如下。

```
[1]
[1, 1]
[1, 2, 1]
[1, 3, 3, 1]
[1, 4, 6, 4, 1]
[1, 5, 10, 10, 5, 1]
```

【例 5-6】 编写函数，接收一个正偶数为参数，输出两个素数，并且这两个素数之和等于原来的正偶数。如果存在多组符合条件的素数，则全部输出。

基本思路：在 Python 中允许嵌套定义函数，也就是在一个函数的内部可以再定义一个函数。下面的代码在 demo()函数中定义了一个用来判断素数的函数 IsPrime()。

```
1.  def demo(n):
2.      def isPrime(p):                         # 该函数用来判断 p 是否为素数
3.          if p in(2,3):
4.              return True
5.          if p%2 == 0:
6.              return False
7.          for i in range(3, int(p**0.5)+1, 2):
8.              if p%i==0:
9.                  return False
10.         return True
11.
12.     if isinstance(n, int) and n>0 and n%2==0:
13.         for i in range(2, n//2+1):
14.             if isPrime(i) and isPrime(n-i):
15.                 print(f'{i}+{n-i}={n}')
```

【例 5-7】 编写函数，计算字符串匹配的准确率。

问题描述：以打字练习程序为例，假设 origin 为原始内容，userInput 为用户输入的内容，下面的代码用来测试用户输入的准确率。

基本思路：使用 zip()函数将原始字符串和用户输入的字符串左对齐，然后依次对比对应位置上的字符是否相同，如果相同就记一次正确，最后统计正确的字符数量并计算准确率。

```
1.  def rate(origin, userInput):
```

```
2.      if not (isinstance(origin, str) and isinstance(userInput, str)):
3.          print('The two parameters must be strings.')
4.          return
5.      # 统计对应位置上打对的字符数量
6.      right = sum((1 for o, u in zip(origin, userInput) if o==u))
7.      return round(right/len(origin), 2)
8.
9.  s1 = 'Readability counts.'
10. s2 = 'readability count.'
11. print(rate(s1, s2))
```

运行结果:

```
0.84
```

【例 5-8】 编写函数模拟猜数游戏。系统随机产生一个数，玩家最多可以猜 3 次，系统会根据玩家的猜测进行提示，玩家根据系统的提示对下一次的猜测进行适当调整。

基本思路：使用 for 循环控制猜数的次数，使用异常处理结构避免输入非数字引起的程序崩溃，根据用户的猜测和真实数字之间的大小关系进行适当的提示。如果次数用完了还没有猜对就提示游戏结束并显示正确的数字；如果次数没有用完就猜对了，那么提前结束循环。

```
1.  from random import randint
2.
3.  def guess(maxValue=10, maxTimes=3):
4.      # 随机生成一个整数
5.      value = randint(1, maxValue)
6.      for i in range(maxTimes):
7.          # 第一次猜和后面几次的提示信息不一样
8.          prompt = 'Start to GUESS:' if i==0 else 'Guess again:'
9.          # 使用异常处理结构，防止输入不是数字的情况
10.         try:
11.             x = int(input(prompt))
12.         except:
13.             # 如果输入的不是数字，就输出下面的这句话
14.             # 然后直接进入下一次循环，不会执行下面 else 子句的代码
15.             print('Must input an integer between 1 and ', maxValue)
16.         else:
17.             # 如果上面 try 中的代码没有出现异常，继续执行这个 else 中的代码
18.             if x == value:
19.                 print('Congratulations!')
20.                 break
21.             elif x > value:
22.                 print('Too big')
23.             else:
24.                 print('Too little')
25.     else:
26.         # 次数用完还没猜对，游戏结束，提示正确答案
27.         print('Game over. FAIL.')
28.         print('The value is ', value)
```

【例5-9】 编写函数，接收圆的半径作为参数，返回圆的面积，圆周率取值为3.14。

基本思路：在对参数进行计算之前，最好首先检查参数的值是否合法、有效。在代码中，使用内置函数 isinstance()检查参数是否为大于 0 的整数或实数，如果是则按照公式计算并返回圆的面积，否则返回提示信息。

```
1.  def circleArea(r):
2.      if isinstance(r, (int,float)) and r>0:      # 确保为大于 0 的数值
3.          return 3.14*r*r
4.      else:
5.          return '半径必须为大于 0 的整数或实数。'
6.
7.  print(circleArea(3))
```

【例5-10】 编写函数计算任意位数的黑洞数。

问题描述：黑洞数是指这样的正整数，每位数字组成的最大数减去每位数字组成的最小数仍然得到这个数自身。例如，3 位黑洞数是 495，因为 954-459=495，4 位数字是 6174，因为 7641-1467=6174。

基本思路：给定任意正整数，首先把所有位上的数字按升序排列得到这些数字能够组成的最小整数，然后降序排列得到这些数字能够组成的最大整数，如果构成的最大数与最小数的差等于原来的数字本身，就输出这个黑洞数。

```
1.  def main(n):
2.      '''参数 n 表示数字的位数，例如 n=3 时返回 495，n=4 时返回 6174'''
3.      # 待测试数范围的起点和结束值
4.      start = 10 ** (n-1)
5.      end = 10 ** n
6.      # 依次测试每个数
7.      for i in range(start, end):
8.          # 由这几个数字组成的最大数和最小数
9.          big = ''.join(sorted(str(i), reverse=True))
10.         little = ''.join(reversed(big))
11.         big, little = map(int, (big, little))
12.         if big-little == i:
13.             print(i)
14. n = 4
15. main(n)
```

运行结果：

```
6174
```

【例5-11】 编写函数，实现冒泡排序算法。

问题描述：所谓冒泡排序算法，是指通过多次扫描来实现所有元素的排序，在每次扫描时从前往后依次两两比较相邻的元素，如果某两个元素不符合预期的顺序要求，就进行交换，这样一次扫描结束后就把最大或最小的那个元素移动到了未排序部分的最后位置。然后回到前端进行下一次扫描并重复上面的过程，直到所有元素都符合预期顺序为止。

基本思路：如果在某一次扫描中没有发生元素交换，说明所有元素已经排好序，不需要再

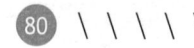

进行扫描，此时可以提前结束，从而减少扫描和元素比较的次数，提高算法效率。

```
1.  from random import randint
2.
3.  def bubbleSort(lst, reverse=False):
4.      length = len(lst)
5.      for i in range(0, length):
6.          flag = False
7.          for j in range(0, length-i-1):
8.              # 比较相邻两个元素大小，并根据需要进行交换
9.              # 默认升序排序
10.             exp = 'lst[j] > lst[j+1]'
11.             # 如果 reverse=True 则降序排序
12.             if reverse:
13.                 exp = 'lst[j] < lst[j+1]'
14.             if eval(exp):
15.                 lst[j], lst[j+1] = lst[j+1], lst[j]
16.                 # flag=True 表示本次扫描发生过元素交换
17.                 flag = True
18.          # 如果本次扫描中没有发生过元素交换，说明已经按序排列
19.          if not flag:
20.              break
21.
22. lst = [randint(1, 100) for i in range(20)]
23. print('排序前:\n', lst)
24. bubbleSort(lst, True)
25. print('排序后:\n', lst)
```

运行结果：

```
排序前：
 [100, 83, 16, 91, 78, 31, 15, 10, 3, 16, 96, 37, 54, 35, 30, 55, 8, 63, 25, 94]
排序后：
 [100, 96, 94, 91, 83, 78, 63, 55, 54, 37, 35, 31, 30, 25, 16, 16, 15, 10, 8, 3]
```

【例 5-12】 编写函数，实现选择法排序。

问题描述：所谓选择法排序，是指在每次扫描中选择剩余元素中最大或最小的一个元素，并在必要时与当前位置上的元素进行交换。

基本思路：在每次扫描时，先假设当前位置上的数是最大的或最小的，然后遍历该位置之后的元素，如果找到了更大或更小的数，就和当前位置上的数字交换。

```
1.  from random import randint
2.
3.  def selectSort(lst, reverse=False):
4.      length = len(lst)
5.      for i in range(0, length):
6.          # 假设剩余元素中第一个最小或最大
7.          m = i
8.          # 扫描剩余元素
9.          for j in range(i+1, length):
10.             # 如果有更小或更大的，就记录下它的位置
```

```
11.            exp = 'lst[j] < lst[m]'
12.            if reverse:
13.                exp = 'lst[j] > lst[m]'
14.            if eval(exp):
15.                m = j
16.        # 如果发现更小或更大的，就交换值
17.        if m != i:
18.            lst[i], lst[m] = lst[m], lst[i]
19.
20. lst = [randint(1, 100) for i in range(20)]
21. print('排序前:\n', lst)
22. selectSort(lst, True)
23. print('排序后:\n', lst)
```

运行结果：

```
排序前:
[85, 30, 22, 13, 60, 25, 64, 75, 78, 59, 100, 45, 75, 90, 61, 70, 91, 9, 52, 2]
排序后:
[100, 91, 90, 85, 78, 75, 75, 70, 64, 61, 60, 59, 52, 45, 30, 25, 22, 13, 9, 2]
```

【例 5-13】 编写函数，实现二分法查找。

基本思路：二分法查找算法非常适合在大量元素中查找指定的元素，要求序列已经排好序（这里假设按从小到大排序），首先测试中间位置上的元素是否为想查找的元素，如果是则结束算法；如果序列中间位置上的元素比要查找的元素小，则在序列的后面一半元素中继续查找；如果中间位置上的元素比要查找的元素大，则在序列的前面一半元素中继续查找。重复上面的过程，不断地缩小搜索范围（每次的搜索范围可以减少一半），直到查找成功或者失败（要查找的元素不在序列中）。

```
1.  from random import randint
2.
3.  def binarySearch(lst, value):
4.      start = 0
5.      end = len(lst)
6.      while start <= end:
7.          # 计算中间位置
8.          middle = (start + end) // 2
9.          # 查找成功，返回元素对应的位置
10.         if value == lst[middle]:
11.             return middle
12.         # 在后面一半元素中继续查找
13.         elif value > lst[middle]:
14.             start = middle + 1
15.         # 在前面一半元素中继续查找
16.         elif value < lst[middle]:
17.             end = middle - 1
18.     # 查找不成功，返回 False
19.     return False
20.
21. lst = [randint(1,50) for i in range(20)]
```

```
22.     lst.sort()
23.     print(lst)
24.     result = binarySearch(lst, 30)
25.     if result != False:
26.         print('Success, its position is:', result)
27.     else:
28.         print('Fail. Not exist.')
```

【例 5-14】 编写函数，寻找给定序列中差值最小的两个元素。

基本思路：对于任意给定的序列，对其进行排序后，原来相差最小的两个数字必然是相邻的。遍历排序后的列表，查找相邻元素之间差值最小的两个元素。

```
1.  import random
2.
3.  def getTwoClosestElements(seq):
4.      # 先进行排序，使得相邻元素最接近
5.      # 相差最小的元素必然相邻
6.      seq = sorted(seq)
7.      # 无穷大
8.      dif = float('inf')
9.      # 遍历所有元素，两两比较，比较相邻元素的差值
10.     # 使用选择法寻找差值最小的两个元素
11.     for i, v in enumerate(seq[:-1]):
12.         d = abs(v - seq[i+1])
13.         if d < dif:
14.             first, second, dif = v, seq[i+1], d
15.     # 返回相差最小的两个元素
16.     return (first, second)
17.
18. seq = [random.randint(1, 10000) for i in range(20)]
19. print(seq)
20. print(sorted(seq))
21. print(getTwoClosestElements(seq))
```

运行结果：

[8623, 4898, 4788, 5366, 7161, 799, 4904, 7913, 6521, 1524, 6707, 6000, 2156, 4927, 8009, 8473, 7508, 2839, 2502, 3327]
[799, 1524, 2156, 2502, 2839, 3327, 4788, 4898, 4904, 4927, 5366, 6000, 6521, 6707, 7161, 7508, 7913, 8009, 8473, 8623]
(4898, 4904)

【例 5-15】 利用蒙特卡罗方法计算圆周率近似值。

问题描述：蒙特卡罗方法是一种通过概率来得到问题近似解的方法，在很多领域都有重要的应用，其中就包括圆周率近似值的计算问题。假设有一块边长为 2 的正方形木板，上面画一个单位圆，然后随意往木板上扔飞镖，落点坐标(x, y)必然在木板上（更多的时候是落在单位圆内），如果扔的次数足够多，那么落在单位圆内的次数除以总次数再乘以 4，这个数字会无限逼近圆周率的值。这就是蒙特卡罗发明的用于计算圆周率近似值的方法，如图 5-3 所示。

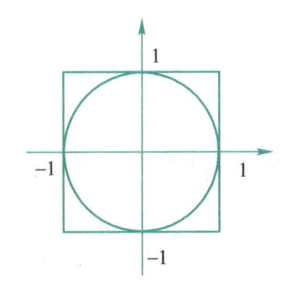

图 5-3　蒙特卡罗方法示意图

基本思路：首先生成 [0，1) 随机小数作为 x 和 y 坐标，进行简单的计算使其处于单位圆的外切正方形内，也就是位于 [-1，1]，最后判断该位置是否处于圆内。

```
1.  from random import random
2.
3.  def estimatePI(times):
4.      hits = 0
5.      for i in range(times):
6.          x = random()*2 - 1        # random()生成[0，1]的小数
7.          y = random()*2 - 1        # 该数字乘以2再减1，则位于[-1，1]区间
8.          if x*x + y*y < 1:         # 落在圆内
9.              hits += 1
10.     return 4.0 * hits/times
11.
12. print(estimatePI(10000))
13. print(estimatePI(1000000))
14. print(estimatePI(100000000))
15. print(estimatePI(1000000000))
```

运行结果：

3.1468
3.141252
3.14152528
3.141496524

【例 5-16】 模拟蒙蒂霍尔悖论游戏。

问题描述：假设你正参加一个有奖游戏节目，前方有 3 道门可选：其中一个后面是汽车，另外两个后面是山羊。你选择一道门，比如说选择 1 号门，主持人事先知道每道门后面是什么，并且打开了另一道门，比如说 3 号门，后面是一只山羊。然后主持人问你"你想改选 2 号门吗？"那么问题来了，改选的话对你会有利吗？这就是所谓的蒙蒂霍尔悖论游戏，也是一个经典的概率问题。

基本思路：使用字典来模拟 3 道门，其中键表示门的编号，值表示门后的物品。

```
1.  from random import randrange
2.
3.  def init():
4.      '''返回一个字典，键为3个门的编号，值为门后面的物品'''
5.      result = {i: 'goat' for i in range(3)}
6.      r = randrange(3)
7.      # 在某道随机的门后面放一辆汽车，其他两道门后面仍然是山羊
```

```python
8.      result[r] = 'car'
9.      return result
10.
11. def startGame():
12.     # 获取本次游戏中每道门的情况
13.     doors = init()
14.     # 获取玩家选择的门号
15.     while True:
16.         try:
17.             firstDoorNum = int(input('Choose a door to open:'))
18.             assert 0<= firstDoorNum <=2
19.             break
20.         except:
21.             print('Door number must be between {} and {}'.format(0, 2))
22.
23.     # 主持人查看另外两道门后的物品情况
24.     # 字典的keys()方法返回结果可以当作集合使用,支持使用减法计算差集
25.     for door in doors.keys()-{firstDoorNum}:
26.         # 打开其中一道后面为山羊的门
27.         if doors[door] == 'goat':
28.             print('"goat" behind the door', door)
29.             # 获取第三道门号,让玩家纠结
30.             thirdDoor = (doors.keys()-{door, firstDoorNum}).pop()
31.             change = input('Switch to {}?(y/n)'.format(thirdDoor))
32.             finalDoorNum = thirdDoor if change=='y' else firstDoorNum
33.             if doors[finalDoorNum] == 'goat':
34.                 return 'I Win!'
35.             else:
36.                 return 'You Win.'
37. while True:
38.     print('='*30)
39.     print(startGame())
40.     r = input('Do you want to try once more?(y/n)')
41.     if r == 'n':
42.         break
```

运行结果:

```
==============================
Choose a door to open:1
"goat" behind the door 0
Switch to 2?(y/n)y
You Win.
Do you want to try once more?(y/n)y


==============================
Choose a door to open:2
"goat" behind the door 1
Switch to 0?(y/n)n
I Win!
Do you want to try once more?(y/n)n
```

习题

一、填空题

1. 用来定义函数的关键字是_____。
2. 定义函数时_____（需要、不需要）声明形参的类型。
3. 如果一个函数中没有 return 语句，Python 解释器会认为该函数返回_____。

二、判断题

1. 在调用带默认值参数的函数时，不能给带默认值的参数传递新的值，必须使用默认值。（ ）
2. 已知函数定义 def func(*p): return sum(p)，那么调用时使用 func(1,2,3) 和 func(1,2,3,4,5) 都是合法的。（ ）
3. lambda 表达式在功能上等价于函数，但是不能给 lambda 表达式起名字，只能用来定义匿名函数。（ ）
4. 在 lambda 表达式中，不允许包含选择结构和循环结构，也不能在 lambda 表达式中调用其他函数。（ ）
5. 生成器函数的调用结果是一个确定的值。（ ）
6. 使用关键参数调用函数时，也必须记住每个参数的顺序和位置。（ ）
7. 已知不同的 3 个函数 A、B、C，在函数 A 中调用了 B，函数 B 中又调用了 C，这种调用方式称作递归调用。（ ）

三、编程题

1. 接收圆的半径作为参数，返回圆的面积。
2. 实现辗转相除法，接收两个整数，返回这两个整数的最大公约数。
3. 接收参数 a 和 n，计算并返回形式如 a + aa + aaa + aaaa +…+ aaa…aaa 的表达式前 n 项的值，其中 a 为小于 10 的自然数。
4. 接收一个字符串，判断该字符串是否为回文。所谓回文是指，从前向后读和从后向前读是一样的。
5. 模拟标准库 itertools 中 cycle() 函数的功能。
6. 模拟标准库 itertools 中 count() 函数的功能。
7. 模拟内置函数 reversed() 的功能。
8. 模拟内置函数 all() 的功能。
9. 模拟内置函数 any() 的功能。
10. 写出下面程序的运行结果。

```
def Sum(a, b=3, c=5):
    return sum([a, b, c])
print(Sum(a=8, c=2))
print(Sum(8))
print(Sum(8,2))
```

关注微信公众号"Python 小屋"，发送消息"小屋刷题"，下载"Python 小屋刷题软件"客户端，练习客观题和编程题中"函数设计与使用"相关的题目。

项目 6　面向对象程序设计

Python 是面向对象的解释型高级动态程序设计语言，完全支持面向对象的语法特性和基本功能。本项目将介绍 Python 面向对象程序设计的基本概念及应用，包括类的定义与使用、数据成员与成员方法、私有成员与公有成员、继承以及特殊方法等。

学习目标

- 掌握类的定义语法
- 掌握对象的创建语法
- 理解数据成员与成员方法的区别
- 理解私有成员与公有成员的区别
- 理解属性的工作原理
- 了解继承的基本概念
- 了解特殊方法的概念与工作原理

素养目标

- 培养学生复用代码的习惯和意识
- 培养学生复用设计的习惯和意识
- 培养学生探索底层原理的精神

任务 6.1　自定义栈—定义与使用类

在面向对象程序设计中，把数据以及对数据的操作封装在一起，组成一个整体（对象），不同对象之间通过消息机制来通信或者同步。对于相同类型的对象进行分类、抽象后，得出共同的特征和操作而形成了类。创建类时用变量形式表示对象特征的成员称为数据成员，用函数形式表示对象行为的成员称为成员方法，数据成员和成员方法统称为类的成员。

以设计好的类为基类，可以继承得到派生类，大幅度缩短开发周期，并且可以实现设计复用和迭代。在派生类中还可以对基类继承而来的某些行为进行重新实现，从而使得基类的某个方法在不同派生类中的行为有可能会不同，体现出一定的多态特性。类是代码复用和设计复用的一个重要技术实现，封装、继承和多态是面向对象程序设计的三要素。

Python 使用关键字 class 来定义类，之后是一个空格，接下来是类的名字，如果派生自其他基类则需要把所有基类放到一对圆括号中并使用逗号分隔，然后是一个冒号，最后换行并定义类的内部实现。其中，类名最好与所描述的事物有关，且首字母一般要大写。例如：

```
1.  class Car(object):              # 定义一个类，派生自 object 类
2.      def showInfo(self):         # 定义成员方法，参数 self 见 6.2.3 节
3.          print("This is a car")
```

定义了类之后，就可以用来创建或实例化对象，然后通过"对象名.成员"的方式来访问其中的数据成员或成员方法。例如：

```
>>> car = Car()                # 实例化对象
>>> car.showInfo()             # 调用对象的成员方法
This is a car
```

【例 6-1】 设计自定义栈类，模拟入栈、出栈，判断栈是否为空、是否已满以及改变栈大小等操作。

问题描述：栈是一种操作受限的数据结构，只能在一侧进行元素的增加和删除操作。

基本思路：对列表进行封装和二次开发，通过在列表尾部追加和删除元素来模拟栈的入栈和出栈操作。如果栈内部封装的列表中元素数量达到容量的限制则表示已满，如果列表为空则表示栈已空。改变栈的大小时，如果新的大小比栈中已有的元素数量还小，则拒绝该操作。

```
1.  class Stack:
2.      # 构造方法
3.      def __init__(self, maxlen=10):
4.          self._content = []
5.          self._size = maxlen
6.          self._current = 0
7.
8.      # 析构方法，释放列表空间
9.      def __del__(self):
10.         del self._content
11.
12.     # 清空栈中的元素
13.     def clear(self):
14.         self._content.clear()
15.         self._current = 0
16.
17.     # 测试栈是否为空
18.     def isEmpty(self):
19.         return not self._content
20.
21.     # 修改栈的大小
22.     def setSize(self, size):
23.         # 不允许修改后栈的容量小于已有元素数量
24.         if size < self._current:
25.             print('new size must >=' + str(self._current))
26.             return
27.         self._size = size
28.
29.     # 测试栈是否已满
30.     def isFull(self):
31.         return self._current == self._size
32.
33.     # 入栈
34.     def push(self, v):
35.         if self._current < self._size:
```

```
36.            # 在列表尾部追加元素
37.            self._content.append(v)
38.            # 栈中元素个数加 1
39.            self._current = self._current + 1
40.        else:
41.            print('Stack Full!')
42.
43.    # 出栈
44.    def pop(self):
45.        if self._content:
46.            # 栈中元素个数减 1
47.            self._current = self._current - 1
48.            # 弹出并返回列表尾部元素
49.            return self._content.pop()
50.        else:
51.            print('Stack is empty!')
52.
53.    def __str__(self):
54.        return f'stack({self._content},maxlen={self._size})'
55.
56.    # 复用__str__方法的代码
57.    __repr__ = __str__
```

将代码保存为 myStack.py 文件，下面的代码演示了自定义栈结构的用法。

```
>>> from myStack import Stack          # 导入自定义栈
>>> s = Stack()                         # 创建栈对象
>>> s.push(5)                           # 元素入栈
>>> s.push(8)
>>> s.push('a')
>>> s.pop()                             # 元素出栈
'a'
>>> s.push('b')
>>> s.push('c')
>>> s                                   # 查看栈对象
Stack([5, 8, 'b', 'c'], maxlen=10)
>>> s.setSize(8)                        # 修改栈大小
>>> s
Stack([5, 8, 'b', 'c'], maxlen=8)
>>> s.setSize(3)
new size must >=4
>>> s.clear()                           # 清空栈元素
>>> s.isEmpty()
True
>>> s.setSize(2)
>>> s.push(1)
>>> s.push(2)
>>> s.push(3)
Stack Full!
```

任务 6.2 自定义三维向量类 — 理解数据成员与成员方法

6.2.1 私有成员与公有成员

从形式上看，在定义类的成员时，如果成员名以两个下画线开头但是不以两个下画线结束则表示是私有成员。私有成员在类的外部不能直接访问，一般是在类的内部进行访问和操作，或者在类的外部通过调用对象的公有成员方法来访问。公有成员是可以公开使用的，既可以在类的内部进行访问，也可以在外部程序中使用。

要注意的是，Python 并没有对私有成员提供严格的访问保护机制，通过下面的特殊形式

  对象名._类名__xxx

也可以在外部程序中访问私有成员，但不建议这样做。

```
>>> class Test:
        def __init__(self, value=0):        # 构造方法，创建对象时自动调用，见6.4节
            self.__value = value            # 私有数据成员

        def setValue(self, value):          # 公有成员方法，需要显式调用
            self.__value = value            # 在类内部可以直接访问私有成员

        def show(self):                     # 公有成员方法
            print(self.__value)

>>> t = Test()
>>> t.show()                                # 在类外部可以直接访问公有成员
0
>>> t._Test__value                          # 不建议这样做
0
```

在上面的代码中，一个圆点"."表示成员访问运算符，可以用来访问命名空间、模块或对象中的成员，在 IDLE、Eclipse+PyDev、Spyder、WingIDE、PyCharm 或其他 Python 开发环境中，在对象或类名后面加上一个圆点"."，都会自动列出其所有公开成员，如图 6-1 所示。

在 Python 中，以下画线开头或结束的成员名有特殊的含义。

- _xxx：以一个下画线开头，表示受保护成员，一般在类和子类的成员方法中访问这些成员，不建议通过对象直接访问；在模块中使用一个或多个下划线开头的成员不能用'from module import *'导入，除非在模块中使用__all__变量明确指明这样的成员可以被导入。

图 6-1 列出对象公开成员

- __xxx：以两个下画线开头但不以两个下画线结束，表示私有成员，一般只有当前类的成员方法能访问，子类的成员方法也不能访问该成员，但在对象外部可以通过"对象名._类名__xxx"这样的特殊形式来访问。

- __xxx__：前后各两个下画线，系统定义的特殊成员，见 6.4 节。

6.2.2 数据成员

数据成员用来描述类或对象的某些特征（例如，一本书的作者、书号、出版社、定价），可以分为属于对象的数据成员和属于类的数据成员两类。
- 属于对象的数据成员主要在构造方法__init__()中定义，并且在定义和访问时以 self 作为前缀，同一个类的不同对象的数据成员之间互不影响。
- 属于类的数据成员的定义不在任何成员方法之内，是该类所有对象共享的，不属于任何一个对象。

在主程序中或类的外部，属于对象的数据成员只能通过对象名访问，属于类的数据成员可以通过类名或对象名访问。

利用类数据成员的共享性，可以实时获得该类的对象数量，并且可以控制该类能够创建的对象最大数量。例如，下面的代码定义了一个特殊的类，这个类只能定义一个对象。

```
>>> class SingleInstance:
    num = 0
    def __init__(self):
        if SingleInstance.num > 0:
            raise Exception('只能创建一个对象')
        SingleInstance.num += 1

>>> t1 = SingleInstance()
>>> t2 = SingleInstance()
Traceback (most recent call last):
  File "<pyshell# 11>", line 1, in <module>
    t2 = SingleInstance()
  File "<pyshell# 9>", line 5, in __init__
    raise Exception('只能创建一个对象')
Exception: 只能创建一个对象
```

6.2.3 成员方法

Python 类的成员方法大致可以分为公有方法、私有方法、静态方法、类方法和抽象方法（本书不介绍此种方法）。公有方法和私有方法一般是指属于对象的实例方法，其中私有方法的名字以两个下画线"__"开始。公有方法可以通过对象名直接调用，私有方法只能在其他实例方法中通过前缀 self 进行调用或在外部通过特殊的形式来调用。

所有实例方法都必须至少有一个名为 self 的参数，并且必须是方法的第一个形参（如果有多个形参），self 参数代表当前对象。在实例方法中访问实例成员时需要以 self 为前缀，但在外部通过对象名调用对象方法时并不需要传递这个参数，因为通过对象调用公有方法时会把对象隐式绑定到 self 参数。

静态方法和类方法都可以通过类名和对象名调用，但在这两种方法不能直接访问属于对象的成员，只能访问属于类的成员。一般以 cls 作为类方法的第一个参数表示该类自身，在调用类方法时不需要为该参数传递值。静态方法可以不接收任何参数。例如：

```
>>> class Root:
    __total = 0
    def __init__(self, v):           # 构造方法,特殊方法
        self.__value = v
        Root.__total += 1

    def show(self):                  # 普通实例方法,以 self 作为第一个参数
        print('self.__value:', self.__value)
        print('Root.__total:', Root.__total)

    @classmethod                     # 修饰器,声明类方法
    def classShowTotal(cls):         # 类方法,一般以 cls 作为第一个参数
        print(cls.__total)

    @staticmethod                    # 修饰器,声明静态方法
    def staticShowTotal():           # 静态方法,可以没有参数
        print(Root.__total)

>>> r = Root(3)
>>> r.classShowTotal()               # 通过对象调用类方法
1
>>> r.staticShowTotal()              # 通过对象调用静态方法
1
>>> rr = Root(5)
>>> Root.classShowTotal()            # 通过类名调用类方法
2
>>> Root.staticShowTotal()           # 通过类名调用静态方法
2
>>> Root.show()                      # 试图通过类名直接调用实例方法,失败
TypeError: unbound method show() must be called with Root instance as first argument (got nothing instead)
>>> Root.show(r)                     # 可以通过这种方式调用方法并访问实例成员
self.__value: 3
Root.__total: 2
```

6.2.4 属性

属性是一种特殊形式的成员方法,综合了数据成员和成员方法二者的优点,既可以像成员方法那样对值进行必要的检查,又可以像数据成员一样进行灵活的访问。

在 Python 3.x 中,属性得到了较为完整的实现,支持更加全面的保护机制。如果设置属性为只读,则无法修改其值,也无法为对象增加与属性同名的新成员,当然也无法删除对象属性。例如:

```
>>> class Test:
    def __init__(self, value):
        self.__value = value         # 私有数据成员

    @property                        # 修饰器,定义属性
    def value(self):                 # 只读属性,无法修改和删除
        return self.__value
```

```
>>> t = Test(3)
>>> t.value
3
>>> t.value = 5                         # 只读属性不允许修改值
AttributeError: can't set attribute
>>> del t.value                         # 试图删除对象属性，失败
AttributeError: can't delete attribute
>>> t.value
3
```

下面的代码把属性设置为可读、可修改，但不允许删除。

```
>>> class Test:
    def __init__(self, value):
        self.__value = value

    def __get(self):                    # 读取私有数据成员的值
        return self.__value

    def __set(self, v):                 # 修改私有数据成员的值
        self.__value = v

    value = property(__get, __set)      # 可读可写属性，指定相应的读写方法

    def show(self):
        print(self.__value)

>>> t = Test(3)
>>> t.value                             # 允许读取属性值
3
>>> t.value = 5                         # 允许修改属性值
>>> t.value
5
>>> t.show()                            # 属性对应的私有变量也得到了相应的修改
5
>>> del t.value                         # 试图删除属性，失败
AttributeError: can't delete attribute
```

也可以将属性设置为可读、可修改、可删除。

```
>>> class Test:
    def __init__(self, value):
        self.__value = value

    def __get(self):
        return self.__value

    def __set(self, v):
        self.__value = v
```

```
        def __del(self):                          # 删除对象的私有数据成员
            del self.__value

        value = property(__get, __set, __del)     # 可读、可写、可删除的属性

        def show(self):
            print(self.__value)
>>> t = Test(3)
>>> t.show()
3
>>> t.value
3
>>> t.value = 5
>>> t.show()
5
>>> t.value
5
>>> del t.value
>>> t.value                                       # 相应的私有数据成员已删除,访问失败
AttributeError: 'Test' object has no attribute '_Test__value'
>>> t.show()
AttributeError: 'Test' object has no attribute '_Test__value'
>>> t.value = 1                                   # 动态增加属性和对应的私有数据成员
>>> t.show()
1
>>> t.value
1
```

6.2.5 任务实施——三维向量类

【例 6-2】 自定义三维向量类。

问题描述:模拟三维空间的向量,并模拟向量的缩放操作和向量之间的加法和减法运算。

基本思路:设计一个类,使用私有数据成员 __x、__y 和 __z 表示三维向量的各个分量,提供公开接口 add()、sub()、mul()、div()来实现向量之间的加、减以及向量与标量之间的乘、除运算,还提供属性 length 支持查看向量的长度。

```
1.  class Vector3:
2.      # 构造方法,初始化,定义向量坐标
3.      def __init__(self, x, y, z):
4.          self.__x = x
5.          self.__y = y
6.          self.__z = z
7.
```

```
8.    # 两个向量相加，对应分量相加，返回新向量
9.    def add(self, anotherPoint):
10.       x = self.__x + anotherPoint.__x
11.       y = self.__y + anotherPoint.__y
12.       z = self.__z + anotherPoint.__z
13.       return Vector3(x, y, z)
14.
15.   # 减去另一个向量，对应分量相减，返回新向量
16.   def sub(self, anotherPoint):
17.       x = self.__x - anotherPoint.__x
18.       y = self.__y - anotherPoint.__y
19.       z = self.__z - anotherPoint.__z
20.       return Vector3(x, y, z)
21.
22.   # 向量与一个数字相乘，各分量乘以同一个数字，返回新向量
23.   def mul(self, n):
24.       x, y, z = self.__x*n, self.__y*n, self.__z*n
25.       return Vector3(x, y, z)
26.
27.   # 向量除以一个数字，各分量除以同一个数字，返回新向量
28.   def div(self, n):
29.       x, y, z = self.__x/n, self.__y/n, self.__z/n
30.       return Vector3(x, y, z)
31.
32.   # 查看向量各分量值
33.   def show(self):
34.       print('X:{0}, Y:{1}, Z:{2}'.format(self.__x,
35.                                         self.__y,
36.                                         self.__z))
37.
38.   # 定义属性，查看向量长度，所有分量平方和的平方根
39.   @property
40.   def length(self):
41.       return (self.__x**2 + self.__y**2 + self.__z**2)**0.5
42.
43. # 用法演示
44. v = Vector3(3, 4, 5)
45. v1 = v.mul(3)
46. v1.show()
47. v2 = v1.add(v)
48. v2.show()
49. print(v2.length)
```

运行结果：

X:9, Y:12, Z:15

```
X:12, Y:16, Z:20
28.284271247461902
```

任务 6.3 定义 Teacher 类—理解和使用继承

继承是一种设计复用和代码复用的机制。设计一个新类时,如果能够在一个已有的且设计良好的类的基础上进行适当扩展和二次开发,可以大幅度减少开发工作量,并且可以很大程度地保证质量。在继承关系中,已有的、设计好的类称为父类或基类,新设计的类称为子类或派生类。派生类可以继承父类的公有成员,但是不能继承其私有成员。如果需要在派生类中调用基类的方法,可以使用内置函数 super() 或者通过 "基类名.方法名()" 的方式来实现这一目的。

【例 6-3】 设计 Person 类,根据 Person 派生 Teacher 类,然后分别创建和使用 Person 类与 Teacher 类的对象。

基本思路:在子类 Teacher 中继承父类 Person 中的公有成员,并增加属于自己的成员。在访问父类中的私有数据成员时,不能直接去访问,应该借助于父类提供的公开接口。

```
1.  class Person(object):
2.      def __init__(self, name='', age=20, sex='man'):
3.          # 通过调用方法进行初始化,这样可以对参数进行更好的控制
4.          self.setName(name)
5.          self.setAge(age)
6.          self.setSex(sex)
7.
8.      def setName(self, name):
9.          if not isinstance(name, str):
10.             raise Exception('name must be string.')
11.         self.__name = name
12.
13.     def setAge(self, age):
14.         if type(age) != int:
15.             raise Exception('age must be integer.')
16.         self.__age = age
17.
18.     def setSex(self, sex):
19.         if sex not in ('man', 'woman'):
20.             raise Exception('sex must be "man" or "woman"')
21.         self.__sex = sex
22.
23.     def show(self):
24.         print(self.__name, self.__age, self.__sex, sep='\n')
25.
26. # 派生类
27. class Teacher(Person):
28.     def __init__(self, name='', age=30,
29.                  sex='man', department='Computer'):
```

```
30.        # 调用基类构造方法初始化基类的私有数据成员
31.        super(Teacher, self).__init__(name, age, sex)
32.        # 也可以这样初始化基类的私有数据成员
33.        # Person.__init__(self, name, age, sex)
34.        # 调用自己的方法初始化派生类的数据成员
35.        self.setDepartment(department)
36.
37.     # 在派生类中新增加的方法
38.     def setDepartment(self, department):
39.        if type(department) != str:
40.            raise Exception('department must be a string.')
41.        self.__department = department
42.
43.     # 覆盖了从父类中继承来的方法
44.     def show(self):
45.        # 先调用父类的同名方法,显示从父类中继承来的数据成员
46.        super(Teacher, self).show()
47.        # 再显示派生类中的私有数据成员
48.        print(self.__department)
49.
50. if __name__ == '__main__':
51.     # 创建基类对象
52.     zhangsan = Person('Zhang San', 19, 'man')
53.     zhangsan.show()
54.     print('='*30)
55.
56.     # 创建派生类对象
57.     lisi = Teacher('Li si', 32, 'man', 'Math')
58.     lisi.show()
59.     # 调用继承的方法修改年龄
60.     lisi.setAge(40)
61.     lisi.show()
```

运行结果:

```
Zhang San
19
man
==============================
Li si
32
man
Math
Li si
40
man
Math
```

Python 也支持多继承,如果父类中有相同的方法名,而在子类中使用时没有指定父类名,Python 解释器将从左向右按顺序进行搜索,使用第一个匹配的成员。

任务 6.4 模拟双端队列——理解特殊方法工作原理

在 Python 中，不管类的名字是什么，构造方法都叫作 __init__()，析构方法都叫作 __del__()，分别用来在创建对象时进行必要的初始化和在删除对象时进行必要的清理工作。

在 Python 中，除了构造方法和析构方法之外，还有大量的特殊方法支持更多的功能，例如，运算符重载和自定义类对内置函数的支持就是通过在类中重写特殊方法实现的。在自定义类时如果重写了某个特殊方法即可支持对应的运算符或内置函数，具体实现什么工作由程序员根据实际需要来定义。表 6-1 列出了其中比较常用的特殊方法，完整列表请参考下面的网址：https://docs.python.org/3/reference/datamodel.html#special-method-names。

表 6-1 Python 类比较常用的特殊方法

特殊方法	功 能 说 明
__init__()	构造方法，创建对象时自动调用
__del__()	析构方法，删除对象时自动调用
__add__()	+
__sub__()	-
__mul__()	*
__truediv__()	/
__floordiv__()	//
__mod__()	%
__pow__()	**
__eq__()、__ne__()、__lt__()、__le__()、__gt__()、__ge__()	==、!=、<、<=、>、>=
__lshift__()、__rshift__()	<<、>>
__and__()、__or__()、__invert__()、__xor__()	&、|、~、^
__iadd__()、__isub__()	+=、-=，很多其他运算符也有与之对应的复合赋值运算符
__pos__()	一元运算符+，正号
__neg__()	一元运算符-，负号
__contains__()	与元素测试运算符 in 对应
__radd__()、__rsub__	反射加法、反射减法，一般与普通加法和减法具有相同的功能，但操作数的位置或顺序相反，很多其他运算符也有与之对应的反射运算符
__abs__()	与内置函数 abs() 对应
__divmod__()	与内置函数 divmod() 对应
__len__()	与内置函数 len() 对应
__reversed__()	与内置函数 reversed() 对应
__round__()	与内置函数 round() 对应
__str__()	与内置函数 str() 对应，要求该方法必须返回 str 类型的数据
__getitem__()	按照索引获取值
__setitem__()	按照索引赋值

例如，在下面的两段代码中，Demo 类的第一次定义中没有实现特殊方法 __add__()，所以该类的对象不支持加号运算符。第二次的 Demo 类中实现了特殊方法 __add__()，所以该类的对象支持加

号运算符,但是具体如何支持,进行加法运算时具体做什么,最终还是由该方法中的代码决定的。

(1) Demo 类第一次定义没有实现特殊方法__add__()

```
>>> class Demo:
        def __init__(self, value):
            self.__value = value

>>> d = Demo(3)
>>> d + 3
Traceback (most recent call last):
  File "<pyshell# 50>", line 1, in <module>
    d + 3
TypeError: unsupported operand type(s) for +: 'Demo' and 'int'
```

(2) Demo 类中实现了特殊方法__add__()

```
>>> class Demo:
        def __init__(self, value):
            self.__value = value

        def __add__(self, anotherValue):
            return self.__value + anotherValue

>>> dd = Demo(3)
>>> dd +5
8
```

【例 6-4】 自定义双端队列类,模拟入队、出队等基本操作。

问题描述:双端队列是指在左右两侧都可以入队和出队的一种数据结构。所谓入队是指,在队列的头部或尾部增加一个元素。所谓出队是指,删除队列头部或尾部的一个元素。

基本思路:对列表进行封装和扩展,对外提供接口模拟双端队列的操作,假装自己是一个双端队列,把外部对双端队列的操作转换为内部对列表的操作。在列表尾部使用 append()方法追加一个元素用来模拟右端入队操作,使用 pop()方法删除列表尾部元素模拟右端出队操作,左端入队和出队操作的思路类似。

```
1.  class myDeque:
2.      # 构造方法,默认队列大小为 10
3.      def __init__(self, iterable=None, maxlen=10):
4.          if iterable == None:
5.              # 如果没有提供初始数据,就创建一个空队列
6.              self._content = []
7.              self._current = 0
8.          else:
9.              # 使用给定的数据初始化双端队列
10.             # _content 用于存储实际数据
11.             # _current 表示队列中元素的个数
12.             self._content = list(iterable)
13.             self._current = len(self._content)
14.         # _size 表示队列大小
15.         self._size = maxlen
16.         if self._size < self._current:
```

```
17.            self._size = self._current
18.
19.    # 析构方法
20.    def __del__(self):
21.        del self._content
22.
23.    # 修改队列大小
24.    def setSize(self, size):
25.        if size < self._current:
26.            # 如果缩小队列，需要同时删除后面的元素
27.            del self._content[size:]
28.            # 因为删除了部分元素，所以需要修改队列中元素数量
29.            self._current = size
30.        # 设置队列大小
31.        self._size = size
32.
33.    # 在右侧入队
34.    def appendRight(self, v):
35.        if self._current < self._size:
36.            self._content.append(v)
37.            self._current = self._current + 1
38.        else:
39.            # 如果队列已满，则给出提示，并忽略该操作
40.            print('The queue is full')
41.
42.    # 在左侧入队
43.    def appendLeft(self, v):
44.        if self._current < self._size:
45.            self._content.insert(0, v)
46.            self._current = self._current + 1
47.        else:
48.            print('The queue is full')
49.
50.    # 在左侧出队
51.    def popLeft(self):
52.        if self._content:
53.            self._current = self._current - 1
54.            return self._content.pop(0)
55.        else:
56.            # 如果队列是空的，则给出提示，并忽略该操作
57.            print('The queue is empty')
58.
59.    # 在右侧出队
60.    def popRight(self):
61.        # 列表中如果有元素则等价于 True，空列表等价于 False
62.        if self._content:
63.            self._current = self._current - 1
64.            return self._content.pop()
65.        else:
66.            print('The queue is empty')
67.
68.
69.    # 循环移位
70.    def rotate(self, k):
```

```python
71.            if abs(k) > self._current:
72.                print('k must <= '+str(self._current))
73.                return
74.            self._content = self._content[-k:] + self._content[:-k]
75.
76.        # 元素翻转
77.        def reverse(self):
78.            # 反向切片，这里也可以调用列表的 reverse()方法
79.            self._content = self._content[::-1]
80.
81.        # 显示当前队列中元素个数
82.        def __len__(self):
83.            return self._current
84.
85.        # 使用 print()打印对象时，调用这个方法
86.        def __str__(self):
87.            return f'myDeque({self._content},maxlen={self._size})'
88.
89.        # 在交互模式下直接对象名当作表达式时，调用这个方法
90.        __repr__ = __str__
91.
92.        # 队列置空
93.        def clear(self):
94.            self._content.clear()
95.            self._current = 0
96.
97.        # 测试队列是否为空
98.        def isEmpty(self):
99.            return not self._content
100.
101.        # 测试队列是否已满
102.        def isFull(self):
103.            return self._current == self._size
104.
105.    if __name__ == '__main__':
106.        print('Please use me as a module.')
```

将上面的代码保存为 myDeque.py 文件，并保存在当前文件夹、Python 安装文件夹或 sys.path 列表指定的其他文件夹中，也可以使用 append()方法把该文件所在的文件夹添加到 sys.path 列表中。下面的代码演示了自定义队列类的用法。

```
>>> from myDeque import myDeque       # 导入自定义双端队列类
>>> q = myDeque(range(5))             # 创建双端队列对象
>>> q
myDeque([0, 1, 2, 3, 4], maxlen=10)

>>> q.appendLeft(-1)                  # 在队列左侧入队
>>> q.appendRight(5)                  # 在队列右侧入队
>>> q
myDeque([-1, 0, 1, 2, 3, 4, 5], maxlen=10)
>>> q.popLeft()                       # 在队列左侧出队
-1
>>> q.popRight()                      # 在队列右侧出队
5
```

```
>>> q.reverse()                    # 元素翻转
>>> q
myDeque([4, 3, 2, 1, 0], maxlen=10)
>>> q.isEmpty()                    # 测试队列是否为空
False
>>> q.rotate(-3)                   # 元素循环左移
>>> q
myDeque([1, 0, 4, 3, 2], maxlen=10)
>>> q.setSize(20)                  # 改变队列大小
>>> q
myDeque([1, 0, 4, 3, 2], maxlen=20)
>>> q.clear()                      # 清空队列元素
>>> q
myDeque([], maxlen=20)
>>> q.isEmpty()
True
```

习题

一、填空题

1. Python 中用来定义类的关键字是_____。
2. 在类中，如果一个成员名字前面有两个下画线但后面没有下画线，那么该成员为_____（私有、公有）成员。
3. 在实例方法中，_____（能、不能）访问属于类的数据成员。
4. 通过对象_____（能、不能）访问类的静态方法。
5. 如果在类中实现了__len__()方法，那么该类的对象支持内置函数_____。
6. 如果在类中实现了__add__()方法，那么该类的对象支持运算符_____。
7. 如果在类中实现了__pow__()方法，那么该类的对象支持运算符_____。

二、判断题

1. 不管 Python 类的名字是什么，其构造方法的名字总是__init__。（   ）
2. 类的实例方法一般使用 self 作为第一个参数，在调用该方法时 self 参数表示当前对象。（   ）
3. Python 不支持多继承。（   ）
4. Python 只能定义只读属性，无法定义可读可写的属性。（   ）

三、编程题与简答题

1. 扩展项目 6 中的例 6-2，为向量类增加计算内积的功能。
2. 设计并实现一个数组类，要求能够把包含数字的列表、元组或 range 对象转换为数组，并能够修改数组中指定位置上的元素值。
3. 设计并实现一个数组类，要求能够把包含数字的列表、元组或 range 对象转换为数组，能够使用包含整数的列表作为下标，同时返回多个位置上的元素值。
4. 解释面向对象程序设计中封装、继承、多态的概念。

关注微信公众号"Python 小屋"，发送消息"小屋刷题"，下载"Python 小屋刷题软件"客户端，练习客观题和编程题中"面向对象程序设计"相关的题目。

项目 7 使用字符串

本项目将介绍 Python 中字符串的相关语法与应用。包括字符串的编码格式，转义字符和原始字符串的概念和用法，字符串的格式化方法，字符串的常用方法以及运算符和内置函数对字符串的操作。

学习目标

- 了解 ASCII、UTF-8、GBK、CP936 等常见字符编码格式
- 了解转义字符和原始字符串的概念和用法
- 熟练运用字符串常用方法
- 熟练运用运算符和内置函数对字符串的操作
- 掌握中英文分词和中文拼音处理扩展库的使用

素养目标

- 培养学生学以致用的习惯和意识
- 培养学生发散思维和安全意识
- 培养学生安全编码的习惯和意识

任务 7.1 认识字符串

字符串是指包含若干字符的容器对象。在 Python 中，字符串属于不可变有序序列，使用单引号、双引号、三单引号或三双引号作为定界符，并且不同的定界符之间可以互相嵌套。下面几种都是合法的 Python 字符串。

```
'Hello world'
'这个字符串是数字"123"和字母"abcd"的组合'
'''Tom said,"Let's go"'''
```

除了支持序列通用操作（包括双向索引、比较大小、计算长度、元素访问、切片、子串测试等操作）以外，字符串类型还支持一些特有的操作方法，例如，字符串格式化、查找、替换、排版等。由于字符串属于不可变序列，所以不能直接对字符串对象进行元素增加、修改与删除等操作，切片操作也只能访问其中的元素而无法使用切片来修改字符串中的字符。另外，字符串对象提供的 replace()和 translate()方法以及大量排版方法也不是对原字符串直接进行修改替换，而是返回一个新字符串作为结果。

7.1.1 字符串编码格式

最早的字符串编码是美国信息交换标准代码（ASCII），仅对 10 个数字、26 个大写英文字

母、26 个小写英文字母及一些其他符号进行了编码。ASCII 码采用 1 字节来对字符进行编码，最多只能表示 128 个符号。

UTF-8 对全世界所有国家需要用到的字符进行了编码，以 1 字节表示英语字符（兼容 ASCII），以 3 字节表示常见中文字符。GB2312 是我国制定的中文编码，使用 1 字节表示英语，2 字节表示中文；GBK 是 GB2312 的扩充，CP936 是微软在 GBK 基础上开发的编码方式。GB2312、GBK 和 CP936 都是使用 2 字节表示中文，且互相兼容。

不同编码格式之间相差很大，采用不同的编码格式意味着不同的表示和存储形式，把同一字符存入文本文件时，实际写入的字符串内容可能会不同（见项目 9），在理解其内容时必须了解编码规则并进行正确的解码，否则无法还原信息。

Python 3.x 程序文件默认使用 UTF-8 编码格式，完全支持中文。在统计字符串长度时，无论是一个数字、英文字母，还是一个汉字，都按一个字符对待和处理。

```
>>> s = '中国山东烟台'
>>> len(s)                            # 字符串长度，即包含的字符个数
6
>>> s = '微信公众号：Python 小屋'     # 中文与英文字符同样对待，都算一个字符
>>> len(s)
14
```

除了支持 Unicode 编码的 str 类型之外，Python 还支持字节串类型 bytes，str 类型字符串可以通过 encode()方法使用指定的编码格式编码成为 bytes 对象，bytes 对象可以通过 decode()方法使用指定编码格式解码成为 str 字符串。

```
>>> type('Python 是个好语言')
<class 'str'>
>>> type('山东'.encode('gbk'))        # 编码成字节串，采用 GBK 编码格式
<class 'bytes'>
>>> '中国'.encode()                   # 默认使用 UTF-8 进行编码
b'\xe4\xb8\xad\xe5\x9b\xbd'
>>> _.decode()                        # 默认使用 UTF-8 进行解码
'中国'
```

7.1.2 实现进度条——使用转义字符与原始字符串

转义字符是指，在字符串中某些特定的符号前加一个反斜线之后，该字符将被解释为另外一种含义，不再表示本来的字符。Python 中常用的转义字符如表 7-1 所示。

表 7-1 常用转义字符

转 义 字 符	含 义
\b	退格，把光标移动到前一列位置
\f	换页符
\n	换行符
\r	回车
\t	水平制表符
\v	垂直制表符

(续)

转义字符	含义
\\	一个反斜线\
\'	单引号'
\"	双引号"
\ooo	3 位八进制数对应的字符
\xhh	2 位十六进制数对应的字符
\uhhhh	4 位十六进制数表示的 Unicode 字符
\Uhhhhhhhh	8 位十六进制数表示的 Unicode 字符

下面的代码演示了转义字符的用法。

```
>>> print('Hello\tWorld')                      # 包含转义字符的字符串
Hello    World
>>> print('\103')                              # 三位八进制数对应的字符
C
>>> print('\x41')                              # 两位十六进制数对应的字符
A
>>> print('我是\u8463\u4ed8\u56fd')            # 四位十六进制数表示的 Unicode 字符
我是董付国
```

把下面的代码保存为文件 escapeCharacter.py，然后在命令提示符环境执行命令 python escapeCharacter.py，仔细观察运行过程，并理解转义字符'\r'的用法。

```
1.  from time import sleep
2.
3.  for i in range(101):
4.      print('\r',i, end='%')
5.      sleep(0.1)
```

为了避免对字符串中的转义字符进行转义，可以使用原始字符串。原始字符串是指，在字符串前面加上字母 r 或 R 表示原始字符串，其中的所有字符都表示原始的字面含义而不会进行任何转义。

```
>>> path = 'C:\Windows\notepad.exe'
>>> print(path)                                # 字符\n 被转义为换行符
C:\Windows
otepad.exe
>>> path = r'C:\Windows\notepad.exe'           # 原始字符串，任何字符都不转义
>>> print(path)
C:\Windows\notepad.exe
```

任务 7.2　理解字符串格式化

7.2.1　使用%符号进行格式化

使用%符号进行字符串格式化的形式如图 7-1 所示，格式运算符%之前的部分为格式字符

串，之后的部分为需要进行格式化的内容。

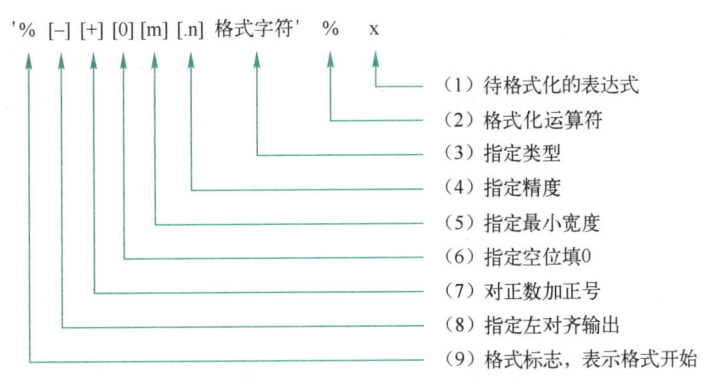

```
'% [-] [+] [0] [m] [.n] 格式字符' % x
```

(1) 待格式化的表达式
(2) 格式化运算符
(3) 指定类型
(4) 指定精度
(5) 指定最小宽度
(6) 指定空位填0
(7) 对正数加正号
(8) 指定左对齐输出
(9) 格式标志，表示格式开始

图 7-1　字符串格式化

Python 支持大量的格式字符，表 7-2 列出了常用的格式字符。

表 7-2　常用的格式字符

格式字符	说　明
%s	字符串
%c	单个字符
%d、%i	十进制整数
%o	八进制整数
%x	十六进制整数
%e	指数（基底写为 e）
%E	指数（基底写为 E）
%f、%F	浮点数
%g	指数（e）或浮点数（根据显示长度）
%G	指数（E）或浮点数（根据显示长度）
%%	格式化为一个%符号

下面代码演示了相关语法的用法。

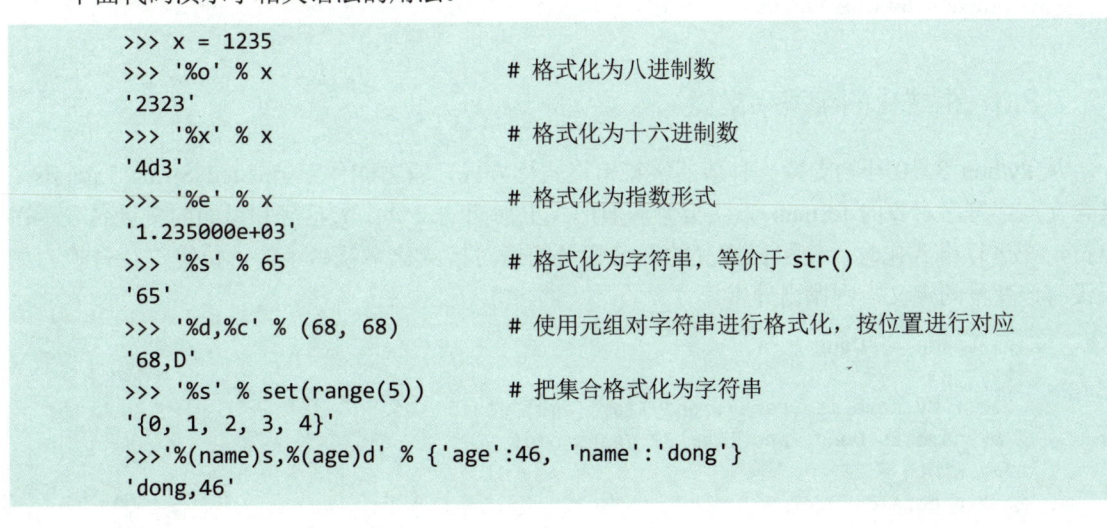

```
>>> x = 1235
>>> '%o' % x               # 格式化为八进制数
'2323'
>>> '%x' % x               # 格式化为十六进制数
'4d3'
>>> '%e' % x               # 格式化为指数形式
'1.235000e+03'
>>> '%s' % 65              # 格式化为字符串，等价于 str()
'65'
>>> '%d,%c' % (68, 68)     # 使用元组对字符串进行格式化，按位置进行对应
'68,D'
>>> '%s' % set(range(5))   # 把集合格式化为字符串
'{0, 1, 2, 3, 4}'
>>> '%(name)s,%(age)d' % {'age':46, 'name':'dong'}
'dong,46'
```

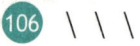

7.2.2 使用 format() 方法进行格式化

字符串格式化方法 format() 提供了更加强大的功能，也更加灵活。该方法中可以使用的格式主要有 b（二进制格式）、c（把整数转换成 Unicode 字符）、d（十进制格式）、o（八进制格式）、x（小写十六进制格式）、X（大写十六进制格式）、e/E（科学计数法格式）、f/F（固定长度的浮点数格式）、%（使用固定长度浮点数显示百分数）。Python 3.6.x 开始支持在数字常量的中间位置使用单个下画线作为分隔符来提高数字的可读性，相应地，字符串格式化方法 format() 也提供了对下画线的支持。

```
>>> 1/3
0.3333333333333333
>>> print('{0:.3f}'.format(1/3))        # 保留3位小数，大括号中的0表示format()方
                                         # 法第一个参数
0.333
>>> '{0:%}'.format(3.5)                  # 格式化为百分数，大括号中的冒号后面表示格式
'350.000000%'
>>> print('The number {0:,} in hex is: {0:# x}, in oct is {0:# o}'.format (55))
The number 55 in hex is: 0x37, in oct is 0o67
>>> print('The number {0:,} in hex is: {0:x}, the number {1} in oct is {1:o}'.format(5555, 55))
The number 5,555 in hex is: 15b3, the number 55 in oct is 67
>>> print('The number {1} in hex is: {1:# x}, the number {0} in oct is {0:# o}'.format(5555, 55))
The number 55 in hex is: 0x37, the number 5555 in oct is 0o12663
>>> print('my name is {name}, my age is {age}, and my QQ is {qq}'.format(name='Dong', qq='306467***', age=38))       # 根据名字对应的值进行格式化
my name is Dong, my age is 38, and my QQ is 306467***
>>> position = (5, 8, 13)
>>> print('X:{0[0]};Y:{0[1]};Z:{0[2]}'.format(position))
X:5;Y:8;Z:13
>>> '{0:_},{0:_x}'.format(1000000)       # Python 3.6.0及更高版本支持
'1_000_000,f_4240'
>>> '{0:_},{0:_x}'.format(10000000)      # Python 3.6.0及更高版本支持
'10_000_000,98_9680'
```

7.2.3 格式化的字符串常量

从 Python 3.6.0 开始支持一种新的字符串格式化方式，官方叫作 Formatted String Literals，其含义与字符串对象的 format() 方法类似，但形式更加简洁。其中大括号和里面的变量名表示占位符，在进行格式化时，使用已定义的同名变量的值对格式化字符串中的占位符进行替换。如果没有该变量的定义，则抛出异常。

```
>>> name = 'Dong'
>>> age = 39
>>> f'My name is {name}, and I am {age} years old.'
'My name is Dong, and I am 39 years old.'
>>> width = 10
>>> precision = 4
```

```
>>> value = 11/3
>>> f'result:{value:{width}.{precision}}'
'result:   3.667'
>>> f'my address is {address}'           # 没有 address 变量，抛出异常
NameError: name 'address' is not defined
>>>width, height = 8, 6
>>> f'{width=},{height=},{width*height=}'  # Python 3.8新增支持等号
'width=8,height=6,width*height=48'
```

任务 7.3　考试系统客观题自动判卷 — 熟悉字符串常用方法与操作

除了可以使用内置函数和运算符对字符串进行操作，Python 字符串对象自身还提供了大量方法用于字符串的检测、替换和排版等操作。需要注意的是，字符串对象是不可变的，所以字符串对象提供的涉及字符串"修改"的方法都是返回修改后的新字符串，并不对原字符串做任何修改。

7.3.1　find()、rfind()、index()、rindex()、count()

find()和 rfind()方法分别用来查找另一个字符串在当前字符串指定范围（默认是整个字符串）中首次和最后一次出现的位置，如果不存在则返回-1；index()和 rindex()方法分别用来返回另一个字符串在当前字符串指定范围中首次和最后一次出现的位置，如果不存在则抛出异常；count()方法用来返回另一个字符串在当前字符串中出现的次数，如果不存在则返回 0。

```
>>> s = 'apple,peach,banana,peach,pear'
>>> s.find('peach')                  # 返回第一次出现的位置
6
>>> s.find('peach', 7)               # 从指定位置开始查找
19
>>> s.find('peach', 7, 20)           # 在指定范围中进行查找
-1
>>> s.rfind('p')                     # 从字符串尾部向前查找
25
>>> s.index('p')                     # 返回首次出现位置
1
>>> s.index('pe')
6
>>> s.index('pear')
25
>>> s.index('ppp')                   # 指定的子字符串不存在时抛出异常
ValueError: substring not found
>>> s.count('p')                     # 统计子字符串出现次数
5
>>>text = 'Beautiful is better than ugly.'
>>> sum(map(text.count, 'eat'))      # 字母e、a、t出现的总次数
9
```

7.3.2 split()、rsplit()

字符串对象的 split()和 rsplit()方法以指定字符串为分隔符，分别从左向右和从右向左将当前字符串分隔成多个字符串，返回包含分隔结果的列表。

```
>>> s = 'apple,peach,banana,pear'
>>> s.split(',')                    # 使用逗号进行分隔
['apple', 'peach', 'banana', 'pear']
>>> s = '2024-10-31'
>>> t = s.split('-')                # 使用指定字符作为分隔符
>>> t
['2024', '10', '31']
>>> list(map(int, t))               # 将分隔结果转换为整数
[2024, 10, 31]
```

对于 split()和 rsplit()方法，如果不指定分隔符，则字符串中的任何空白符号（包括空格、换行符、制表符等）的连续出现都将被认为是分隔符，并且自动丢弃分隔得到的空字符串，返回包含最终分隔结果的列表。

```
>>> s = '\n\nhello\t\t world \n\n\n My name\t is Dong   '
>>> s.split()
['hello', 'world', 'My', 'name', 'is', 'Dong']
```

明确传递参数指定 split()使用的分隔符时，不会丢弃分隔得到的空字符串。

```
>>> 'a\t\tbb\t\tccc'.split('\t')    # 连续的相邻分隔符之间会得到空字符串
['a', '', 'bb', '', 'ccc']
>>> 'a,,,bb,,ccc'.split(',')        # 每个逗号都被作为独立的分隔符
['a', '', '', 'bb', '', 'ccc']
```

另外，split()和 rsplit()方法还允许指定最大分隔次数（注意，并不是必须分隔这么多次）。

```
>>> s = '\n\nhello\t\t world \n\n\n My name is Dong   '
>>> s.split(maxsplit=1)             # 分隔1次
['hello', 'world \n\n\n My name is Dong   ']
>>> s.rsplit(maxsplit=1)
['\n\nhello\t\t world \n\n\n My name is', 'Dong']
>>> s.split(maxsplit=10)            # 最大分隔次数大于实际可分隔次数时，自动忽略
['hello', 'world', 'My', 'name', 'is', 'Dong']
```

7.3.3 join()

字符串的 join()方法用来将可迭代对象中多个字符串进行连接，并在相邻两个字符串之间插入指定字符串，返回新字符串。

```
>>> li = ['apple', 'peach', 'banana', 'pear']
>>> ','.sep.join(li)                # 使用逗号作为连接符
'apple,peach,banana,pear'
>>> ':'.join(li)                    # 使用冒号作为连接符
```

```
'apple:peach:banana:pear'
>>> ''.join(li)                    # 使用空字符作为连接符
'applepeachbananapear'
```

7.3.4 lower()、upper()、capitalize()、title()、swapcase()

这几个方法分别用来将字符串转换为小写字符串、大写字符串、首字母变为大写、每个单词的首字母变为大写以及大小写互换。

```
>>> s = 'What is Your Name?'
>>> s.lower()                      # 返回小写字符串
'what is your name?'
>>> s.upper()                      # 返回大写字符串
'WHAT IS YOUR NAME?'
>>> s.capitalize()                 # 字符串首字符大写
'What is your name?'
>>> s.title()                      # 每个单词的首字母大写
'What Is Your Name?'
>>> s.swapcase()                   # 大小写互换
'wHAT IS yOUR nAME?'
```

7.3.5 replace()、maketrans()、translate()

字符串方法 replace()用来替换当前字符串中指定子字符串的所有重复出现，把指定的字符串参数作为一个整体对待，类似于 Word、WPS、记事本等文本编辑器的查找与替换功能。该方法并不修改原字符串，而是返回一个新字符串。

```
>>> s = 'Python 是一门非常优秀的编程语言'
>>> s.replace('编程', '程序设计')        # 两个参数都各自作为整体对待
'Python 是一门非常优秀的程序设计语言'
>>> print('abcdabc'.replace('abc', 'ABC'))
ABCdABC
```

字符串对象的 maketrans()方法用来生成字符映射表，可以通过任意字符串调用，translate()方法用来根据映射表中定义的对应关系转换当前字符串并替换其中的字符，使用这两个方法的组合可以同时处理多个不同的字符。

```
# 创建映射表，将字符"abcdef123"一一对应地转换为"uvwxyz@# $"
>>> table = ''.maketrans('abcdef123', 'uvwxyz@# $')
>>> s = 'Beautiful is better than ugly.'
# 按映射表进行转换
>>> s.translate(table)
'Byuutizul is vyttyr thun ugly.'
```

【例 7-1】 编写程序，使用 maketrans()和 translate()方法把给定文本中所有阿拉伯数字替换为对应的汉字数字，例如，把 2 替换为二，4 替换为四。

基本思路：首先使用字符串方法 maketrans()构造字符映射表，然后使用字符串方法 translate()进行替换。

```
1.  def translate(text, table):
2.      return text.translate(table)
3.
4.  table = ''.maketrans('0123456789', '〇一二三四五六七八九')
5.  text = '现在是2023年5月3日下午15点整。'
6.  print(translate(text, table))
```

运行结果：

现在是二〇二三年五月三日下午一五点整。

7.3.6　strip()、rstrip()、lstrip()

这几个方法分别用来删除两端、右端或左端连续的空白字符或指定字符。

```
>>> '\n\nhello world   \n\n'.strip()        # 删除两侧的空白字符
'hello world'
>>> 'aaaassddf'.strip('a')                  # 删除两侧的指定字符
'ssddf'
>>> 'aaaassddfaaa'.lstrip('a')              # 删除字符串左侧指定字符
'ssddfaaa'
```

这 3 个函数的参数指定的字符串并不作为一个整体对待，而是在原字符串的两侧、右侧、左侧删除参数字符串中包含的所有字符，一层一层地从外往里删除。

```
>>> 'aabbccddeeeffg'.strip('gbaefcd')
''
```

7.3.7　startswith()、endswith()

这两个方法用来判断字符串是否以指定字符串开始或结束，可以接收两个整数参数来限定字符串的检测范围。

```
>>> s = 'Beautiful is better than ugly.'
>>> s.startswith('Be')                      # 检测整个字符串
True
>>> s.startswith('Be', 5)                   # 指定检测范围起始位置
False
>>> s.startswith('Be', 0, 5)                # 指定检测范围起始和结束位置
True
```

另外，这两个方法还可以接收一个字符串元组作为参数来表示前缀或后缀，例如，下面的代码使用列表推导式列出指定文件夹下所有扩展名为"bmp""jpg"或"gif"的图片。

```
>>> import os
>>> [filename
     for filename in os.listdir(r'D:\\')
     if filename.endswith(('.bmp', '.jpg', '.gif'))]
```

7.3.8　isalnum()、isalpha()、isdigit()、isspace()、isupper()、islower()

这几个方法分别用来判断字符串是否为数字或字母、是否为字母、是否为整数字符、是否

为空白字符、是否为大写字母以及是否为小写字母。

```
>>> '1234abcd'.isalnum()
True
>>> '\t\n\r '.isspace()          # 测试是否全部为空白字符
True
>>> 'aBC'.isupper()              # 测试是否区分大小写的字母全部为大写字母
False
>>> '1234abcd'.isalpha()         # 全部为英文字母时返回 True,否则返回 False
False
>>> '1234abcd'.isdigit()         # 全部为数字时返回 True,否则返回 False
False
>>> '1234.0'.isdigit()           # 圆点不属于数字字符,返回 False
False
>>> '1234'.isdigit()             # 只包含整数字符,返回 True
True
```

7.3.9 center()、ljust()、rjust()

这几个方法用于对字符串进行排版,返回指定宽度的新字符串,原字符串居中、左对齐或右对齐出现在新字符串中,如果指定的宽度大于字符串长度则使用指定的字符(默认是空格)进行填充。

```
>>> 'Main Menu'.center(20)        # 居中对齐,两侧默认以空格进行填充
'     Main Menu      '
>>> 'Main Menu'.center(20, '-')   # 居中对齐,两侧以减号进行填充
'-----Main Menu------'
>>> 'Main Menu'.ljust(20, '#')    # 左对齐,右侧以井号进行填充
'Main Menu###########'
>>> 'Main Menu'.rjust(20, '=')    # 右对齐,左侧以等号进行填充
'===========Main Menu'
```

7.3.10 字符串支持的运算符

Python 支持使用运算符"+"连接字符串,但该运算符涉及大量数据的复制,效率非常低,不适合大量长字符串的连接。

```
>>> 'Hello ' + 'World!'
'Hello World!'
```

Python 字符串支持与整数的乘法运算,表示重复。

```
>>> 'abcd' * 3
'abcdabcdabcd'
```

可以使用成员测试运算符 in 来判断一个字符串是否出现在另一个字符串中,返回 True 或 False。

```
>>> 'a' in 'abcde'                # 测试一个字符是否存在于另一个字符串中
True
>>> 'ac' in 'abcde'               # 关键字 in 左侧的字符串作为一个整体对待
False
```

【例 7-2】 测试用户输入中是否有敏感词，如果有就把敏感词替换为 3 个星号（***）。

基本思路：遍历所有敏感词，对于每个敏感词，都使用 in 测试其是否出现在字符串中，如果出现就使用字符串方法 replace() 将其替换为***，然后继续检查和替换下一个敏感词。

```
1.  words = ('测试', '非法', '暴力', '话')
2.  text = '这句话里含有非法内容'
3.  for word in words:
4.      if word in text:
5.          text = text.replace(word, '***')
6.
7.  print(text)
```

7.3.11 适用于字符串的内置函数

除了字符串对象提供的方法以外，很多 Python 内置函数也可以对字符串进行操作。

```
>>> x = 'Hello world.'
>>> len(x)                      # 字符串长度
12
>>> max(x)                      # 最大字符
'w'
>>> min(x)                      # 最小字符
' '
>>> list(zip(x,x))              # zip()也可以作用于字符串
[('H', 'H'), ('e', 'e'), ('l', 'l'), ('l', 'l'), ('o', 'o'), (' ', ' '), ('w', 'w'), ('o', 'o'), ('r', 'r'), ('l', 'l'), ('d', 'd'), ('.', '.')]
>>> sorted(x)                   # 对所有字符进行排序，返回列表
[' ', '.', 'H', 'd', 'e', 'l', 'l', 'l', 'o', 'o', 'r', 'w']
>>> ''.join(reversed(x))        # 翻转字符串
'.dlrow olleH'
>>> list(enumerate(x))          # 枚举字符串
[(0, 'H'), (1, 'e'), (2, 'l'), (3, 'l'), (4, 'o'), (5, ' '), (6, 'w'), (7, 'o'), (8, 'r'), (9, 'l'), (10, 'd'), (11, '.')]
>>> def add(ch1, ch2):
    return ch1+ch2

>>> list(map(add, x, x))
['HH', 'ee', 'll', 'll', 'oo', '  ', 'ww', 'oo', 'rr', 'll', 'dd', '..']
>>> eval("3+4")                 # 计算表达式的值
7
>>> a = 3
>>> b = 5
>>> eval('a+b')                 # 这时候要求变量 a 和 b 已存在
8
```

7.3.12 字符串切片

切片也适用于字符串，但仅限于读取其中的元素，不支持对字符串修改。

```
>>> 'Explicit is better than implicit.'[:8]
```

```
'Explicit'
>>> 'Explicit is better than implicit.'[9:23]
'is better than'
>>> path = 'C:\\Python310\\test.bmp'
>>> path[:-4] + '_new' + path[-4:]
'C:\\Python310\\test_new.bmp'
```

7.3.13 任务实施——考试系统客观题自动判卷

在本书配套资源"Python小屋刷题软件"的考试模块中，实现了客观题和编程题的自动判卷。在客观题自动判卷时，如果只是严格对比学生答案和标准答案这两个字符串是否相等，会因为学生输入格式不正确产生一些偏差，所以需要进行一定的容错设计，把一些答案正确但格式与标准答案不严格一致的答案也判为正确。下面例题的代码模拟了填空题、选择题、判断题自动判卷的部分实现。

【例 7-3】编写程序，模拟考试系统中客观题自动判卷功能。

```
1.  def check(stu_answer, answer, type_):
2.      if stu_answer == answer:
3.          return True
4.      if type_=='选择题' and sorted(stu_answer.upper())==sorted(answer):
5.          # 多选题答案忽略大小写和顺序，假设标准答案为大写字母且升序排序
6.          return True
7.      if type_ == '判断题':
8.          if answer=='对' and stu_answer in ('正确', 'T'):
9.              return True
10.         if answer=='错' and stu_answer in ('错误', 'F'):
11.             return True
12.     if type_=='填空题':
13.         if ' '.join(stu_answer.split()) == answer:
14.             # 考虑把[1, 2]输入成[1,  2]的情况
15.             return True
16.         if ''.join(stu_answer.split()) == ''.join(answer.split()):
17.             # 考虑把[1, 2]输入成[1,2]的情况
18.             return True
19.         if answer[-2:]=='()' and answer[:-2]==stu_answer:
20.             # 考虑把sum()输入成sum的情况
21.             return True
22.     # 其他情况认为学生答案错误
23.     return False
24.
25. print(check('123', '123', '填空题'))
26. print(check('acb', 'ABC', '选择题'))
27. print(check('[ 1, 2,3]', '[1, 2, 3]', '填空题'))
28. print(check('正确', '对', '判断题'))
```

运行结果：

```
True
True
```

```
True
True
```

任务 7.4 生成随机密码与密码安全性检查——使用字符串常量

Python 标准库 string 提供了英文字母大小写、数字字符、标点符号等常量，可以直接使用。

【例 7-4】 使用 string 模块提供的字符串常量，模拟生成指定长度的随机密码。

基本思路：把英文字母大小写（ascii_letters）和数字字符（digits）作为候选字符集，然后使用生成器表达式从候选字符集中随机选取（choice()）n 个字符，最后使用字符串方法 join()把生成的字符连接成为一个字符串。

```
1.  from random import choice
2.  from string import ascii_letters, digits
3.
4.  characters = digits + ascii_letters
5.
6.  def generatePassword(n):
7.      return ''.join((choice(characters) for _ in range(n)))
8.
9.  print(generatePassword(8))
10. print(generatePassword(15))
```

【例 7-5】 检查并判断密码字符串的安全强度。

基本思路：遍历字符串中的每个字符，统计字符串中是否包含数字字符、小写字母、大写字母和标点符号，根据包含的字符种类的数量来判断该字符串作为密码时的安全强度。密码的安全强度越高，破解的难度就越大。另外，在 for 循环中嵌套的 if 和 elif 结构中，充分利用了 and 运算符的惰性求值特性，如果字符串 pwd 中已经包含数字，则不再检查当前字符是否为数字，小写字母、大写字母和标点符号也做了同样处理，这样可以加快代码运行速度，减少不必要的计算。

```
1.  import string
2.
3.  def check(pwd):
4.      # 密码必须至少包含6个字符
5.      if not isinstance(pwd, str) or len(pwd)<6:
6.          return 'not suitable for password'
7.
8.      # 密码强度等级与包含字符种类的对应关系
9.      d = {1:'weak', 2:'below middle', 3:'above middle', 4:'strong'}
10.     # 分别用来标记 pwd 是否含有数字、小写字母、大写字母和指定的标点符号
11.     r = [False] * 4
12.
13.     for ch in pwd:
14.         # 是否包含数字
```

```
15.         if not r[0] and ch in string.digits:
16.             r[0] = True
17.         # 是否包含小写字母
18.         elif not r[1] and ch in string.ascii_lowercase:
19.             r[1] = True
20.         # 是否包含大写字母
21.         elif not r[2] and ch in string.ascii_uppercase:
22.             r[2] = True
23.         # 是否包含指定的标点符号
24.         elif not r[3] and ch in ',.!;?<>':
25.             r[3] = True
26.     # 统计包含的字符种类，返回密码强度
27.     return d.get(r.count(True), 'error')
28.
29. print(check('a2Cd,'))
30. print(check('1234567890'))
31. print(check('abcdERGj'))
```

运行结果：

```
not suitable for password
weak
below middle
```

任务 7.5　垃圾邮件过滤机制对抗——中英文分词与中文拼音处理

Python 扩展库 jieba 和 snownlp 很好地支持了中文分词，可以使用 pip 命令进行安装。在自然语言处理领域经常需要对文字进行分词，分词的准确度直接影响了后续文本处理和挖掘算法的最终效果。

```
>>> import jieba                        # 导入 jieba 模块
>>> x = '分词的准确度直接影响了后续文本处理和挖掘算法的最终效果。'
>>> jieba.cut(x)                        # 使用默认词库进行分词
<generator object Tokenizer.cut at 0x000000000342C990>
>>> list(_)
['分词', '的', '准确度', '直接', '影响', '了', '后续', '文本处理', '和', '挖掘',
'算法', '的', '最终', '效果', '。']
>>> list(jieba.cut('花纸杯'))
['花', '纸杯']
>>> jieba.add_word('花纸杯')             # 增加词条
>>> list(jieba.cut('花纸杯'))             # 使用新词库进行分词
['花纸杯']
>>> import snownlp                      # 导入 snownlp 模块
>>> snownlp.SnowNLP('学而时习之，不亦说乎').words
['学而', '时习', '之', '，', '不亦', '说乎']
>>> snownlp.SnowNLP(x).words
['分词', '的', '准确度', '直接', '影响', '了', '后续', '文本', '处理', '和', '挖掘',
'算法', '的', '最终', '效果', '。']
```

任务 7.6　汉字到拼音的转换

Python 扩展库 pypinyin 支持汉字到拼音的转换，并且可以和分词扩展库配合使用。

```
>>> from pypinyin import lazy_pinyin, pinyin
>>> lazy_pinyin('董付国')                          # 返回拼音
['dong', 'fu', 'guo']
>>> lazy_pinyin('董付国', 1)                       # 带声调的拼音
['dǒng', 'fù', 'guó']
>>> lazy_pinyin('董付国', 2)                       # 数字表示前面字母的声调
['do3ng', 'fu4', 'guo2']
>>> lazy_pinyin('董付国', 3)                       # 只返回拼音首字母
['d', 'f', 'g']
>>> lazy_pinyin('重要', 1)                         # 能够根据词组智能识别多音字
['zhòng', 'yào']
>>> lazy_pinyin('重阳', 1)
['chóng', 'yáng']
>>> pinyin('重阳')                                 # 返回拼音
[['chóng'], ['yáng']]
>>> pinyin('重阳节', heteronym=True)               # 返回多音字的所有读音
[['zhòng', 'chóng', 'tóng'], ['yáng'], ['jié', 'jiē']]
```

【例 7-6】　编写程序，接收一段中文文本，然后对齐进行分词，把长度为 2 的词语中的两个汉字按拼音升序排序，最后把所有词语按原来的相对顺序拼接起来并输出得到的文本。对于垃圾邮件的内容，这样处理后可以绕过大部分垃圾邮件过滤机制，这对垃圾邮件过滤机制就提出了更高的要求。

```
1.  from jieba import cut
2.  from pypinyin import pinyin
3.
4.  text = input('输入一段任意中文：')
5.  words = cut(text)
6.  f = lambda w: ''.join(sorted(w, key=pinyin)) if len(w)==2 else w
7.  result = ''.join(map(f, words))
8.  print(result)
```

运行结果：

```
输入一段任意中文：事实证明，在一段文字中如果交换个别词语的顺序，并不会影响人类阅读。
Building prefix dict from the default dictionary ...
Loading model from cache C:\Users\dfg\AppData\Local\Temp\jieba.cache
Loading model cost 0.420 seconds.
Prefix dict has been built successfully.
事实证明，在段一文字中果如换交别个词语的顺序，并不会响影类人读阅。
```

习题

一、填空题

1. 表达式 len('人生苦短，我用 Python。')的值为_____。
2. 表达式 len(r'C:\Windows\notepad.exe')的值为_____。
3. 表达式 len('人生苦短我用 Python'.encode())的值为_____。
4. 表达式 len('人生苦短我用 Python'.encode('gbk'))的值为_____。
5. 表达式'人生苦短，我用 Python。'.find('python')的值为_____。
6. 表达式 len('Python 是一门非常优秀的编程语言'.center(50, '#'))的值为_____。
7. 表达式'花蛤蟆' in '大花碗里扣个大花活蛤蟆' 的值为_____。
8. 表达式 len('   \n \t Hello world   \t '.strip()) 的值为_____。
9. 表达式 len('   \n \t Hello world   \t '.split()) 的值为_____。
10. 已知 text = '大花碗里扣个大花活蛤蟆'，执行 text.replace('大', '小')之后，text 的值为_____。

二、判断题

1. Python 字符串可以使用单引号、双引号、三引号作为定界符，并且互相之间可以嵌套。（   ）
2. Python 3.x 的程序文件默认使用 UTF8 编码格式。（   ）
3. 表达式'm\n\o\p\qn'.count('n')的值为 1。（   ）
4. 如果需要连接大量字符串成为一个字符串，那么使用字符串对象的 join()方法比运算符+ 具有更高的效率。（   ）
5. 已知 x 是任意自然数，那么表达式 oct(x).count('8')的值一定是 0。（   ）
6. 已知 x 为非空字符串，那么表达式 ','.join(x.split(',')) == x 的值一定为 True。（   ）
7. 表达式 str('微信公众号：Python 小屋'.encode(), 'utf8')的值为'微信公众号：Python 小屋'。（   ）
8. 已知 x 和 y 是两个字符串，那么表达式 sum((1 for i,j in zip(x,y) if i==j))可以用来计算两个字符串中对应位置字符相等的个数。（   ）
9. 表达式'Python 小屋'.center(20, '#').count('#')的值为 12。（   ）

三、编程题

1. 编写函数，接收一个字符串，返回其中最长的数字子串。
2. 编写函数，接收一句英文，把其中的单词倒置，标点符号不倒置，例如，I like beijing. 经过函数后变为：beijing. like I。
3. 编写函数，接收一个字符串，返回其中每个字符的最后一次出现，并按每个字符最后一次出现的先后顺序依次存入列表。例如，对于字符串'abcda'的处理结果为['b', 'c', 'd', 'a']，而字符串'abcbda'的处理结果为['c', 'b', 'd', 'a']。

关注微信公众号"Python 小屋"，发送消息"小屋刷题"，下载"Python 小屋刷题软件"客户端，练习客观题和编程题中"字符串"相关的题目。

项目 8　使用正则表达式

正则表达式使用预定义的模式去匹配一类具有共同特征的字符串，可以快速、准确地完成复杂的查找、替换等处理要求，比字符串自身提供的方法具有更强大的处理功能。本项目将介绍 Python 中正则表达式语法以及标准库 re 的用法。

学习目标

- 掌握正则表达式基本语法
- 掌握正则表达式模块 re 的常用函数用法
- 了解 Match 对象用法

素养目标

- 培养学生编写高效代码的习惯和意识
- 培养学生学以致用的习惯和意识

任务 8.1　理解正则表达式语法

正则表达式由元字符及其不同组合来构成，通过巧妙地构造正则表达式可以匹配任意字符串，并完成查找、替换、分隔等复杂的字符串处理任务。常用的正则表达式元字符如表 8-1 所示。

表 8-1　常用的正则表达式元字符

元字符	功能说明
.	默认匹配除换行符以外的任意单个字符，单行模式下也可以匹配换行符
*	匹配位于*之前的字符或子模式的 0 次或多次出现
+	匹配位于+之前的字符或子模式的 1 次或多次出现
-	用来在[]之内表示范围
|	匹配位于|之前或之后的字符或模式
^	匹配以^后面的字符或模式开头的字符串，例如，'^http'只能匹配所有以'http'开头的字符串
$	匹配以$前面的字符或模式结束的字符串
?	①表示问号之前的字符或子模式是可选的。②当紧随任何其他限定符（*、+、?、{,n}{m}、{m,}、{m,n}）之后时，匹配模式是"非贪心"的。"非贪心"模式匹配搜索到的尽可能短的字符串，而默认的"贪心"模式匹配搜索到的尽可能长的字符串。例如，在字符串'oooo'中，'o+?'只匹配单个'o'，而'o+'匹配所有'o'
\	表示位于\之后为转义字符或子模式编号
\num	此处的 num 是一个正整数，表示前面子模式的编号，例如，r'(.)\1'匹配两个连续的相同字符
\f	匹配一个换页符

（续）

元 字 符	功 能 说 明
\n	匹配一个换行符
\r	匹配一个回车符
\b	匹配单词头或单词尾
\B	与\b 含义相反
\d	匹配单个任何数字，相当于[0-9]
\D	与\d 含义相反，相当于[^0-9]
\s	匹配任何空白字符，包括空格、制表符、换页符，与 [\f\n\r\t\v] 等效
\S	与\s 含义相反
\w	匹配任何汉字、字母、数字以及下划线，相当于[a-zA-Z0-9_]
\W	与\w 含义相反，与[^A-Za-z0-9_]等效
()	将位于()内的内容作为一个整体来对待，定义子模式
{m,n}	按{}中指定的次数进行匹配，例如，{3,8}表示前面的字符或模式至少重复 3 而最多重复 8 次，{3,}表示 3 到任意多次，{,8}表示 0 到 8 次，{3}表示恰好 3 次注意逗号后面不要有空格
[]	匹配位于[]中的任意一个字符，例如，[a-zA-Z0-9]可以匹配单个任意大小写字母或数字
[^xyz]	^放在[]内表示反向字符集，匹配除 x、y、z 之外的任何字符
[a-z]	字符范围，匹配指定范围内的任何字符
[^a-z]	反向范围字符，匹配除小写英文字母之外的任何字符

如果以"\"开头的元字符与转义字符形式相同但含义不相同，需要使用"\\"或者使用原始字符串。在字符串前加上字符 r 或 R 之后表示原始字符串，字符串中任何字符都不再进行转义。原始字符串可以减少用户的输入，主要用于正则表达式和文件路径字符串的情况，但如果字符串本身以一个反斜线"\"结束则需要多写一个反斜线，即以"\\"结束。

下面给出几个正则表达式示例。

- 最简单的正则表达式是普通字符串，只能匹配自身。
- '[pjc]ython'或者'(p|j|c)ython'都可以匹配'python'、'jython'、'cython'。
- 'python|perl'或'p(ython|erl)'都可以匹配'python'或'perl'。
- r'(http://)?(www\.)?python\.org' 只能匹配 'http://www.python.org'、'http://python.org'、'www.python.org'和'python.org'。
- '(a|b)*c'：匹配多个（包含 0 个）a 或 b，后面紧跟一个字母 c。
- 'ab{1,}'：等价于'ab+'，匹配以字母 a 开头后面紧跟 1 个或多个字母 b 的字符串。
- '^[a-zA-Z]{1}([a-zA-Z0-9._]){4,19}$'：匹配长度为 5~20 的字符串，必须以字母开头并且后面可带数字、字母、"_""."的字符串。
- '^(\w){6,20}$'：匹配长度为 6~20 的字符串，可以包含汉字、字母、数字、下画线。
- '^\d{1,3}\.\d{1,3}\.\d{1,3}\.\d{1,3}$'：检查给定字符串是否符合 IP 地址的格式要求。
- '^(13[4-9]|147|15[012789]|17[28]|18[23478]|19[578])\d{8}$'：检查给定字符串是否为移动手机号码。
- '^[a-zA-Z]+$'：检查给定字符串是否只包含英文字母大小写。
- '^\w+@(\w+\.)+\w+$'：检查给定字符串是否符合电子邮件地址的格式要求。

- '^(\-)?\d+(\.\d{1,2})?$'：检查给定字符串是否为最多带有两位小数的正数或负数。
- '[\u4e00-\u9fa5]'：匹配给定字符串中常用汉字。
- '^\d{17}[\dx]$'：检查给定字符串是否为合法身份证格式。
- '\d{4}-\d{1,2}-\d{1,2}'：匹配指定格式的日期，如 2024-3-30。
- '(.)\\1+'：匹配任意字符或模式的一次或多次重复出现。

使用时要注意的是，正则表达式只是进行形式上的检查，并不保证内容一定正确。例如，正则表达式'^\d{1,3}\.\d{1,3}\.\d{1,3}\.\d{1,3}$'可以检查字符串是否为 IP 地址，字符串'888.888.888.888'也能通过检查，但实际上并不是有效的 IP 地址。

任务 8.2　提取电话号码 — 使用正则表达式模块 re

Python 标准库 re 提供了正则表达式操作所需要的功能，可以直接使用模块 re 中的函数（见表 8-2）来处理字符串。

表 8-2　re 模块常用函数

函　　数	功　能　说　明
findall(pattern, string[, flags])	列出字符串中模式的所有匹配项
match(pattern, string[, flags])	从字符串的开始处匹配模式，返回 Match 对象或 None
search(pattern, string[, flags])	在整个字符串中寻找模式，返回 Match 对象或 None
split(pattern, string[, maxsplit=0])	根据模式匹配项分隔字符串
sub(pat, repl, string[, count=0])	将字符串中所有 pat 的匹配项用 repl 替换，返回新字符串，repl 可以是字符串或返回字符串的可调用对象，该可调用对象作用于每个匹配的 Match 对象

其中，函数参数"flags"的值可以是 re.I（注意是大写字母 I，不是数字 1，表示忽略大小写）、re.L（支持本地字符集的字符）、re.M（多行匹配模式）、re.S（使元字符"."匹配任意字符，包括换行符）、re.U（匹配 Unicode 字符）、re.X（忽略模式中的空格，并可以使用#注释）的不同组合（使用"|"进行组合）。

下面的代码演示了直接使用 re 模块中的函数和正则表达式处理字符串的用法，其中 match()函数用于在字符串开始位置进行匹配，search()函数用于在整个字符串中进行匹配，这两个函数如果匹配成功则返回 Match 对象，否则返回 None。

```
>>> import re                                    # 导入 re 模块
>>> text = 'alpha. beta....gamma delta'          # 测试用的字符串
>>> re.split('[. ]+', text)                      # 使用圆点和空格作为分隔符
['alpha', 'beta', 'gamma', 'delta']
>>> re.split('[. ]+', text, maxsplit=2)          # 最多分隔两次
['alpha', 'beta', 'gamma delta']
>>> pat = '[a-zA-Z]+'
>>> re.findall(pat, text)                        # 查找所有单词
['alpha', 'beta', 'gamma', 'delta']
>>> s = 'a s d'
>>> re.sub('a|s|d', 'good', s)                   # 把多个子字符串替换成同一个字符串
'good good good'
```

```
>>> s = "It's a very good good idea"
>>> re.sub(r'(\b\w+) \1', r'\1', s)          # 处理连续的重复单词
"It's a very good idea"
```

下面的代码使用以 "\" 开头的元字符来实现字符串的特定搜索。

```
>>> import re
>>> example = 'Beautiful is better than ugly.'
>>> re.findall('\\bb.+?\\b', example)        # 以字母 b 开头的完整单词
                                              # 此处问号?表示非贪心模式
['better']
>>> re.findall('\\bb.+\\b', example)         # 贪心模式的匹配结果
['better than ugly']
>>> re.findall('\\bb\w*\\b', example)        # \w 不能匹配空格
['better']
>>> re.findall('\\Bh.+?\\b', example)        # 不以 h 开头且含有 h 字母的单词剩余部分
['han']
>>> re.findall('\\b\w.+?\\b', example)       # 所有单词
['Beautiful', 'is', 'better', 'than', 'ugly']
>>> re.findall(r'\b\w.+?\b', example)        # 使用原始字符串
['Beautiful', 'is', 'better', 'than', 'ugly']
>>> re.findall('\w+', example)               # 所有单词
['Beautiful', 'is', 'better', 'than', 'ugly']
>>> re.split('\s', example)                  # 使用任何空白字符分隔字符串
['Beautiful', 'is', 'better', 'than', 'ugly.']
>>> re.findall('\d+\.\d+\.\d+', 'Python 3.11.1')
                                              # 查找并返回 x.x.x 形式的数字
['3.11.1']
>>> re.findall('\d+\.\d+\.\d+', 'Python 3.11.1,Python 3.10.9')
['3.11.1', '3.10.9']
>>> s = '<html><head>This is head.</head><body>This is body.</body></html>'
>>> pattern = r'<html><head>(.+)</head><body>(.+)</body></html>'
>>> result = re.search(pattern, s)
>>> result.group(1)                          # 第一个子模式
'This is head.'
>>> result.group(2)                          # 第二个子模式
'This is body.'
```

正则表达式对象的 match()方法和 search()方法或 re 模块的同名函数匹配成功后都会返回 Match 对象。Match 对象的主要方法有 group()（返回匹配的一个或多个子模式内容）、groups() （返回一个包含匹配的所有子模式内容的元组）、groupdict()（返回包含匹配的所有命名子模式内容的字典）、start()（返回指定子模式内容的起始位置）、end()（返回指定子模式内容的结束位置的下一个位置）、span()（返回一个包含指定子模式内容起始位置和结束位置下一个位置的元组）等。

下面的代码演示了 Match 对象的 group()、groups()与 groupdict()以及其他方法的用法。

```
>>> m = re.match(r'(\w+) (\w+)', 'Isaac Newton, physicist')
>>> m.group(0)                               # 返回整个模式内容
'Isaac Newton'
>>> m.group(1)                               # 返回第 1 个子模式内容
'Isaac'
>>> m.group(2)                               # 返回第 2 个子模式内容
```

```
'Newton'
>>> m.group(1, 2)                                    # 返回指定的多个子模式内容
('Isaac', 'Newton')
>>> m = re.match(r'(?P<first_name>\w+) (?P<last_name>\w+)', 'Malcolm Reynolds')
>>> m.group('first_name')                            # 使用命名的子模式
'Malcolm'
>>> m.group('last_name')
'Reynolds'
>>> m = re.match(r'(\d+)\.(\d+)', '24.1632')
>>> m.groups()                                       # 返回所有匹配的子模式（不包括第 0 个）
('24', '1632')
>>> m = re.match(r'(?P<first_name>\w+) (?P<last_name>\w+)', 'Malcolm Reynolds')
>>> m.groupdict()                                    # 以字典的形式返回匹配的结果
{'first_name': 'Malcolm', 'last_name': 'Reynolds'}
>>> s = 'aabc abcd abbcd abccd abcdd'
>>> re.findall(r'(\b\w*(?P<f>\w+)(?P=f)\w*\b)', s)
[('aabc', 'a'), ('abbcd', 'b'), ('abccd', 'c'), ('abcdd', 'd')]
```

【例 8-1】 使用正则表达式提取字符串中的电话号码。

基本思路：使用模块 re 的 findall()函数在字符串中查找所有符合特定模式的内容。

```
1.  import re
2.
3.  text = '''Suppose my Phone No. is 0535-1234567,
4.  yours is 010-12345678,
5.  his is 025-87654321.'''
6.  # 注意，下面的正则表达式中大括号内逗号后面不能有空格
7.  matchResult = re.findall(r'(\d{3,4})-(\d{7,8})', text)
8.  for item in matchResult:
9.      print(*item, sep='-')
```

运行结果：

```
0535-1234567
010-12345678
025-87654321
```

任务 8.3 综合应用案例

【例 8-2】 使用正则表达式查找文本中最长的数字字符串。

基本思路：首先使用模块 re 的 findall()函数查找所有包含连续数字的子字符串，或者使用 split()函数使用连续的非数字作为分隔符对字符串进行切分，然后使用内置函数 max()在所有数字子串中查找最长的一个。下面代码中两个函数的功能是一样的，只是写法略有不同。

```
1.  import re
2.
3.  def longest1(s):
```

```
4.     '''查找所有连续数字'''
5.     t = re.findall('\d+', s)
6.     return max(t, key=len,default='No')
7.
8. def longest2(s):
9.     '''使用非数字作为分隔符'''
10.    t = re.split('[^\d]+', s)
11.    return max(t, key=len,default='No')
```

【例 8-3】 使用正则表达式批量检查当前文件夹中所有网页文件是否被嵌入 iframe 框架。

基本思路：使用生成器表达式获取当前文件夹中所有 html 和 htm 文件，对于每个文件调用函数读取其中所有内容并检查是否包含 <iframe></iframe> 标签，如果存在则认为该文件中嵌入了框架。文件操作有关内容见 9.2 节和 9.3 节。

```
1.  import os
2.  import re
3.
4.  def detectIframe(fn):
5.      with open(fn, encoding='utf8') as fp:
6.          # 读取文件所有行，删除两侧的空白字符，然后添加到列表中
7.          content=fp.read()
8.      m = re.findall(r'<iframe\s+.*?></iframe>', content)
9.      if m:
10.         # 返回文件名和被嵌入的框架
11.         return {fn:m}
12.     return False
13.
14. # 遍历当前文件夹中所有 html 和 htm 文件并检查是否被嵌入框架
15. for fn in (f for f in os.listdir('.') if f.endswith(('.html','.htm'))):
16.     r = detectIframe(fn)
17.     if not r:
18.         continue
19.     # 输出检查结果
20.     for k, v in r.items():
21.         print(k)
22.         for vv in v:
23.             print('\t', vv)
```

【例 8-4】 编写程序，使用正则表达式从一段文本中提取所有 ABAC 和 AABB 形式的四字成语，例如，我行我素、无忧无虑、一生一世、高高兴兴。

基本思路：在正则表达式中，使用圆括号表示子模式，子模式中的内容作为一个整体对待，从左往右第一个左括号和对应的右括号之间的内容是第一个子模式，第二个左括号和对应的右括号之间的内容是第二个子模式，以此类推。在正则表达式中可以使用\1 表示第一个子模式，\2 表示第二个子模式，以此类推。

```
1.  from re import findall
2.
3.  text = '''行尸走肉、金蝉脱壳、百里挑一、金玉满堂、
4.  背水一战、霸王别姬、天上人间、不吐不快、海阔天空、
5.  情非得已、满腹经纶、兵临城下、春暖花开、插翅难逃、
6.  黄道吉日、天下无双、偷天换日、两小无猜、卧虎藏龙、
7.  珠光宝气、簪缨世族、花花公子、绘声绘影、国色天香、
8.  相亲相爱、八仙过海、金玉良缘、掌上明珠、皆大欢喜、
9.  浩浩荡荡、平平安安、大大方方、斯斯文文、高高兴兴'''
10.
11. pattern = r'(((.).\3.)|((.)\5(.)\6))'
12. for item,*_ in findall(pattern, text):
13.     print(item)
```

运行结果：

```
不吐不快
绘声绘影
相亲相爱
浩浩荡荡
平平安安
大大方方
斯斯文文
高高兴兴
```

习题

一、填空题

1. 已知 text = '111a22bb3ccc'，并且已导入正则表达式模块 re，那么表达式 max(re.findall('\d+', text), key=len) 的值为_____。

2. 已知 text = '111a22bb3ccc'，并且已导入正则表达式模块 re，那么表达式 max(re.findall('\d+', text)) 的值为_____。

3. 已知 text = '111a22bb3ccc'，并且已导入正则表达式模块 re，那么表达式 max(re.findall('(\d+?)[a-z]', text)) 的值为_____。

4. 已知 text = '111a22bb3ccc'，并且已导入正则表达式模块 re，那么表达式 len(re.findall('(\w+)[a-z]', text)) 的值为_____。

5. 已知 text = '111a22bb3ccc'，并且已导入正则表达式模块 re，那么表达式 len(re.split('[abc]+', text)) 的值为_____。

6. 已知 text = '111a22bb3ccc'，并且已导入正则表达式模块 re，那么表达式 len(re.sub('[abc]+', '', text)) 的值为_____。

二、选择题

1. 假设已导入模块 re，那么表达式 re.findall('\d{3,}', 'a12b345ccc56789') 的值为（　　）。

  A．['345']　　　　　　　　　　B．['345', '56789']

C. ['56789']   D. []
2. 假设已导入模块 re，那么表达式 re.findall('\d{3}', 'a12b345ccc567890') 的值为（   ）。
   A. ['345', '567', '890']   B. ['345']
   C. []   D. ['345', '567890']
3. 假设已导入模块 re，那么表达式 re.findall('\d{1,3}', 'a12b345ccc56789') 的值为（   ）。
   A. ['12', '345']   B. ['12', '345', '567', '89']
   C. ['12', '89']   D. ['345', '567']
4. 假设已导入模块 re，那么表达式 re.findall('\d{,3}', 'a12b345ccc56789') 的值为（   ）。
   A. ['12', '345', '567', '89']   B. ['', '12', '', '345', '', '', '', '567', '89', '']
   C. ['12', '345']   D. ['12', '89']
5. 已知 x = 'a234b123c'，并且 re 模块已导入，则表达式 ','.join(re.split('\d+', x)) 的值为（   ）。
   A. 'a,b,c'   B. 'a,b,c,'   C. '234,123'   D. '2,3,4,1,2,3'
6. 已知 x = 'a234b123c45'，并且 re 模块已导入，则表达式 ','.join(re.split('\d+', x)) 的值为（   ）。
   A. 'a,b,c'   B. 'a,b,c,'   C. '234,123'   D. '2,3,4,1,2,3'
7. 已知 x = 'a234bb123c45'，并且 re 模块已导入，则表达式 ','.join(re.findall('\d+', x)) 的值为（   ）。
   A. '234,123,45'   B. '234,123,45,'
   C. 'a,bb,c'   D. '23412345'
8. 已知 x = 'a234bb123c45'，并且 re 模块已导入，则表达式 ','.join(re.findall('[a-z]+', x)) 的值为（   ）。
   A. 'a,bb,c'   B. 'a,bb,c,'   C. 'a,b,b,c'   D. 'a,b,b,c,'

三、简答题

1. 解释正则表达式中问号"？"的两种用法。
2. 解释正则表达式中尖号"^"的两种用法。
3. 解释 re 模块中 match() 和 search() 两个函数的区别。

四、编程题

1. 使用正则表达式提取另一个 Python 程序中的所有函数名。
2. 使用正则表达式提取另一个 Python 程序中的所有变量名。
3. 假设有一句英文，其中某个单词中非首字母误写作大写，编写程序使用正则表达式进行检查，并纠正为小写。注意，不要影响每个单词的首尾字母。

关注微信公众号"Python 小屋"，发送消息"小屋刷题"，下载"Python 小屋刷题软件"客户端，练习客观题和编程题中"正则表达式"相关的题目。

项目 9　读写文件内容

文件是长久保存信息并允许重复使用和反复修改的重要方式，同时也是信息交换的重要途径。本项目将介绍 Python 中操作文件的有关内容，包括文本文件与二进制文件的区别，与文件相关的函数与标准库的用法，并通过 Word 和 Excel 文件操作介绍了 Python 扩展库 python-docx 和 openpyxl 的用法。

学习目标

- 了解文件的概念及分类
- 掌握内置函数 open() 的用法
- 熟练运用 with 关键字
- 掌握文本文件操作的方法与应用
- 了解 python-docx、openpyxl 等扩展库的用法

素养目标

- 培养学生学以致用的习惯和意识
- 培养学生探索底层原理的精神

任务 9.1　了解文件的概念及分类

记事本文件、日志文件、各种配置文件、数据库文件、图像文件、音频视频文件、可执行文件、Office 文档、动态链接库文件等，都以不同的文件形式保存在各种存储设备（如磁盘、U 盘、光盘、云盘等）上。按数据的组织形式可以把文件分为文本文件和二进制文件两大类。

（1）文本文件

文本文件存储的是常规字符串，由若干文本行组成，通常每行以换行符'\n'结尾。常规字符串是指记事本之类的文本编辑器能正常显示、编辑，并且人类能够直接阅读和理解的字符串，如英文字母、汉字、数字字符串、标点符号等。扩展名为 txt、log、ini、c、cpp、py、pyw 的文件都属于文本文件，可以使用字处理软件，如 gedit、记事本、ultraedit 等进行编辑。

（2）二进制文件

常见的如图形图像文件、音视频文件、可执行文件、资源文件、数据库文件、Office 文档等都属于二进制文件。二进制文件无法用记事本或其他普通字处理软件直接进行编辑，通常也无法被人类直接阅读和理解，需要使用正确的软件进行解码或反序列化之后才能正确地读取、显示、修改或执行。

任务 9.2 了解文件操作基本知识

无论是文本文件还是二进制文件，其操作流程基本都是一致的，首先打开文件并创建文件对象，然后通过该文件对象对文件内容进行读取、写入、删除和修改等操作，最后关闭并保存文件内容。

9.2.1 内置函数 open()

Python 内置函数 open()可以按指定模式打开指定文件并创建文件对象，该函数完整的用法如下。

```
open(file, mode='r', buffering=-1, encoding=None,
     errors=None, newline=None, closefd=True, opener=None)
```

内置函数 open()的主要参数含义如下。

- 参数 file：指定要打开或创建的文件名称，如果该文件不在当前目录中，可以使用相对路径或绝对路径，为了减少路径中分隔符"\"的输入，可以使用原始字符串。
- 参数 mode：（取值范围见表 9-1）指定打开文件后的处理方式，例如，"只读""只写""读写""追加""二进制只读""二进制读写"等，默认为"文本只读模式"。

表 9-1　文件打开模式

模式	说明
r	读模式（默认模式，可省略），如果文件不存在则抛出异常
w	写模式，如果文件已存在，先清空原有内容
x	写模式，创建新文件，如果文件已存在则抛出异常
a	追加模式，不覆盖文件中原有内容
b	二进制模式（可与其他模式组合使用），使用二进制模式打开文件时不允许指定 encoding 参数
t	文本模式（默认模式，可省略）
+	读、写模式（可与其他模式组合使用）

- 参数 encoding：指定编码和解码的格式，只适用于文本模式，可以使用 Python 支持的任何格式，如 GBK、UTF-8、CP936 等。

如果执行正常，open()函数返回一个可迭代的文件对象，通过该文件对象可以对文件内容进行读写操作，如果指定文件不存在、访问权限不够、磁盘空间不够或其他原因导致创建文件对象失败，则抛出异常。下面的代码分别以读、写方式打开了两个文件并创建了与之对应的文件对象。

```
fp = open('file1.txt', 'r')
fp = open('file2.txt', 'w')
```

当对文件内容操作完以后，一定要关闭文件对象，这样才能保证所做的任何修改都被保存到文件中。

```
fp.close()
```

另外需要注意的是，即使写了关闭文件的代码，也无法保证文件一定能够正常关闭。例如，如果在打开文件之后和关闭文件之前发生了错误导致程序崩溃，这时文件就无法正常关闭。在管理文件对象时推荐使用 with 关键字，可以避免这个问题（具体参见 9.2.3 内容）。

9.2.2 文件对象常用方法

如果执行正常，open()函数返回一个可迭代的文件对象，通过该文件对象可以对文件内容进行读写操作，文件对象常用方法如表 9-2 所示，具体用法将在后面几节中陆续介绍。

表 9-2　文件对象常用方法

方法	功能说明
close()	把写缓冲区的内容写入文件，关闭文件
read(size=-1, /)	从以 'r'、'r+' 模式打开的文本文件中读取并返回最多 size 个字符，或从以 'rb'、'rb+' 模式打开的二进制文件中读取并返回最多 size 个字节，参数 size 的默认值 -1 表示读取文件中全部内容。每次读取时从文件指针当前位置开始读，读取完成后自动修改文件指针到读取结束的下一个位置
readline(size=-1, /)	参数 size=-1 时从以 'r'、'r+' 模式打开的文本文件中读取当前位置开始到下一个换行符（包含）之前的所有内容，如果当前已经到达文件尾就返回空字符串。如果参数 size 为正整数则读取当前位置开始到下一个换行符（包含）之间的最多 size 个字符，指定其他任意负整数时都与 -1 等价。每次读取时从文件指针当前位置开始读，读取完成后自动修改文件指针到读取结束的下一个位置
readlines(hint=-1, /)	参数 hint=-1 时从以 'r'、'r+' 模式打开的文本文件中读取所有内容，返回包含每行字符串的列表；参数 hint 为正整数时从当前位置开始读取若干连续完整的行，如果已读取的字符数量超过 hint 的值就停止读取
seek(cookie,whence=0, /)	定位文件指针，把文件指针移动到相对于 whence 的偏移量为 cookie 字节的位置。其中 whence 为 0 表示文件头，1 表示当前位置，2 表示文件尾。对于文本文件，whence=2 时 cookie 必须为 0；对于二进制文件，whence=2 时 cookie 可以为负数。不论以文本模式还是二进制模式打开文件，都是以字节为单位进行定位
write(text, /)	把 text 的内容写入文件，如果写入文本文件则 text 应该是字符串，如果写入二进制文件则 text 应该是字节串。返回写入字符串或字节串的长度
writelines(lines, /)	把列表 lines 中的所有字符串写入文本文件，并不在 lines 中每个字符串后面自动增加换行符。如果确实想让 lines 中的每个字符串写入文本文件之后各占一行，应由程序员保证每个字符串都以换行符结束

9.2.3 上下文管理语句 with

在实际开发中，读写文件应优先考虑使用上下文管理语句 with，关键字 with 可以自动管理资源，不论因为什么原因（哪怕是代码引发了异常）跳出 with 块，总能保证文件被正确关闭，并且可以在代码块执行完毕后自动还原进入该代码块时的上下文，常用于文件操作、数据库连接、网络连接等场合。用于文件内容读写时，with 语句的用法如下。

```
with open(filename, mode, encoding) as fp:
    # 通过文件对象 fp 读写文件内容的语句
```

任务 9.3　操作文本文件内容

【例 9-1】 将字符串写入文本文件，然后再读取并输出。

基本思路：使用上下文管理语句 with 避免忘记关闭文件，使用文件对象的 write()方法写入内容，使用 read()方法从文件中读取内容。

```
1.  s = 'Hello world\n 文本文件的读取方法\n 文本文件的写入方法\n'
2.
3.  with open('sample.txt', 'w') as fp:      # 默认使用 CP936 编码
4.      fp.write(s)
5.
6.  with open('sample.txt') as fp:           # 默认使用 CP936 编码，读文本模式
7.      print(fp.read())
```

【例 9-2】 遍历并输出文本文件的所有行内容。

基本思路：对于大的文本文件，一般不建议使用 read()或 readlines()方法一次性读取全部内容，因为这会占用较多的内存。一般建议使用 readline()逐行读取并处理，或者直接使用 for 循环遍历文件中的每一行并进行必要的处理。

```
1.  with open('sample.txt') as fp:           # 假设文件采用 CP936 编码
2.      for line in fp:                       # 文本文件对象可以直接迭代
3.          print(line)
```

【例 9-3】 假设文件 data.txt 中有若干行整数，每行有 1 个整数。编写程序读取所有整数，将其按降序排序后再写入文本文件 data_desc.txt 中，每行 1 个整数。

基本思路：虽然不建议使用 readlines()一次性读取全部内容，但也要具体问题具体分析。以本例问题为例，只有把所有数据都读取之后才能进行排序。另外，内置函数 int()在把字符串转换为整数时，会自动忽略字符串尾部的换行符\n。

```
1.  with open('data.txt', 'r') as fp:
2.      data = fp.readlines()                              # 读取所有行，存入列表
3.  data = [int(item) for item in data]                    # 列表推导式，转换为数字
4.  data.sort(reverse=True)                                # 降序排序
5.  data = [str(item)+'\n' for item in data]               # 将结果转换为字符串
6.  with open('data_desc.txt', 'w') as fp:                 # 将结果写入文件
7.      fp.writelines(data)
```

【例 9-4】 统计文本文件中最长行的长度，并显示该行的内容。

基本思路：遍历文件所有行，使用选择法找出最长的行及其内容。也可以使用内置函数 max()和 len()，见配套微课。

```
1.  with open('sample.txt') as fp:
2.      result = [0, '']                     # 使用列表保存某行长度和内容
3.      for line in fp:                       # 遍历文件中每一行的内容
4.          t = len(line)                     # 该行文本的长度
5.          if t > result[0]:                 # 发现更长的行，保存最新结果
6.              result = [t, line]
7.  print(result)
```

任务 9.4 操作 Excel 与 Word 文件内容

【例 9-5】 统计 Word 文件中段落、表格、图片、字符、空格的数量。

基本思路：首先使用命令 pip install python-docx 安装扩展库，然后导入 docx 中的 Document 类并使用该类打开 Word 文件创建对象 obj，obj 对象中的成员 paragraphs 包含 Word 文件中所有段落、成员 tables 包含所有表格、成员 inline_shapes 包含所有内嵌类型（主要是图片），可以遍历这些成员获取对应的信息。

```python
from docx import Document

fn = input('请输入 docx 文件名：')
obj = Document(fn)

num_paragraphs = 0
num_pictures = 0
num_tables = 0
num_characters = 0
num_spaces = 0

for p in obj.paragraphs:
    # 遍历所有段落，统计段落数量、字符数量和空格数量
    num_paragraphs += 1
    num_characters += len(p.text)
    num_spaces += p.text.count(' ')

for t in obj.tables:
    # 遍历所有表格中的所有单元格
    num_tables += 1
    for r in t.rows:
        for c in r.cells:
            num_characters += len(c.text)
            num_spaces += c.text.count(' ')

# 统计图片数量
num_pictures = sum(map(lambda shape: shape.type==3,obj.inline_shapes))

msg = '''段落数：{}\n 图片数：{}\n 表格数：{}
字符数：{}\n 空格数：{}'''.format(num_paragraphs, num_pictures,
                                  num_tables, num_characters, num_spaces)
print(msg)
```

【例 9-6】 将 Word 文件中的简体中文转为繁体字。

基本思路：首先下载两个文件 https://raw.githubusercontent.com/skydark/nstools/master/zhtools/langconv.py 和 https://raw.githubusercontent.com/skydark/nstools/master/zhtools/zh_wiki.py 并放置于当前文件夹中，然后再编写下面的程序。

```
1.  from langconv import Converter
2.  from docx import Document
3.  
4.  def convert(text, flag=0):
5.      '''text:要转换的文本,flag=0 表示简转繁，flag=1 表示繁转简'''
6.      rule = 'zh-hans' if flag else 'zh-hant'
7.      return Converter(rule).convert(text)
8.  
9.  obj = Document('《Python 程序设计实例教程》书稿.docx')
10. for p in obj.paragraphs:
11.     p.text = convert(p.text)
12. 
13. for t in obj.tables:
14.     for r in t.rows:
15.         for c in r.cells:
16.             c.text = convert(c.text)
17. 
18. obj.save('《Python 程序设计实例教程》书稿繁体版.docx')
```

【例 9-7】 编写程序，修改 Word 文件中部分文字的颜色。

基本思路：遍历 Word 文件中所有段落的所有 run，如果某个 run 中包含特定的关键字，就增加新的 run 用来设置关键字颜色。关于 Word 文件的结构请参考后文例 9-16 的简单介绍。

```
1.  from docx import Document
2.  from docx.shared import RGBColor
3.  
4.  obj = Document('test.docx')
5.  word = '教材'
6.  
7.  def set_run(run):
8.      # 设置 run 的字体大小、是否加粗以及字体颜色
9.      run.font.size = font_size
10.     run.bold = bold
11.     run.font.color.rgb = color
12. 
13. for p in obj.paragraphs:
14.     for r in p.runs:
15.         # 获取当前 run 的字体属性
16.         font_size = r.font.size
17.         bold = r.bold
18.         color = r.font.color.rgb
19.         # 使用关键词切分当前 run 的文本
20.         rest = r.text.split(word)
21.         # 清除当前 run 的内容
22.         r.text = ''
23.         for text in rest[:-1]:
24.             run = p.add_run(text=text)
25.             set_run(run)
26.             run = p.add_run(word)
27.             run.font.size = font_size
28.             run.bold = bold
```

```
29.            run.font.color.rgb = RGBColor(255,0,0)
30.            run = p.add_run(rest[-1])
31.            set_run(run)
32. obj.save('处理后.docx')
```

【例 9-8】 检查 Word 文件的连续重复字。在 Word 文件中，经常会由于键盘操作不小心而使得文件中出现连续的重复字，例如，"用户的的资料"或"需要需要用户输入"之类的情况。本例使用扩展库 python-docx 对 Word 文件进行检查并提示类似的重复汉字。

例 9-8

说明：需要先在命令提示符环境中执行命令 pip install python-docx 安装扩展库 python-docx；示例代码中的文件"《Python 程序设计开发宝典》.docx"可以替换成任意其他 Word 文件，但要求该文件和本程序文件存储在同一个文件夹中，否则应指定完整路径。

基本思路：使用扩展库 python-docx 打开 Word 文件，然后把所有段的文字连接为一个长字符串，遍历该字符串，检查是否有连续两个字是重复的，或者是否有中间隔一个字的两个字是重复的，如果有就进行提示。

```
1.  from docx import Document
2.
3.  doc = Document('《Python 程序设计开发宝典》.docx')
4.
5.  # 把所有段落的文本连接成为一个长字符串
6.  contents = ''.join((p.text for p in doc.paragraphs))
7.  # 使用列表来存储可疑的子字符串
8.  words = []
9.  for index, ch in enumerate(contents[:-2]):
10.     if ch==contents[index+1] or ch==contents[index+2]:
11.         word = contents[index:index+3]
12.         if word not in words:
13.             words.append(word)
14.             print(word)
```

【例 9-9】 提取 Word 文件中例题、插图和表格清单。

例 9-9

基本思路：遍历 Word 文件中每一段文字，如果是以类似于"例 3-6"这样形式的内容开头则认为是例题，如果是以类似于"图 13-12"这样形式的内容则认为是插图，如果是以类似于"表 9-1"这样形式的内容开头则认为是表格。使用正则表达式分别匹配这些内容，并写入字典 result 的不同元素中。

```
1.  import re
2.  from docx import Document
3.
4.  result = {'li':[], 'fig':[], 'tab':[]}
5.  doc = Document('《Python 可以这样学》.docx')
6.
7.  for p in doc.paragraphs:              # 遍历文档所有段落
8.      t = p.text                        # 获取每一段的文本
9.      if re.match('例\d+-\d+ ', t):      # 例题
10.         result['li'].append(t)
```

```
11.     elif re.match('图\d+-\d+ ', t):        # 插图
12.         result['fig'].append(t)
13.     elif re.match('表\d+-\d+ ', t):        # 表格
14.         result['tab'].append(t)
15.
16. for key in result.keys():                   # 输出结果
17.     print('='*30)
18.     for value in result[key]:
19.         print(value)
```

【例 9-10】 查找 Word 文件中所有红色字体和加粗的文字。

基本思路：Word 文件的文本结构分为 3 层，①Document 对象表示整个文档；②Document 包含了 Paragraph 对象的列表，每个 Paragraph 对象用来表示文档中的一个段落；③一个 Paragraph 对象包含 Run 对象的列表，一个 Run 对象就是样式相同的一段连续的文本。遍历 Word 文档中所有段落的所有 run 对象，根据 run 对象的属性进行识别和输出。

```
1.  from docx import Document
2.  from docx.shared import RGBColor
3.
4.  boldText = []
5.  redText = []
6.  # 打开 Word 文件，遍历所有段落
7.  doc = Document('test.docx')
8.  for p in doc.paragraphs:
9.      for r in p.runs:
10.         # 加粗字体
11.         if r.bold:
12.             boldText.append(r.text)
13.         # 红色字体
14.         if r.font.color.rgb == RGBColor(255,0,0):
15.             redText.append(r.text)
16.
17. result = {'red text': redText,
18.           'bold text': boldText,
19.           'both': set(redText) & set(boldText)}
20.
21. # 输出结果
22. for title in result.keys():
23.     print(title.center(30, '='))
24.     for text in result[title]:
25.         print(text)
```

【例 9-11】 使用扩展库 openpyxl 读写 Excel 2007 以及更高版本的文件。

说明：首先在命令提示环境执行命令 pip install openpyxl 安装扩展库 openpyxl，然后再执行下面的代码对 Excel 文件进行读写操作。

```
1.  import openpyxl
2.  from openpyxl import Workbook
3.
4.  fn = r'f:\test.xlsx'                                    # 文件名
5.  wb = Workbook()                                         # 创建工作簿
6.  ws = wb.create_sheet(title='你好,世界')                  # 创建工作表
7.  ws['A1'] = '这是第一个单元格'                             # 单元格赋值
8.  ws['B1'] = 3.1415926
9.  wb.save(fn)                                             # 保存 Excel 文件
10.
11. wb = openpyxl.load_workbook(fn)                         # 打开已有的 Excel 文件
12. ws = wb.worksheets[1]                                   # 打开指定索引的工作表
13. print(ws['A1'].value)                                   # 读取并输出指定单元格的值
14. ws.append([1,2,3,4,5])                                  # 添加一行数据
15. ws.merge_cells('F2:F3')                                 # 合并单元格
16. ws['F2'] = "=sum(A2:E2)"                                # 写入公式
17. for r in range(10,15):
18.     for c in range(3,8):
19.         ws.cell(row=r, column=c, value=r*c)             # 写入单元格数据
20.
21. wb.save(fn)                                             # 保存文件
```

【例 9-12】 把记事本文件 test.txt 转换成 Excel 2007 及更高版本文件。假设 test.txt 文件中第一行为表头,从第二行开始是实际数据,并且表头和数据行中的不同字段信息都是用逗号分隔。

说明:需要首先根据题目描述创建记事本文件 test.txt 并写入一些内容,然后再执行下面的代码。

```
1.  from openpyxl import Workbook
2.
3.  def main(txtFileName):
4.      # 得到对应的 Excel 文件名
5.      new_XlsxFileName = txtFileName[:-3] + 'xlsx'
6.      # 创建工作簿,并获取其中第一个工作表
7.      wb = Workbook()
8.      ws = wb.worksheets[0]
9.      # 打开原始的记事本文件,依次读取每行内容,切分后写入 Excel 文件
10.     with open(txtFileName) as fp:
11.         for line in fp:
12.             # 切分后得到列表,可以直接追加到工作表中
13.             # 每个元素写入一个单元格
14.             ws.append(line.strip().split(','))
15.     # 保存 Excel 文件
16.     wb.save(new_XlsxFileName)
17.
18. main('test.txt')
```

【例 9-13】 输出 Excel 文件中单元格中公式计算结果。

基本思路:在使用扩展库 openpyxl 的 load_workbook()函数打开 Excel 文件时,如果指定参数 data_only 为 True,则只读取其中单元

格里的值，不会读取公式本身的内容。

```
1.  import openpyxl
2.  
3.  # 打开 Excel 文件
4.  wb = openpyxl.load_workbook('data.xlsx', data_only=True)
5.  
6.  # 获取 WorkSheet
7.  ws = wb.worksheets[1]
8.  
9.  # 遍历 Excel 文件所有行，假设下标为3的列中是公式
10. for row in ws.rows:
11.     print(row[3].value)
```

【例 9-14】 已知某 Excel 文件中存储了几个人的爱好，要求编写程序，操作该文件，追加一列，按行对每个人的爱好进行汇总。如图 9-1 所示，最后一列为处理后追加的内容。

	A	B	C	D	E	F	G	H	I	J	K
1	姓名	写代码	旅游	爬山	跑步	喝咖啡	吃零食	喝茶	所有爱好		
2	张三	是						是	写代码，爬山，喝茶		
3	李四	是	是		是				写代码，旅游，跑步		
4	王五		是	是		是	是		旅游，爬山，喝咖啡，吃零食		
5	赵六	是			是			是	写代码，跑步，喝茶		
6	周七		是	是		是			旅游，爬山，喝咖啡		
7	吴八	是					是		写代码，吃零食		

图 9-1 Excel 文件内容

基本思路：首先在命令提示符环境执行命令 pip install openpyxl 安装扩展库 openpyxl，然后编写下面的程序。一个 Excel 文件称作一个工作簿 Workboot，一个工作簿包括若干工作表 Worksheet，一个工作表包含若干行 row，每行包含若干单元格。

```
1.  from openpyxl import load_workbook
2.  
3.  wb = load_workbook('每个人的爱好.xlsx')
4.  ws = wb.worksheets[0]
5.  for index, row in enumerate(ws.rows):
6.      if index == 0:
7.          titles = tuple(map(lambda cell: cell.value, row))[1:]
8.          lastCol = len(titles)+2
9.          ws.cell(row=index+1, column=lastCol, value='所有爱好')
10.     else:
11.         values = tuple(map(lambda cell: cell.value, row))[1:]
12.         result = ', '.join((titles[i] for i, v in enumerate(values)
13.                             if v=='是'))
14.         ws.cell(row=index+1, column=lastCol, value=result)
15. wb.save('每个人的爱好汇总.xlsx')
```

【例 9-15】 已知文件"超市营业额.xlsx"中记录了某超市 2019 年 3 月 1 日至 5 日各员工在不同时段、不同柜台的销售额，部分数据如图 9-2 所示。要求编写程序，读取该文件中的数据，并统计每个员工的销售总额、每个时段的销售总额、每个柜台的销售总额。

基本思路：使用扩展库 openpyxl 读取 Excel 文件内容，遍历每一行的所有单元格，根据题目要求统计相应的信息并存储于 3 个不同的字典中。

```python
1.  from openpyxl import load_workbook
2.
3.  # 3 个字典分别存储按员工、按时段、按柜台的销售总额
4.  persons = dict()
5.  periods = dict()
6.  goods = dict()
7.  ws = load_workbook('超市营业额.xlsx').worksheets[0]
8.  for index, row in enumerate(ws.rows):
9.      # 跳过第一行的表头
10.     if index == 0:
11.         continue
12.     # 获取每行的相关信息
13.     _, name, _, time, num, good = map(lambda cell: cell.value, row)
14.     # 根据每行的值更新 3 个字典
15.     persons[name] = persons.get(name, 0) + num
16.     periods[time] = periods.get(time, 0) + num
17.     goods[good] = goods.get(good, 0) + num
18.
19. print(persons,periods,goods,sep='\n')
```

	A	B	C	D	E	F
1	工号	姓名	日期	时段	交易额	柜台
2	1001	张三	20190301	9:00-14:00	2000	化妆品
3	1002	李四	20190301	14:00-21:00	1800	化妆品
4	1003	王五	20190301	9:00-14:00	800	食品
5	1004	赵六	20190301	14:00-21:00	1100	食品
6	1005	周七	20190301	9:00-14:00	600	日用品
7	1006	钱八	20190301	14:00-21:00	700	日用品
8	1006	钱八	20190301	9:00-14:00	850	蔬菜水果
9	1001	张三	20190301	14:00-21:00	600	蔬菜水果
10	1001	张三	20190302	9:00-14:00	1300	化妆品
11	1002	李四	20190302	14:00-21:00	1500	化妆品
12	1003	王五	20190302	9:00-14:00	1000	食品
13	1004	赵六	20190302	14:00-21:00	1050	食品
14	1005	周七	20190302	9:00-14:00	580	日用品
15	1006	钱八	20190302	14:00-21:00	720	日用品
16	1002	李四	20190302	9:00-14:00	680	蔬菜水果
17	1003	王五	20190302	14:00-21:00	830	蔬菜水果

图 9-2 "超市营业额.xlsx" 文件中的部分内容

【例 9-16】 编写程序，在当前文件夹中查找包含特定字符串的所有*.docx、*.xlsx 和*.pptx 文件。

基本思路：如果当前文件为*.docx 文件，则读取其内容并检查所有段落和表格中是否包含该字符串；如果当前文件为*.xlsx 文件，则读取其内容并检查所有单元格中是否包含该字符串；如果当前文件为*.pptx 文件，则读取其内容并检查所有文本框和表格中是否包含该字符串。本例代码需要首先安装扩展库 python-docx、openpyxl 和 python-pptx，代码中关于标准库 os、os.path 中函数的用法请参考项目 10 的介绍。

```python
1.  from sys import argv
2.  from os import listdir
3.  from os.path import join, isfile, isdir
4.  from docx import Document
```

```
5.  from openpyxl import load_workbook
6.  from pptx import Presentation
7.  
8.  def checkdocx(dstStr, fn):
9.      # 打开 docx 文档
10.     document = Document(fn)
11.     # 遍历所有段落文本
12.     for p in document.paragraphs:
13.         if dstStr in p.text:
14.             return True
15.     # 遍历所有表格中的单元格文本
16.     for table in document.tables:
17.         for row in table.rows:
18.             for cell in row.cells:
19.                 if dstStr in cell.text:
20.                     return True
21.     return False
22.  
23. def checkxlsx(dstStr, fn):
24.     # 打开 xlsx 文件
25.     wb = load_workbook(fn)
26.     # 遍历所有工作表的单元格
27.     for ws in wb.worksheets:
28.         for row in ws.rows:
29.             for cell in row:
30.                 try:
31.                     if dstStr in cell.value:
32.                         return True
33.                 except:
34.                     pass
35.     return False
36.  
37. def checkpptx(dstStr, fn):
38.     # 打开 pptx 文档
39.     presentation = Presentation(fn)
40.     # 遍历所有幻灯片
41.     for slide in presentation.slides:
42.         for shape in slide.shapes:
43.             # 表格中的单元格文本
44.             if shape.shape_type == 19:
45.                 for row in shape.table.rows:
46.                     for cell in row.cells:
47.                         if dstStr in cell.text_frame.text:
48.                             return True
49.             # 文本框
50.             elif shape.shape_type == 17:
51.                 try:
52.                     if dstStr in shape.text:
53.                         return True
54.                 except:
55.                     pass
```

```
56.        return False
57.
58. def main(dstStr, flag):
59.     # 一个圆点表示当前文件夹
60.     dirs = ['.']
61.     while dirs:
62.         # 获取第一个尚未遍历的文件夹名称
63.         currentDir = dirs.pop(0)
64.         for fn in listdir(currentDir):
65.             path = join(currentDir, fn)
66.             if isfile(path):
67.                 if path.endswith('.docx') and checkdocx(dstStr, path):
68.                     print(path)
69.                 elif path.endswith('.xlsx') and checkxlsx(dstStr, path):
70.                     print(path)
71.                 elif path.endswith('.pptx') and checkpptx(dstStr, path):
72.                     print(path)
73.             # 广度优先遍历目录树
74.             elif flag and isdir(path):
75.                 dirs.append(path)
76.
77.
78. # argv[0]为程序文件名
79. # argv[1]表示是否要检查所有子文件夹中的文件
80. if argv[1] != '/s':
81.     dstStr = argv[1]
82.     flag = False
83. else:
84.     dstStr = argv[2]
85.     flag = True
86.
87. main(dstStr, flag)
```

习题

一、填空题

1. 按数据的组织形式可以把文件分为_____和_____两大类，其中前者一般可以使用 Windows 操作系统自带的记事本程序直接打开。

2. Python 内置函数 open()默认以读取文本文件的模式打开指定的文件，如果以读取二进制文件的模式打开文件，应设置参数 mode 的值为_____。

3. 为保证文件能够正确关闭，一般建议使用上下文管理语句_____来管理文件对象。

4. 扩展库_____提供了 Word 文件操作的功能，但只适用于*.docx 格式的高版本 Word 文件。

5. 扩展库_____提供了 Excel 文件操作的功能，但只适用于*.xlsx 格式的高版本 Excel 文件。

6．扩展库_____提供了 PowerPoint 文件操作的功能，但只适用于*.pptx 格式的高版本 PowerPoint 文件。

二、判断题

1．使用语句 fp = open(fn)打开路径 fn 指定的文件，如果文件 fn 不存在，则代码引发异常，并且 fp 的值为空值 None。　　　　　　　　　　　　　　　　　　　　　　（　　）

2．使用内置函数 open()以读模式打开文件之后，通过文件对象的 read()方法读取且不带任何参数时，表示读取文件中从当前位置开始直到文件尾的全部内容。　　　　　　　（　　）

3．在 Word 文件中，一段连续的具有相同样式的文本及其样式的整体称作一个 run。
　　　　　　　　　　　　　　　　　　　　　　　　　　　　　　　　　　　　（　　）

4．在 Windows 操作系统中，如果使用记事本程序尝试打开 Word、Excel 或其他类型的二进制文件，会报错并提示无法打开。　　　　　　　　　　　　　　　　　　　　　（　　）

5．使用关键字 with 管理文件对象时，with 结构可以看作一个局部作用域，with 块中定义的变量在 with 块结束之后就不能访问了。　　　　　　　　　　　　　　　　　　（　　）

6．使用内置函数 open()的 'r' 模式打开包含多行内容的文本文件并返回文件对象 fp，那么表达式 fp.readline()[-1] 的值一定为'\n'。　　　　　　　　　　　　　　　　　　　（　　）

7．使用内置函数 open()的 'r' 模式打开包含多行内容的文本文件并返回文件对象 fp，那么表达式 fp.readlines()[0][-1] 的值为'\n'。　　　　　　　　　　　　　　　　　　　（　　）

8．使用内置函数 open()打开文本文件时，参数 encoding 不重要，直接使用默认值就可以。　　　　　　　　　　　　　　　　　　　　　　　　　　　　　　　　　　　（　　）

9．使用内置函数 open()且以'w'模式打开的文件，文件指针默认指向文件尾。　（　　）

10．使用内置函数 open()打开文本文件时，不能指定'rb'，只能使用'r'模式和恰当的 encoding 参数。（　　）

11．使用内置函数 open()且以'ab'模式打开的文件，文件指针默认指向文件尾。（　　）

12．内置函数 open()使用'w'模式打开的文件，不仅可以往文件中写入内容，也可以从文件中读取内容。　　　　　　　　　　　　　　　　　　　　　　　　　　　　　　　（　　）

三、编程题

1．假设有两个文本文件 file1.txt 和 file2.txt，编写程序 merge.py，把两个文本文件中的内容合并到新文件 result.txt 中，要求文件 file1.txt 和 file2.txt 中的行在 result.txt 中交替出现。也就是说，result.txt 文件中的奇数行来自 file1.txt，而偶数行来自 file2.txt。如果两个文件行数不一样，那么处理完行数较少的文件之后，把另一个文件中剩余的所有行直接追加到 result.txt 的最后。

2．读取上一题的 merge.py，在每一行后加上行号并生成新文件 merge_new.py，要求加上行号之后的文件 merge_new.py 和原程序 merge.py 功能一样，并且所有行号对齐。

3．统计当前文件夹中所有扩展名为 ppt 和 pptx 的 PowerPoint 文件的幻灯片总数量。

4．把当前目录中所有的 Excel 文件合并为一个文件。假设所有 Excel 包含同样数量的列，第一行为表头，且不存在合并单元格或其他特殊格式。

5．读取一个 Word 文件，输出其中所有表格中所有单元格中的文本。

关注微信公众号"Python 小屋"，发送消息"小屋刷题"，下载"Python 小屋刷题软件"客户端，练习客观题中"文件操作"以及编程题中"文件与文件夹操作""Office 文件操作"相关的题目。

项目 10　文件与文件夹操作

Python 标准库 os、os.path 和 shutil 中提供了大量用于文件和文件夹操作的函数，例如，文件复制、移动、重命名，查看文件属性，压缩/解压缩文件，以及文件夹的创建与删除等。本项目将对这些涉及文件与文件夹的操作进行详细介绍。

学习目标

- 掌握 os、os.path、shutil 标准库中常用函数的用法
- 掌握递归遍历文件夹及其子文件夹的原理
- 掌握广度优先遍历文件夹及其子文件夹的原理

素养目标

- 培养学生复用代码的习惯和意识
- 培养学生精益求精的工匠精神

任务 10.1　遍历目录树—使用 os 模块

Python 标准库 os 除了提供使用操作系统功能和访问文件系统的函数之外，还提供了大量文件与文件夹操作的函数，如表 10-1 所示。

表 10-1　os 模块常用函数

函　　数	功　能　说　明
chdir(path)	把 path 设为当前工作目录
chmod(path, mode, *, dir_fd=None, follow_symlinks=True)	改变文件的访问权限
listdir(path)	返回 path 目录下的文件和目录列表
mkdir(path[, mode=511])	创建目录，要求上级目录必须存在
rmdir(path)	删除目录，目录中不能有文件或子文件夹
remove(path)	删除指定的文件，要求用户拥有删除文件的权限，并且文件没有只读或其他特殊属性
rename(src, dst)	重命名文件或目录，可以实现文件的移动，若目标文件已存在则抛出异常，并且不能跨越磁盘或分区
replace(old, new)	重命名文件或目录，若目标文件已存在则直接覆盖，不能跨越磁盘或分区
startfile(filepath [, operation])	使用关联的应用程序打开指定文件或启动指定应用程序
stat(path)	返回文件的所有属性
system()	启动外部程序

下面通过几个示例来演示 os 模块的基本用法。

```
>>> import os
```

```
>>> import os.path
>>> os.rename(r'C:\test1.txt', r'C:\test2.txt')
>>> [fname for fname in os.listdir('.')
    if fname.endswith(('.pyc', '.py', '.pyw'))]
>>> os.getcwd()                                    # 返回当前工作目录
'C:\\Python310'
>>> os.mkdir(os.getcwd()+'\\temp')                 # 创建目录
>>> os.chdir(os.getcwd()+'\\temp')                 # 改变当前工作目录
>>> os.getcwd()
'C:\\Python310\\temp'
>>> os.mkdir(os.getcwd()+'\\test')
>>> os.listdir('.')
['test']
>>> os.rmdir('test')                               # 删除目录
>>> os.listdir('.')
[]
>>> time.strftime('%Y-%m-%d %H:%M:%S',             # 查看文件创建时间
                  time.localtime(os.stat('test.py').st_ctime))
'2022-12-28 14:56:57'
>>> os.startfile('notepad.exe')                    # 启动记事本程序
```

【例 10-1】 使用递归法遍历指定目录下所有子目录和文件。

基本思路：遍历指定文件夹中所有文件和子文件夹，对于文件则直接输出，对于子文件夹则进入该文件夹继续遍历，重复上面的过程。Python 标准库 os.path 中的 isfile()用来测试一个路径是否为文件，isdir()用来测试一个路径是否为文件夹，见 10.2 节对 os.path 的介绍。

```
1.  from os import listdir
2.  from os.path import join, isfile, isdir
3.
4.  def listDirDepthFirst(directory):
5.      '''深度优先遍历文件夹'''
6.      # 遍历文件夹，如果是文件就直接输出
7.      # 如果是文件夹，就输出显示，然后递归遍历该文件夹
8.      for subPath in listdir(directory):
9.          # listdir()列出的是相对路径，需要使用 join()把父目录连接起来
10.         path = join(directory, subPath)
11.         if isfile(path):
12.             print(path)
13.         elif isdir(path):
14.             print(path)
15.             listDirDepthFirst(path)
```

【例 10-2】 使用广度优先方法遍历指定目录下所有子目录和文件。

基本思路：使用一个列表 dirs 保存需要遍历但尚未遍历的所有文件夹名字，然后遍历指定文件夹中的所有名字，如果是文件就直接输出，如果是文件夹就追加到列表 dirs 中记录下来。重复这个过程，直到列表 dirs 为空。

```
1.  from os import listdir
2.  from os.path import join, isfile, isdir
```

```
3.
4.  def listDirWidthFirst(directory):
5.      '''广度优先遍历文件夹'''
6.      dirs = [directory]
7.      # 如果还有没遍历过的文件夹，继续循环
8.      while dirs:
9.          # 遍历还没遍历过的第一项
10.         current = dirs.pop(0)
11.         # 遍历该文件夹，如果是文件就直接输出显示
12.         # 如果是文件夹，输出显示后，标记为待遍历项
13.         for subPath in listdir(current):
14.             path = join(current, subPath)
15.             if isfile(path):
16.                 print(path)
17.             elif isdir(path):
18.                 print(path)
19.                 dirs.append(path)
```

任务 10.2　批量修改文件名—使用 os.path 模块

os.path 模块提供了大量用于路径判断、切分、连接以及文件夹遍历的方法，如表 10-2 所示。

表 10-2　os.path 模块常用方法

方　　法	功　能　说　明
abspath(path)	返回给定路径的绝对路径
basename(path)	返回指定路径的最后一个组成部分
dirname(p)	返回给定路径的文件夹部分
exists(path)	判断文件是否存在
getatime(filename)	返回文件的最后访问时间
getctime(filename)	返回文件的创建时间
getmtime(filename)	返回文件的最后修改时间
getsize(filename)	返回文件的大小
isdir(path)	判断 path 是否为文件夹
isfile(path)	判断 path 是否为文件
join(path, *paths)	连接两个或多个 path
split(path)	以路径中的最后一个斜线为分隔符把路径分隔成两部分，以列表形式返回
splitext(path)	从路径中分隔文件的扩展名
splitdrive(path)	从路径中分隔驱动器的名称

```
>>> path = 'D:\\mypython_exp\\new_test.txt'
>>> os.path.dirname(path)                    # 返回路径的文件夹名
'D:\\mypython_exp'
>>> os.path.basename(path)                   # 返回路径的最后一个组成部分
'new_test.txt'
>>> os.path.split(path)                      # 切分文件路径和文件名
('D:\\mypython_exp', 'new_test.txt')
```

```
>>> os.path.split('C:\\windows')                    # 以最后一个斜线为分隔符
('C:\\', 'windows')
>>> os.path.split('C:\\windows\\')
('C:\\windows', '')
>>> os.path.splitdrive(path)                        # 切分驱动器符号
('D:', '\\mypython_exp\\new_test.txt')
>>> os.path.splitext(path)                          # 切分文件扩展名
('D:\\mypython_exp\\new_test', '.txt')
```

【例 10-3】 把指定文件夹中的所有文件名批量随机化，保持文件类型不变。

基本思路：遍历指定文件夹中的所有文件，对文件名进行切分得到主文件名和扩展名，使用随机生成的字符串替换主文件名。

```
1.  from string import ascii_letters
2.  from os import listdir, rename
3.  from os.path import splitext, join
4.  from random import choice, randint
5.
6.  def randomFilename(directory):
7.      for fn in listdir(directory):
8.          # 切分，得到文件名和扩展名
9.          name, ext = splitext(fn)
10.         n = randint(5, 20)
11.         # 生成随机字符串作为新文件名
12.         newName = ''.join((choice(ascii_letters) for i in range(n)))
13.         # 修改文件名
14.         rename(join(directory, fn), join(directory, newName+ext))
15.
16. randomFilename('C:\\test')
```

任务 10.3 压缩与解压缩文件——使用 shutil 模块和 zipfile 模块

shutil 模块也提供了大量的方法支持文件和文件夹操作，常用方法如表 10-3 所示。

表 10-3 shutil 模块常用方法

方　　法	功　能　说　明
copy(src, dst)	复制文件，新文件具有同样的文件属性，如果目标文件已存在则抛出异常
copyfile(src, dst)	复制文件，不复制文件属性，如果目标文件已存在则直接覆盖
copytree(src, dst)	递归复制文件夹
disk_usage(path)	查看磁盘使用情况
move(src, dst)	移动文件或递归移动文件夹，也可以用来给文件和文件夹重命名
rmtree(path)	递归删除文件夹
make_archive(base_name, format, root_dir= None, base_dir=None)	创建 tar 或 zip 格式的压缩文件
unpack_archive(filename, extract_dir=None, format=None)	解压缩文件

下面的代码演示了标准库 shutil 的一些基本用法。

1. 复制文件

```
>>> import shutil
>>> shutil.copyfile('C:\\dir1.txt', 'D:\\dir2.txt')
```

2. 压缩文件

下面的代码将 C:\Python310\Dlls 文件夹以及该文件夹中所有文件压缩至 D:\a.zip 文件。

```
>>> shutil.make_archive('D:\\a', 'zip', 'C:\\Python310', 'Dlls')
'D:\\a.zip'
```

3. 解压缩文件

下面的代码将刚压缩得到的文件 D:\a.zip 解压缩至 D:\a_unpack 文件夹。

```
>>> shutil.unpack_archive('D:\\a.zip', 'D:\\a_unpack')
```

4. 删除文件夹

下面的代码使用 shutil 模块的方法删除刚刚解压缩得到的文件夹。

```
>>> shutil.rmtree('D:\\a_unpack')
```

5. 复制文件夹

下面的代码使用 shutil 的 copytree()函数递归复制文件夹，并忽略扩展名为 pyc 的文件和以"新"开头的文件和子文件夹。

```
>>> from shutil import copytree, ignore_patterns
>>> copytree('C:\\python310\\test',
             'D:\\des_test',
             ignore=ignore_patterns('*.pyc', '新*'))
```

除了上面介绍的标准库 shutil，在标准库 zipfile 中也提供了*.zip 格式的文件压缩与解压缩功能，扩展库 rarfile 提供了*.rar 格式的文件压缩与解压缩功能。下面的例题演示了标准库 zipfile 的用法，扩展库 rarfile 的用法请自行查阅资料。

【例 10-4】 编写程序，提取*.docx 和*.xlsx 格式文件中的图片，保存为图片文件。

基本思路：*.docx 和*.xlsx 格式的文件的内部实现实际上是 zip 文件，zip 文件的相关操作也适用于这两种格式。

```
1.  from zipfile import ZipFile
2.  from os import mkdir
3.  from os.path import basename, splitext, exists
4.
5.  def extract_images(fn):
6.      sub_dir = splitext(fn)[0]
7.      if not exists(sub_dir):
8.          mkdir(sub_dir)
9.      with ZipFile(fn) as zf:
10.         for item in zf.filelist:
11.             name = item.filename
12.             if name.endswith(('.jpg','.jpeg','.png','.bmp')):
13.                 with open(rf'{sub_dir}\{basename(name)}', 'wb') as fp:
14.                     fp.write(zf.read(name))
```

```
15.
16.    extract_images('data576_1.docx')
17.    extract_images('data576_2.xlsx')
```

任务 10.4　文件与文件夹操作应用案例

【例 10-5】 编写程序，统计指定文件夹大小以及文件和子文件夹数量。

问题描述：本例属于系统运维范畴，可用于磁盘配额的计算，例如，Email、博客、FTP、云盘等系统中每个账号所占空间大小的统计。

基本思路：递归遍历指定目录的所有子目录和文件，如果遇到文件夹就把表示文件夹数量的变量加 1，如果遇到文件就把表示文件数量的变量加 1，同时获取该文件大小并累加到表示文件夹大小的变量中。

```
1.  import os
2.
3.  totalSize,fileNum,dirNum=0,0,0
4.
5.  def visitDir(path):
6.      # 分别用来保存文件夹总大小、文件数量、文件夹数量的变量
7.      global totalSize,fileNum,dirNum
8.      for lists in os.listdir(path):              # 递归遍历指定文件夹
9.          sub_path = os.path.join(path, lists)    # 连接为完整路径
10.         if os.path.isfile(sub_path):
11.             fileNum = fileNum + 1               # 统计文件数量
12.             totalSize = totalSize + os.path.getsize(sub_path)
13.                                                 # 统计文件总大小
14.         elif os.path.isdir(sub_path):
15.             dirNum = dirNum + 1                 # 统计文件夹数量
16.             visitDir(sub_path)                  # 递归遍历子文件夹
17.
18. def main(path):
19.     if not os.path.isdir(path):
20.         print(f'Error:"{path}" is not a directory or does not exist.')
21.         return
22.     visitDir(path)
23.
24. def sizeConvert(size):                          # 单位换算
25.     K, M, G = 1024, 1024**2, 1024**3
26.     if size >= G:
27.         return str(size/G) + 'G Bytes'
28.     elif size >= M:
29.         return str(size/M) + 'M Bytes'
30.     elif size >= K:
31.         return str(size/K) + 'K Bytes'
32.     else:
33.         return str(size) + 'Bytes'
34.
```

```
35.    def output(path):                                  # 输出统计结果
36.        print(f'The total size of {path} is:'
37.              + sizeConvert(totalSize)
38.              + f'({totalSize} Bytes)')
39.        print(f'The total number of files in {path} is:', fileNum)
40.        print(f'The total number of directories in {path} is{dirNum}')
41.
42.    if __name__ == '__main__':
43.        path = '.'
44.        main(path)
45.        output(path)
```

【例 10-6】 编写程序,递归删除指定文件夹中指定类型的文件和大小为 0 的文件。

基本思路:递归遍历文件夹及其所有子文件夹,如果某个文件扩展名为指定的类型或者文件大小为 0,则将其删除。

```
1.  from os.path import isdir, join, splitext
2.  from os import remove, listdir, chmod, stat
3.
4.  filetypes = ('.tmp', '.log', '.obj', '.txt')          # 指定要删除的文件类型
5.
6.  def delCertainFiles(directory):
7.      if not isdir(directory):                          # 如果不存在该文件夹就返回
8.          return
9.      for filename in listdir(directory):
10.         temp = join(directory, filename)              # 连接为完整路径
11.         if isdir(temp):
12.             delCertainFiles(temp)                     # 递归调用
13.         elif splitext(temp)[1] in filetypes or stat(temp).st_size==0:
14.             chmod(temp, 0o777)                        # 修改文件属性,获取删除权限
15.                                                       # 0o777 表示全部权限
16.             remove(temp)                              # 删除文件
17.             print(temp, ' deleted....')
18.
19. delCertainFiles(r'C:\test')
```

【例 10-7】 编写程序,统计指定文件夹及其所有子文件夹中所有 pptx 文件中的幻灯片数量。

基本思路:递归遍历指定文件夹及其所有子文件夹中的 pptx 文件,使用扩展库 python-pptx 打开每个 pptx 文件之后,计算其中幻灯片数量并统计幻灯片总数量。因为遍历 total 需要在每一次递归函数调用时修改,所以必须在函数中声明为全局变量。

```
1.  from os import listdir
2.  from os.path import isdir,join
3.  import pptx
4.
5.  total = 0
6.  def pptCount(path):
7.      global total
8.      for subPath in listdir(path):
9.          subPath = join(path, subPath)
```

```
10.         if isdir(subPath):
11.             pptCount(subPath)
12.         elif subPath.endswith('.pptx'):
13.             presentation = pptx.Presentation(subPath)
14.             total += len(presentation.slides)
15. 
16. pptCount(r'F:\教学课件\Python')
17. print(total)
```

习题

一、填空题

1. 标准库 os 中的函数_____用来列出指定文件夹中的文件和子文件夹名称组成的列表。

2. 标准库 os 中的函数_____用来删除指定的文件，如果文件具有只读属性或当前用户不具有删除权限则无法删除并引发异常。

3. 标准库 os 中的函数_____用来启动相应的外部程序并打开参数路径指定的文件，如果参数为网址 URL 则打开默认的浏览器程序。

4. 标准库 os.path 中的函数_____用来判断参数指定的路径是否为文件。

5. 标准库 os.path 中的函数_____用来判断参数指定的路径是否为文件夹。

6. 标准库 os.path 中的函数_____用来判断参数指定的路径是否存在。

7. 标准库 os.path 中的函数_____用来获取参数指定的文件的大小，单位为字节。

8. 标准库 os.path 中的函数_____用来获取参数指定的文件的最后修改时间。

9. 标准库 os.path 中的函数_____用来把多个路径连接成为一个完整的路径，并插入适当的路径分隔符（在 Windows 操作系统中为反斜线）。

10. 标准库 os.path 中的函数_____用来获取参数指定的路径中最后一个组成部分（通常为文件名），例如，如果把路径 r'C:\Windows\notepad.exe'作为参数传递给该函数则返回字符串 'notepad.exe'。

11. 标准库 shutil 中的函数_____可以用来创建 tar 或 zip 格式的压缩文件。

二、编程题

1. 检查 D:\文件夹及其子文件夹中是否存在一个名为 temp.txt 的文件。

2. 查找 D:\文件夹及其子文件夹中所有创建日期为 2017 年 10 月 26 日的文件，输出这些文件的完整路径和创建日期。

3. 实现文件夹增量备份。例如，第一次执行时把工作目录 D:\workingDirectory 及其子文件夹中的所有内容都复制到备份目录 D:\backupDirectory 中，并且保持目录结构一致。然后在工作目录或其任意子目录中新建一个文件并修改一个已有文件的内容，再次执行程序则会自动对比工作目录和备份目录，并只复制上次备份之后修改过的文件和新建的文件。

4. 修改上一个题目中的程序，要求运行后可以由用户输入工作目录和备份目录的路径。

关注微信公众号"Python 小屋"，发送消息"小屋刷题"，下载"Python 小屋刷题软件"客户端，练习客观题中"文件操作"以及编程题中"文件与文件夹操作"相关的题目。

项目 11 网络爬虫入门与应用

网络爬虫程序用于在网络上抓取感兴趣的数据或信息，模拟人类浏览网页以及选择、复制、粘贴等操作，可以大幅度提高工作效率，是目前非常热门的一个应用方向。网络爬虫程序结合数据分析技术，可以从杂乱无章的数据中得到有用信息，进一步为商业决策提供支持。Python 提供了大量用于编写网络爬虫程序的标准库和扩展库，例如，urllib、requests、ScraPy、beautifulsoup4、Selenium 等，大幅度降低了开发难度，也降低了学习爬虫程序的门槛。本项目将逐一对这些内容进行介绍。

学习目标

- 了解常用的 HTML 标签
- 了解在网页中使用 JavaScript 代码的几种方式
- 掌握 Python 标准库 urllib 的用法
- 掌握 Python 扩展库 ScraPy 的用法
- 掌握 Python 扩展库 beautifulsoup4 的用法
- 掌握 Python 扩展库 requests 的用法
- 掌握 Python 扩展库 Selenium 的用法

素养目标

- 引导学生遵守网络爬虫编写规范
- 引导学生遵守大数据伦理学与相关职业道德

任务 11.1 了解 HTML 与 JavaScript

如果只是编写爬虫程序，毕竟不是开发网站，只需要能够看懂 HTML 代码基本上就可以了，不要求能编写。当然，对于一些高级爬虫和特殊的网站，还需要具有深厚的 JavaScript 功底，甚至 JQuery、AJAX 等知识。

11.1.1 HTML 基础

大部分 HTML 标签是闭合的，由开始标签和结束标签构成，二者之间是要显示的内容。例如，<title>网页标题</title>。也有的 HTML 标签是没有结束标签的，例如，
和<hr>。

（1）h 标签

在 HTML 代码中，使用 h1 到 h6 表示不同级别的标题，其中 h1 级别的标题字体最大，h6 级别的标题字体最小。该标签的用法如下。

```
<h1>一级标题</h1>
```

```
<h2>二级标题</h2>
<h3>三级标题</h3>
```

（2）p 标签

在 HTML 代码中，p 标签表示段落，用法如下。

```
<p>这是一个段落</p>
```

（3）a 标签

在 HTML 代码中，a 标签表示超链接，使用时需要指定链接地址（由 href 属性来指定）和在页面上显示的文本，用法如下。

```
<a href="http://www.baidu.com">点这里</a>
```

（4）img 标签

在 HTML 代码中，img 标签用来显示一个图像，并使用 src 属性指定图像文件地址，可以使用本地文件，也可以指定网络上的图片，用法如下。

```
1.  <img src="Python可以这样学.jpg" width="200" height="300" />
2.  <img src="http://www.tup.tsinghua.edu.cn/upload/bigbookimg/072406-01.jpg" width="200" height= "300" />
```

（5）table、tr、td 标签

在 HTML 代码中，table 标签用来创建表格，tr 用来创建行，td 用来创建单元格，用法如下。

```
1.  <table border="1">
2.      <tr>
3.          <td>第一行第一列</td>
4.          <td>第一行第二列</td>
5.      </tr>
6.      <tr>
7.          <td>第二行第一列</td>
8.          <td>第二行第二列</td>
9.      </tr>
10. </table>
```

（6）ul、ol、li

在 HTML 代码中，ul 标签用来创建无序列表，ol 标签用来创建有序列表，li 标签用来创建其中的列表项。例如，下面是 ul 和 li 标签的用法。

```
1.  <ul id="colors" name="myColor">
2.      <li>红色</li>
3.      <li>绿色</li>
4.      <li>蓝色</li>
5.  </ul>
```

（7）div 标签

在 HTML 代码中，div 标签用来创建一个块，其中可以包含其他标签，举例如下。

```
1.  <div id="yellowDiv"style="background-color:yellow;border:#FF0000 1px solid;">
2.      <ol>
3.          <li>红色</li>
4.          <li>绿色</li>
```

```
5.            <li>蓝色</li>
6.        </ol>
7.    </div>
8.    <div id="reddiv" style="background-color:red">
9.        <p>第一段</p>
10.       <p>第二段</p>
11.   </div>
```

11.1.2　JavaScript 基础

JavaScript 是由客户端浏览器解释执行的弱类型脚本语言，能大幅度提高网页的浏览速度和交互能力，提升了用户体验。

（1）在网页中使用 JavaScript 代码的方式

可以在 HTML 标签的事件属性中直接添加 JavaScript 代码。例如，把下面的代码保存为 index.html 文件并使用浏览器打开，单击"保存"按钮，网页会弹出提示"保存成功"。

```
1.    <html>
2.        <body>
3.            <form>
4.                <input type="button" value="保存" onClick="alert('保存成功');">
5.            </form>
6.        </body>
7.    </html>
```

对于行数较多但仅在个别网页中用到的 JavaScript 代码，可以写在网页中的<script>标签中。例如，下面的代码保存为 index.html 并使用浏览器打开，会发现页面上显示的是"动态内容"而不是"静态内容"。在这段代码中要注意，<script></script>这一对标签要放在<body></body>标签的后面，否则由于页面还没有渲染完，会导致获取指定 id 的 div 失败。

```
1.    <html>
2.        <body>
3.            <div id="test">静态内容</div>
4.        </body>
5.        <script type="text/javascript">
6.            document.getElementById("test").innerHTML="动态内容";
7.        </script>
8.    </html>
```

如果一个网站中用到大量的 JavaScript 代码，一般会把这些代码按功能划分到不同函数中，并把这些函数封装到一个或多个扩展名为 js 的文件中，然后在网页中使用。例如，和网页在同一个文件夹中的 myfunctions.js 内容如下。

```
1.    function modify(){
2.        document.getElementById("test").innerHTML="动态内容";
3.    }
```

在下面的页面文件中，把外部文件 myfunctions.js 导入，然后调用了其中的函数。

```
1.    <html>
2.        <head>
3.            <script type="text/javascript" src="myfunctions.js"></script>
```

```
4.    </head>
5.    <body>
6.        <div id="test">静态内容</div>
7.    </body>
8.    <script type="text/javascript">modify();</script>
9. </html>
```

（2）常用 JavaScript 事件

如果不在 HTML 代码中说明，那么<script>和</script>这两个标签的 JavaScript 代码在页面打开和每次刷新时都会得到运行，例如，本节的第二段和第三段代码所演示。但有些 JavaScript 代码需要在特定的时机才可以运行，例如，本节第一段代码，只有单击页面的按钮之后才会执行 okClick 属性指定的 JavaScript 代码，这种机制叫作事件驱动。得益于事件驱动机制，可以指定某段代码在什么情况下才会运行。例如，页面加载时（onLoad 事件）、鼠标单击时（onClick 事件）、键盘按键时（onkeypress 事件）等。

把下面的代码保存为 index.html 并使用浏览器打开，会发现在每次页面加载时都会弹出提示，但在页面上进行其他操作时，并不会弹出提示。

```
1. <html>
2.    <body onLoad="alert('页面开始加载');">
3.        <div id="test">静态内容</div>
4.    </body>
5. </html>
```

除了常用的事件之外，还有一些特殊的方式可以执行 JavaScript 代码。例如，下面的代码演示了在链接标签<a>中使用 href 属性指定 JavaScript 代码的用法。

```
1. <html>
2.    <script type="text/javascript">
3.        function test(){alert('提示信息');}
4.    </script>
5.    <body>
6.        <a href="javascript:test();">点这里</a>
7.    </body>
8. </html>
```

（3）常用的 JavaScript 对象

常用的 JavaScript 对象有 navigator、window、location、document、history、image、form 等，这里简单介绍一下 window 和 document 对象的用法。

JavaScript 对象的 window 对象表示浏览器窗口，是所有对象的顶层对象，会在<body>或<frameset>每次加载时自动创建，在同一个窗口中访问其他对象时，可以省略前缀"window."。前面几段代码中的 alert()实际上就是 window 对象的众多方法之一，除此之外，还有 confirm()、open()、prompt()、setInterval()、focus()、home()、close()、back()、forward()等。下面的代码演示了 prompt()方法的用法，将其保存为文件 index.html 并使用浏览器打开，会提示用户输入任意内容，然后在页面上输出相应的信息。

```
1. <html>
2.    <script type="text/javascript">
3.        var city = prompt("请输入一个城市名称：", "烟台");
4.        document.write("你输入的是："+city);
5.    </script>
```

```
6.        <body></body>
7. </html>
```

JavaScript 对象 document 表示当前 HTML 文档，可用来访问页面上所有元素，常用的方法有 write()、getElementById()等。例如，上一段代码中演示了 document 对象 write()方法的用法，本节"（1）在网页中使用 JavaScript 代码的方式"部分中的第二段代码演示了 document 对象 getElementById()方法的用法。

当网页中包含<img>标签时，会自动建立 image 对象，网页中的图像可以通过 document 对象的 images 数组来访问，或者使用图像对象的名称进行访问。例如，把下面的代码保存为文件 index.html，此时页面上会显示图像文件 1.jpg 的内容，单击该图像时会切换成为 2.jpg 的内容。

```
1. <html>
2.     <body>
3.         <img name="img1" src="1.jpg"
4.             onClick="document.img1.src='2.jpg';" />
5.     </body>
6. </html>
```

任务 11.2　爬取新闻网站—使用 urllib 编写爬虫程序

Python 标准库 urllib 提供了 urllib.request、urllib.response、urllib.parse、urllib.robotparser 和 urllib.error 共 5 个模块，很好地支持了网页内容读取功能。再结合 Python 字符串方法和正则表达式，可以完成网页内容爬取任务，也是理解和使用其他爬虫库的基础。

11.2.1　urllib 的基本应用

1. 读取并显示网页内容

Python 标准库 urllib.request 中的 urlopen()函数可以用来打开一个指定的 URL 或 Request 对象，成功之后可以像读取文件内容一样使用 read()方法读取网页上的数据。要注意的是，读取到的是二进制数据，必要时可以使用 decode()方法进行正确的解码得到字符串。

下面代码为读取并显示https://www.python.org页面的内容，具体读取页面的结果不再占用篇幅在此展示。

```
>>> import urllib.request
>>> fp = urllib.request.urlopen(r'https://www.python.org')
>>> print(fp.read(100))                    # 读取 100 字节
>>> print(fp.read(100).decode())           # 读取 100 字节并转换为字符串
>>> fp.close()
```

2. 提交网页参数

对于动态网页而言，经常需要用户输入并提交参数。常用的提交参数方式有 GET 和 POST 两种。Python 标准库 urllib.parse 中提供的 urlencode()函数可以用来对用户提交的参数进行编码，然后再通过不同的方式传递给 urlopen()函数。

1）下面的代码演示了如何使用 GET 方式提交参数然后读取并显示指定 url 的内容。

```
>>> import urllib.request
```

```
>>> import urllib.parse
>>> params = urllib.parse.urlencode({'spam': 1, 'eggs': 2, 'bacon': 0})
>>> url = 'http://www.musi-cal.com/cgi-bin/query?%s' % params
>>> with urllib.request.urlopen(url) as fp:
    print(fp.read().decode('utf-8'))
```

2）下面的代码演示了如何使用 POST 方式提交参数并读取指定页面内容。

```
>>> import urllib.request
>>> import urllib.parse
>>> data = urllib.parse.urlencode({'spam': 1, 'eggs': 2, 'bacon': 0})
>>> data = data.encode('ascii')
>>> with urllib.request.urlopen('http://requestb.in/xrbl82xr', data) as f:
    print(f.read().decode('utf-8'))
```

3．使用 User Agent

目前，有不少网站使用了各种反爬机制用来对抗网络爬虫，其中比较简单的一种机制是识别客户端身份，如果发现不是浏览器发起的请求就拒绝访问。

对于这种简单的反爬机制，可以构造 UA（User Agent）假装自己是浏览器来突破，例如：

```
1.  from urllib.parse import urlencode
2.  from urllib.request import urlopen, Request
3.
4.  url = 'https://www.baidu.com/s?' + urlencode({'wd':'董付国 Python 小屋'})
5.  headers = {'User-Agent': 'Mozilla/5.0 (Windows NT 10.0; Win64; x64)
6.  AppleWebKit/ 537.36 (KHTML, like Gecko) Chrome/109.0.0.0 Safari/537.36'}
7.  req = Request(url=url, headers=headers)
8.  # 读取网页源代码，写入本地文件
9.  with urlopen(req) as fp_web, open('baidu.txt', 'wb') as fp_local:
10.     fp_local.write(fp_web.read())
```

4．使用 Referer 突破防盗链设置

防盗链设置用于防止在网站外部直接访问网站上的资源。如果目标网站存在防盗链设置，可以在申请资源时构造头部提交 Referer 字段来假装是在网站内部发起的请求。下面代码演示了这个用法的关键部分。

```
1.  from urllib.request import urlopen, Request
2.
3.  url = r'http://jwc.sdtbu.edu.cn/info/2002/5418.htm'
4.  headers = {'User-Agent':'Mozilla/5.0 (Windows NT 6.1; Win64; x64) AppleWebKit/
5.  537.36 (KHTML, like Gecko) Chrome/62.0.3202.62 Safari/537.36',
6.         # 不加下面这一项会有防盗链提示
7.         'Referer': url}
8.
9.  # 自定义头部信息，对抗防盗链设置
10. req = Request(url=url, headers=headers)
11. # 读取网页源代码
12. with urlopen(req) as fp:
13.     content = fp.read().decode()
```

11.2.2 任务实施—批量采集新闻网站的新闻

【例 11-1】 编写网络爬虫程序，采集某高校新闻网站最新的 100 条新闻中的文本和图片并

保存到本地，每条新闻创建一个对应的文件夹。采集完最新的 100 条新闻之后，对采集的文本进行分词，最后输出出现次数最多的前 10 个词语。下面直接给出参考代码，请自行使用浏览器打开目标网站，然后查看网页源代码并对照着理解代码中用到的正则表达式。

```python
1.  from os import mkdir
2.  from re import findall, sub, S
3.  from collections import Counter
4.  from urllib.parse import urljoin
5.  from urllib.request import urlopen
6.  from os.path import basename, isdir
7.  from jieba import cut
8.  
9.  # 用来记录采集到的所有新闻文本
10. sentences = []
11. # 某高校首页地址
12. url = r'https://www.sdtbu.edu.cn'
13. with urlopen(url) as fp:
14.     content = fp.read().decode()
15. # 查找最新的一条新闻
16. pattern = r'<UL class="news-list".*?<li><a href="(.+?)"'
17. # 把相对链接地址转换为绝对地址
18. url = urljoin(url, findall(pattern, content)[0])
19. 
20. # 用来存放新闻正文文本和图片的文件夹
21. root = '山商新闻'
22. if not isdir(root):
23.     mkdir(root)
24. 
25. # 采集最多 100 条新闻的信息
26. # 改为 while True 可以爬完整个新闻网站
27. # 也可以在循环中提取新闻时间，只爬取指定日期之后的新闻
28. for i in range(100):
29.     # 获取网页源代码
30.     with urlopen(url) as fp:
31.         content = fp.read().decode()
32. 
33.     # 提取标题，删除其中可能存在的 HTML 标签和反斜线、双引号
34.     pattern = r'<h1.+?>(.+?)</h1>'
35.     title = findall(pattern, content)[0]
36.     title = sub(r'<.+?>| |\\|"', '', title)
37.     # 每个新闻对应一个子文件夹，使用新闻标题作为文件夹名称
38.     child = rf'{root}\{title}'
39.     fn = rf'{child}\{title}.txt'
40.     if not isdir(child):
41.         mkdir(child)
42.     print(title)
43. 
44.     # 提取段落文本，写入本地文件
45.     pattern = r'<p class="MsoNormal".+?>(.+?)</p>'
46.     with open(fn, 'w', encoding='utf8') as fp:
```

```
47.         for item in findall(pattern, content, S):
48.             # 删除段落文本中的 HTML 标签和两端的空白字符
49.             item = sub(r'<.+?>| ', '', item).strip()
50.             if item:
51.                 # 记录段落文本，后面分词的时候会用到
52.                 sentences.append(item)
53.                 fp.write(item+'\n')
54.
55.         # 提取图片，下载到本地
56.         pattern = r'<img width=.+?src="(.+?)"'
57.         for item in findall(pattern, content):
58.             # 把相对链接地址转换为绝对链接地址
59.             item = urljoin(url, item)
60.             with urlopen(item) as fp1:
61.                 # 创建本地二进制文件，写入网络图像的数据
62.                 with open(rf'{child}\{basename(item)}', 'wb') as fp2:
63.                     fp2.write(fp1.read())
64.     else:
65.         print(title, '已存在，跳过...')
66.         # 如果是多次运行程序，不重复采集网页上的信息
67.         # 但是读取已存在的文件内容用于后面的分词，保证多次运行本程序时结果一样
68.         with open(fn, encoding='utf8') as fp:
69.             sentences.extend(fp.readlines())
70.
71.     # 获取下一条新闻地址，继续采集
72.     pattern = r'下一条：<a href="(.+?)"'
73.     next_url = findall(pattern, content)
74.     if not next_url:
75.         break
76.     next_url = urljoin(url, next_url[0])
77.     url = next_url
78.
79. # 分词，只保留长度大于 1 的词语
80. text = ''.join(sentences)
81. words = filter(lambda word: len(word)>1, cut(text))
82. # 统计词频，输出出现最多的前 10 个词语
83. freq = Counter(words)
84. print(freq.most_common(10))
```

任务 11.3　采集天气预报数据—使用 ScraPy 编写爬虫程序

Python 扩展库 ScraPy 是一个非常好用的 Web 爬虫框架，非常适合抓取 Web 站点从网页中提取结构化的数据，并且支持自定义需求。

【例 11-2】编写程序，爬取山东省各地市天气预报。

基本思路：首先安装扩展库 ScraPy 及其依赖库，然后分析山东省天气预报首页，获取各地市天气预报的地址，然后分析地市天气预报的数据组织形式，最后编写程序爬取数据。程序中用到的

ScraPy 选择器语法可关注微信公众号“Python 小屋”，然后发送消息“选择器”学习。

操作步骤如下。

1）在命令提示符环境使用 pip install scrapy 命令安装 Python 扩展库 ScraPy。

2）在命令提示符环境使用 scrapy startproject sdWeatherSpider 创建爬虫项目。

3）进入爬虫项目文件夹，然后执行命令 scrapy genspider everyCityinSD.py www.weather.com.cn 创建爬虫程序。

4）使用浏览器打开网址 http://www.weather.com.cn/shandong/index.shtml，找到下面位置，如图 11-1 所示。

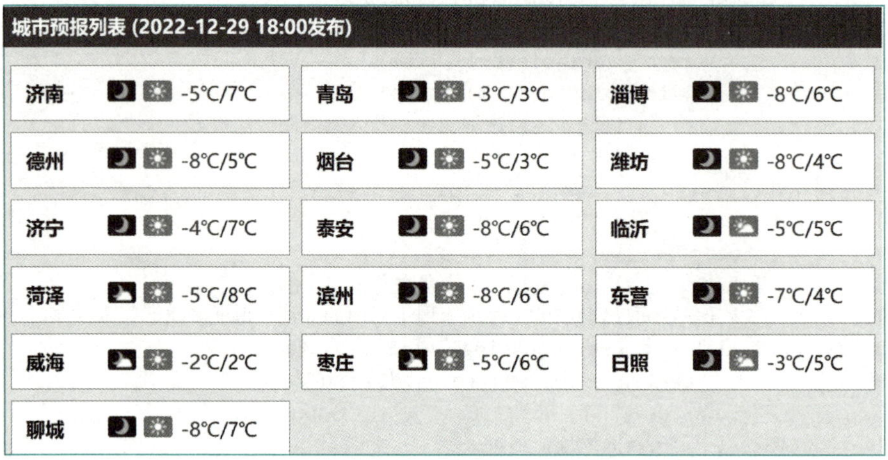

图 11-1 山东省各城市当前天气数据

5）右击页面，在弹出的快捷菜单中选择“查看网页源代码”命令，然后找到与“城市预报列表”对应的位置，如图 11-2 所示。

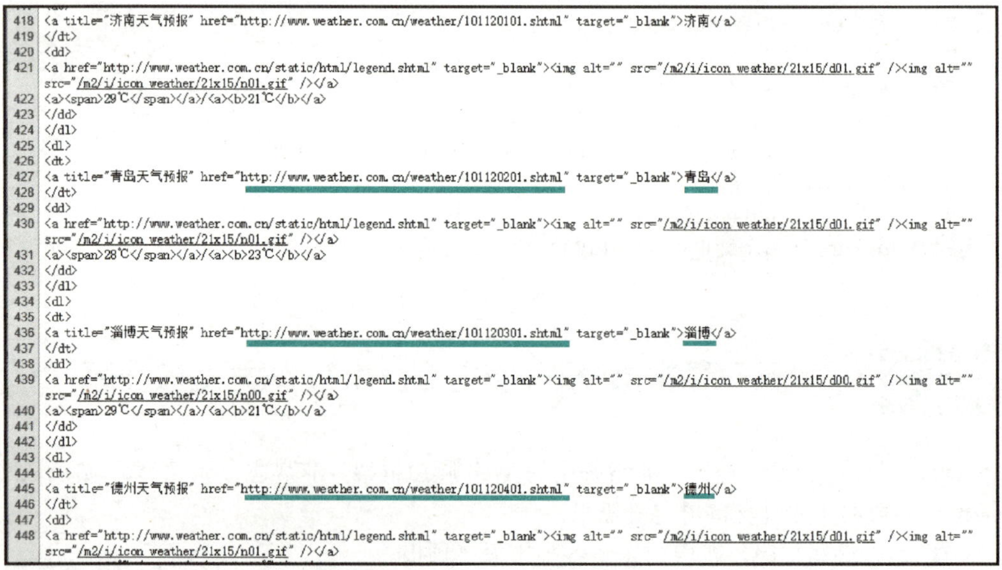

```
<a title="济南天气预报" href="http://www.weather.com.cn/weather/101120101.shtml" target="_blank">济南</a>
</dt>
<dd>
<a href="http://www.weather.com.cn/static/html/legend.shtml" target="_blank"><img alt="" src="/m2/i/icon weather/21x15/d01.gif" /><img alt=""
src="/m2/i/icon weather/21x15/n01.gif" /></a>
<a><span>29℃</span></a>/<a><b>21℃</b></a>
</dd>
</dl>
<dl>
<dt>
<a title="青岛天气预报" href="http://www.weather.com.cn/weather/101120201.shtml" target="_blank">青岛</a>
</dt>
<dd>
<a href="http://www.weather.com.cn/static/html/legend.shtml" target="_blank"><img alt="" src="/m2/i/icon weather/21x15/d01.gif" /><img alt=""
src="/m2/i/icon weather/21x15/n01.gif" /></a>
<a><span>28℃</span></a>/<a><b>23℃</b></a>
</dd>
</dl>
<dl>
<dt>
<a title="淄博天气预报" href="http://www.weather.com.cn/weather/101120301.shtml" target="_blank">淄博</a>
</dt>
<dd>
<a href="http://www.weather.com.cn/static/html/legend.shtml" target="_blank"><img alt="" src="/m2/i/icon weather/21x15/d00.gif" /><img alt=""
src="/m2/i/icon weather/21x15/n00.gif" /></a>
<a><span>29℃</span></a>/<a><b>21℃</b></a>
</dd>
</dl>
<dl>
<dt>
<a title="德州天气预报" href="http://www.weather.com.cn/weather/101120401.shtml" target="_blank">德州</a>
</dt>
<dd>
<a href="http://www.weather.com.cn/static/html/legend.shtml" target="_blank"><img alt="" src="/m2/i/icon weather/21x15/d01.gif" /><img alt=""
src="/m2/i/icon weather/21x15/n01.gif" /></a>
```

图 11-2 网页源代码中各城市地址

6）选择并打开山东省内任意城市的天气预报页面，此处以烟台为例，如图 11-3 所示。

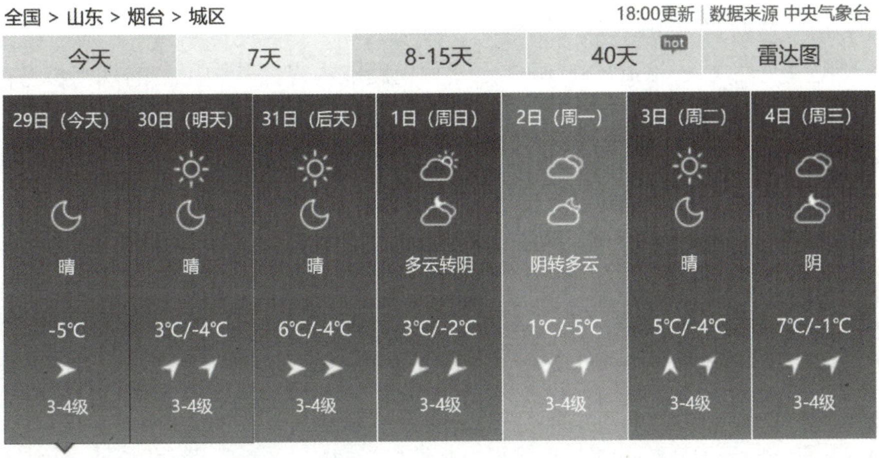

图 11-3　烟台天气预报

7）右击页面，在弹出的快捷菜单中选择"查看网页源代码"命令，找到与图 11-3 中天气预报相对应的位置，如图 11-4 所示。

```
555  <ul class="t clearfix">
556  <li class="sky skyid lv1 on">
557  <h1>29日（今天）</h1>
558  <big class="png40"></big>
559  <big class="png40 n00"></big>
560  <p title="晴" class="wea">晴</p>
561  <p class="tem">
562  <i>-5℃</i>
563  </p>
564  <p class="win">
565  <em>
566  <span title="西风" class="W"></span>
567  </em>
568  <i>3-4级</i>
569  </p>
570  <div class="slid"></div>
571  </li>
572  <li class="sky skyid lv1">
573  <h1>30日（明天）</h1>
574  <big class="png40 d00"></big>
575  <big class="png40 n00"></big>
576  <p title="晴" class="wea">晴</p>
577  <p class="tem">
578  <span>3℃</span>/<i>-4℃</i>
579  </p>
580  <p class="win">
581  <em>
```

图 11-4　烟台天气预报页面源代码

8）修改 items.py 文件，定义要爬取的内容。

```
1.  import scrapy
2.
3.  class SdweatherspiderItem(scrapy.Item):
4.      # define the fields for your item here like:
5.      # name = scrapy.Field()
6.      city = scrapy.Field()
```

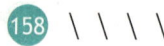

9）修改爬虫文件 everyCityinSD.py，定义如何爬取内容，其中用到的规则参考前面对页面的分析，如果无法正常运行，有可能是网页结构有变化，可以回到前面的步骤重新分析网页源代码。

```
1.   from re import findall
2.   from urllib.request import urlopen
3.   import scrapy
4.   from sdWeatherSpider.items import SdweatherspiderItem
5.
6.   class EverycityinsdSpider(scrapy.Spider):
7.       name = 'everyCityinSD'
8.       allowed_domains = ['www.weather.com.cn']
9.       start_urls = []
10.      # 遍历各城市，获取要爬取的页面 URL
11.      url = r'http://www.weather.com.cn/shandong/index.shtml'
12.      with urlopen(url) as fp:
13.          contents = fp.read().decode()
14.      pattern = '<a title=".*?" href="(.+?)" target="_blank">(.+?)</a>'
15.      for url in findall(pattern, contents):
16.          start_urls.append(url[0])
17.
18.      def parse(self, response):
19.          # 处理每个城市的天气预报页面数据
20.          item = SdweatherspiderItem()
21.          city = response.xpath('//div[@class="crumbs fl"]//a[3]//text()').extract()[0]
22.          item['city'] = city
23.          # 每个页面只有一个城市的天气数据，直接取[0]
24.          selector = response.xpath('//ul[@class="t clearfix"]')[0]
25.          for li in selector.xpath('./li'):
26.              date = li.xpath('./h1//text()').get()
27.              cloud = li.xpath('./p[@title]//text()').get()
28.              high = li.xpath('./p[@class="tem"]//span//text()').get('none')
29.              low = li.xpath('./p[@class="tem"]//i//text()').get()
30.              wind = li.xpath('./p[@class="win"]//em//span[1]/@title').get()
31.              wind = wind + li.xpath('./p[@class="win"]//i//text()').get()
32.              weather = date+':'+cloud+','+high+r'/'+low+','+wind+'\n'
33.          item['weather'] = weather
34.          return [item]
```

10）修改 pipelines.py 文件，把爬取到的数据写入文件 weather.txt。

```
1.   class SdweatherspiderPipeline(object):
2.       def process_item(self, item, spider):
3.           with open('weather.txt', 'a', encoding='utf8') as fp:
4.               fp.write(item['city']+'\n')
5.               fp.write(item['weather']+'\n\n')
6.           return item
```

11）修改 settings.py 文件，分派任务，指定处理数据的程序。

```
BOT_NAME = 'sdWeatherSpider'
```

```
SPIDER_MODULES = ['sdWeatherSpider.spiders']
NEWSPIDER_MODULE = 'sdWeatherSpider.spiders'

ITEM_PIPELINES = {
    'sdWeatherSpider.pipelines.SdweatherspiderPipeline':1,
}
```

12）切换到命令提示符环境，执行 scrapy crawl everyCityinSD 命令运行爬虫程序，在当前文件夹生成文件 weather.txt。

任务 11.4　解析网页源代码—使用 beautifulsoup4 编写爬虫程序

beautifulsoup4 是一个非常优秀的 Python 扩展库，可以用来从 HTML 或 XML 文件中提取我们感兴趣的数据，并且允许指定使用不同的解析器。可以使用 pip install beautifulsoup4 直接进行安装，安装之后应使用 from bs4 import BeautifulSoup 导入并使用。这里简单介绍一下 BeautifulSoup 的强大功能，更加详细完整的学习资料请参考https://www.crummy.com/software/BeautifulSoup/ bs4/doc/。

（1）代码补全

大多数浏览器能够容忍一些错误的 HTML 代码，例如，某些不闭合的标签也可以正常渲染和显示。但是如果把读取到的网页源代码直接使用正则表达式进行分析，会出现误差。这个问题可以使用 BeautifulSoup 来解决。在使用给定的文本或网页代码创建 BeautifulSoup 对象时，会自动补全缺失的标签，也可以自动添加必要的标签。

以下代码为几种代码补全的用法，包括自动添加标签、自动补齐标签、指定解析器等，这些用法将 HTML 代码展现得更加优雅。首先导入 beautifulsoup 扩展库。

1）自动添加标签的用法。

```
>>> from bs4 import BeautifulSoup
>>> BeautifulSoup('hello world!', 'lxml')      # 自动添加标签
<html><body><p>hello world!</p></body></html>
```

2）自动补齐标签的用法。

```
>>> BeautifulSoup('<span>hello world!', 'lxml') # 自动补全标签
<html><body><span>hello world!</span></body></html>
```

3）指定 HTML 代码解析器的用法。

以下是测试用的网页代码，是一段标题为"The Dormouse's story"的英文故事。注意，这部分代码最后缺少了一些闭合的标签，例如</body>、</html>。BeautifulSoup 把这些缺失的标签进行了自动补齐。

```
>>> html_doc = """
<html><head><title>The Dormouse's story</title></head>
<body>
<p class="title"><b>The Dormouse's story</b></p>
<p class="story">Once upon a time there were three little sisters; and their names were
<a href="http://example.com/elsie" class="sister" id="link1">Elsie</a>,
```

```
            <a href="http://example.com/lacie" class="sister" id="link2">Lacie</a> and
            <a href="http://example.com/tillie" class="sister" id="link3">Tillie</a>;
            and they lived at the bottom of a well.</p>
            <p class="story">...</p>
            """
>>> soup = BeautifulSoup(html_doc, 'html.parser')
                                        # 也可以指定 lxml 或其他解析器
>>> print(soup.prettify())              # 以优雅的方式显示出来
                                        # 可以执行 print(soup)并比较输出结果
<html>
 <head>
  <title>
   The Dormouse's story
  </title>
 </head>
 <body>
  <p class="title">
   <b>
    The Dormouse's story
   </b>
  </p>
  <p class="story">
   Once upon a time there were three little sisters; and their names were
   <a class="sister" href="http://example.com/elsie" id="link1">
    Elsie
   </a>
   ,
   <a class="sister" href="http://example.com/lacie" id="link2">
    Lacie
   </a>
   and
   <a class="sister" href="http://example.com/tillie" id="link3">
    Tillie
   </a>
   ;
   and they lived at the bottom of a well.
  </p>
  <p class="story">
   ...
  </p>
 </body>
</html>
```

（2）获取指定标签的内容或属性

构建 BeautifulSoup 对象并自动添加或补全标签之后，可以通过该对象来访问和获取特定标签中的内容。接下来仍以上边经过补齐标签后的这段"The Dormouse's story"代码为例介绍 BeautifulSoup 的更多用法。

```
>>> soup.title                          # 访问<title>标签的内容
<title>The Dormouse's story</title>
>>> soup.title.name                     # 查看标签的名字
'title'
```

```
>>> soup.title.text                        # 查看标签的文本
"The Dormouse's story"
>>> soup.title.string                      # 查看标签的文本
"The Dormouse's story"
>>> soup.title.parent                      # 查看上一级标签
<head><title>The Dormouse's story</title></head>
>>> soup.head
<head><title>The Dormouse's story</title></head>
>>> soup.b                                 # 访问<b>标签的内容
<b>The Dormouse's story</b>
>>> soup.body.b                            # 访问<body>中<b>标签的内容
<b>The Dormouse's story</b>
>>> soup.name                              # 把整个BeautifulSoup对象看作标签对象
'[document]'
>>> soup.body                              # 查看body标签内容
<body>
<p class="title"><b>The Dormouse's story</b></p>
<p class="story">Once upon a time there were three little sisters; and their names were
<a class="sister" href="http://example.com/elsie" id="link1">Elsie</a>,
<a class="sister" href="http://example.com/lacie" id="link2">Lacie</a> and
<a class="sister" href="http://example.com/tillie" id="link3">Tillie</a>;
and they lived at the bottom of a well.</p>
<p class="story">...</p>
</body>
>>> soup.p                                 # 查看段落信息
<p class="title"><b>The Dormouse's story</b></p>
>>> soup.p['class']                        # 查看标签属性
['title']
>>> soup.p.get('class')                    # 也可以这样查看标签属性
['title']
>>> soup.p.text                            # 查看段落文本
"The Dormouse's story"
>>> soup.p.contents                        # 查看段落内容
[<b>The Dormouse's story</b>]
>>> soup.a
<a class="sister" href="http://example.com/elsie" id="link1">Elsie</a>
>>> soup.a.attrs                           # 查看标签所有属性
{'class': ['sister'], 'href': 'http://example.com/elsie', 'id': 'link1'}
>>> soup.find_all('a')                     # 查找所有<a>标签
[<a class="sister" href="http://example.com/elsie" id="link1">Elsie</a>, <a class="sister" href="http: //example.com/lacie" id="link2">Lacie</a>, <a class="sister" href="http://example.com/tillie" id="link3">Tillie </a>]
>>> soup.find_all(['a', 'b'])              # 同时查找<a>和<b>标签
[<b>The Dormouse's story</b>, <a class="sister" href="http://example.com/elsie" id="link1"> Elsie</a>, <a class="sister" href="http://example.com/lacie" id="link2"> Lacie</a>, <a class="sister" href="http://example.com/tillie" id="link3">Tillie</a>]
>>> import re
>>> soup.find_all(href=re.compile("elsie"))
                                           # 查找href包含特定关键字的标签
[<a class="sister" href="http://example.com/elsie" id="link1">Elsie</a>]
```

```
>>> soup.find(id='link3')                          # 查找属性 id='link3'的标签
<a class="sister" href="http://example.com/tillie" id="link3">Tillie</a>
>>> soup.find_all('a', id='link3')                 # 查找属性'link3'的 a 标签
[<a class="sister" href="http://example.com/tillie" id="link3">Tillie</a>]
>>> for link in soup.find_all('a'):
    print(link.text, ':', link.get('href'))

Elsie : http://example.com/elsie
Lacie : http://example.com/lacie
Tillie : http://example.com/tillie
>>> print(soup.get_text())                         # 返回所有文本，省略部分结果
The Dormouse's story

The Dormouse's story
Once upon a time there were three little sisters; and their names were
Elsie,
Lacie and
Tillie;
and they lived at the bottom of a well.
...
>>> soup.a['id'] = 'test_link1'                    # 修改标签属性的值
>>> soup.a
<a class="sister" href="http://example.com/elsie" id="test_link1">Elsie</a>
>>> soup.a.string.replace_with('test_Elsie')       # 修改标签文本
'Elsie'
>>> soup.a.string
'test_Elsie'
>>> print(soup.prettify())                         # 查看修改后的结果
<html>
 <head>
  <title>
   The Dormouse's story
  </title>
 </head>
 <body>
  <p class="title">
   <b>
    The Dormouse's story
   </b>
  </p>
  <p class="story">
   Once upon a time there were three little sisters; and their names were
   <a class="sister" href="http://example.com/elsie" id="test_link1">
    test_Elsie
   </a>
   ,
   <a class="sister" href="http://example.com/lacie" id="link2">
    Lacie
   </a>
   and
   <a class="sister" href="http://example.com/tillie" id="link3">
    Tillie
```

```
            </a>
            ;
        and they lived at the bottom of a well.
        </p>
        <p class="story">
            ...
        </p>
    </body>
</html>
>>> for child in soup.body.children:          # 遍历直接子标签
        print(child)


<p class="title"><b>The Dormouse's story</b></p>
<p class="story">Once upon a time there were three little sisters; and their names were
<a class="sister" href="http://example.com/elsie" id="test_link1">test_Elsie</a>,
<a class="sister" href="http://example.com/lacie" id="link2">Lacie</a> and
<a class="sister" href="http://example.com/tillie" id="link3">Tillie</a>;
and they lived at the bottom of a well.</p>
<p class="story">...</p>
>>> for string in soup.strings:               # 遍历所有文本，结果略
        print(string)

>>> test_doc = '<html><head></head><body><p></p><p></p></body></heml>'
>>> s = BeautifulSoup(test_doc, 'lxml')
>>> for child in s.html.children:             # 遍历直接子标签
        print(child)

<head></head>
<body><p></p><p></p></body>
>>> for child in s.html.descendants:          # 遍历子孙标签
        print(child)

<head></head>
<body><p></p><p></p></body>
<p></p>
<p></p>
```

任务 11.5　采集微信公众号文章 — 使用 requests 编写爬虫程序

Python 扩展库 requests 可以使用比标准库 urllib 更简洁的形式来处理 HTTP 和解析网页内容，也是比较常用的爬虫工具之一，使用 pip 可以直接在线安装。

安装成功之后，使用下面的命令导入这个库。

```
>>> import requests
```

然后可以通过 get()、post()、put()、delete()、head()、options()等函数以不同方式请求指定 URL 的资源，请求成功之后会返回一个 response 对象。通过 response 对象的 status_code 属性可

以查看状态码,通过 text 属性可以查看网页源代码(有时候可能会出现乱码,通过 encoding 属性可以查看和设置编码格式),通过 content 属性可以返回二进制形式的网页源代码。

11.5.1 requests 基本操作

(1)增加头部并设置用户代理

在使用 requests 模块的 get()函数打开指定的 URL 时,可以使用一个字典来指定头部信息。下面的代码为增加头部并设置用户代理的用法。

```
>>> url = 'https://api.github.com/some/endpoint'
>>> headers = {'user-agent': 'my-app/0.0.1'}
>>> r = requests.get(url, headers=headers)
```

(2)访问网页并提交数据

在使用 requests 模块的 post()方法打开目标网页时,可以通过字典形式的参数 data 来提交信息。下面的代码演示了以 POST 方式访问网页并提交数据的用法。

```
>>> payload = {'key1': 'value1', 'key2': 'value2'}
>>> r = requests.post("http://httpbin.org/post", data=payload)
>>> print(r.text)            # 查看网页信息,略去输出结果
>>> url = 'https://api.github.com/some/endpoint'
>>> payload = {'some': 'data'}
>>> r = requests.post(url, json=payload)
>>> print(r.text)            # 查看网页信息,略去输出结果
>>> print(r.headers)         # 查看头部信息,略去输出结果
>>> print(r.headers['Content-Type'])
application/json; charset=utf-8
>>> print(r.headers['Content-Encoding'])
Gzip
```

(3)获取和设置 cookies

下面的代码演示了使用 get()方法获取网页信息时 cookies 属性的用法。

```
>>> r = requests.get("http://www.baidu.com/")
>>> r.cookies            # 查看 cookies
<RequestsCookieJar[Cookie(version=0, name='BDORZ', value='27315', port=None, port_specified=False, domain='.baidu.com', domain_specified=True, domain_initial_ dot=True, path='/ ', path_specified=True, secure=False, expires=1521533127, discard= False, comment=None, comment_url=None, rest={}, rfc2109=False)]>
```

下面的代码演示了使用 get()方法获取网页信息时设置 cookies 参数的用法。

```
>>> url = 'http://httpbin.org/cookies'
>>> cookies = dict(cookies_are='working')
>>> r = requests.get(url, cookies=cookies)  # 设置 cookies
>>> print(r.text)
{
  "cookies": {
    "cookies_are": "working"
  }
}
```

11.5.2 任务实施——采集微信公众号文章

【例 11-3】 使用 requests 库爬取微信公众号"Python 小屋"文章为"Python 使用集合实现素数筛选法"中的所有超链接。

问题描述：微信公众号文章也属于网页类型，可以获取文章链接之后编写爬虫程序爬取其中感兴趣的内容。

基本思路：使用 requests 模块的 get() 函数获取指定网页的文本，然后分别使用正则表达式和 beautifulsoup4 两种方式提取其中的超链接地址。

（1）使用正则表达式

```
1.  import re
2.  import requests
3.
4.  url = 'https://mp.weixin.qq.com/s/sNej_3G0q4fbhSGR4jwpnw'
5.  r = requests.get(url)
6.  if r.status_code != 200:
7.      print('打开失败。')
8.  else:
9.      for link in re.findall('<a.*?href="(.+?)"', r.text):
10.         if link.startswith('http'):
11.             print(link)
```

输出结果如下。

```
    http://mp.weixin.qq.com/s?__biz=MzI4MzM2MDgyMQ==&amp;mid=2247484014&amp;idx=1&amp; sn= 503ba290be4dae36b85271ee819a9d15&amp;chksm=eb8aa934dcfd2022cca89c09e653786fed1770793189aa796217226a9c1917d38fc7b916a30f&amp;scene=21#wechat_redirect
    http://mp.weixin.qq.com/s?__biz=MzI4MzM2MDgyMQ==&amp;mid=2247484969&amp;idx=1&amp;sn=1d8c9ea0b29b8a0355a1f1a85d253342&amp;chksm=eb8aad73dcfd2465c61d51f2f55eab4a7a40cc1644f7aff198af149357318365a732e8c95d35&amp;scene=21#wechat_redirect
    …（略去更多输出结果）
```

（2）使用 beautifulsoup4

```
1.  import requests
2.  from bs4 import BeautifulSoup
3.
4.  url = 'https://mp.weixin.qq.com/s/sNej_3G0q4fbhSGR4jwpnw'
5.  r = requests.get(url)
6.  if r.status_code != 200:
7.      print('打开失败。')
8.  else:
9.      for link in BeautifulSoup(r.content, 'lxml').find_all('a'):
10.         href = link.get('href')
11.         if href.startswith('http'):
12.             print(href)
```

输出结果如下。

```
    http://mp.weixin.qq.com/s?__biz=MzI4MzM2MDgyMQ==&mid=2247484014&idx=1&sn=503ba290be4dae36b85271ee819a9d15&chksm=eb8aa934dcfd2022cca89c09e653786fed1770793189aa796217226a9c1917d38fc7b916a30f&scene=21#wechat_redirect
    http://mp.weixin.qq.com/s?__biz=MzI4MzM2MDgyMQ==&mid=2247484969&idx=1&sn=1d8c9e
```

```
a0b29b8a0355a1f1a85d253342&chksm=eb8aad73dcfd2465c61d51f2f55eab4a7a40cc1644f7aff198af149
357318365a732e8c95d35&scene=21#wechat_redirect
        http://mp.weixin.qq.com/s?__biz=MzI4MzM2MDgyMQ==&mid=2247485133&idx=1&sn=002608
59a69af2836cf33c8706cd41b4&chksm=eb8aad97dcfd2481929f5b48a135ab424b65bc1abd4c13db312d6f9
db59e2217a1b97370b157&scene=21#wechat_redirect
        ...（略去更多输出结果）
```

【例 11-4】 读取并下载指定的 URL 的图片文件。

基本思路： 使用 requests 模块的 get()函数读取指定 URL 对应的图片文件数据，然后将其写入本地图像文件。

```
1.  import requests
2.
3.  picUrl = r'https://www.python.org/static/opengraph-icon-200x200.png'
4.  r = requests.get(picUrl)
5.  with open('pic.png', 'wb') as fp:
6.      fp.write(r.content)                    # 把图像数据写入本地文件
```

运行结果：代码运行后，在当前文件夹中生成指定的 URL 对应的图像文件 pic.png。

任务 11.6　借助百度搜索引擎 — 使用 Selenium 编写爬虫程序

Selenium 是一个用于 Web 应用程序测试的工具，可以用来驱动几乎所有的主流浏览器，完美模拟用户操作，从终端用户的角度测试应用程序。

【例 11-5】 爬取百度指定关键字搜索结果前 10 页。

基本思路： 模拟百度搜索引擎的关键字输入和搜索过程，对搜索结果进行过滤，输出和微信公众号"Python 小屋"密切相关的链接地址。

操作步骤如下。

1）安装扩展库 requests、beautifulsoup4、mechanicalsoup、Selenium。

2）打开网址 http://phantomjs.org/download.html，如图 11-5 所示，下载 PhantomJS，本文以 Windows 平台为例。下载压缩文件，把解压缩得到的 phantomjs.exe 复制到 Python 的安装目录下，也就是解释器主程序 python.exe 所在的文件夹。

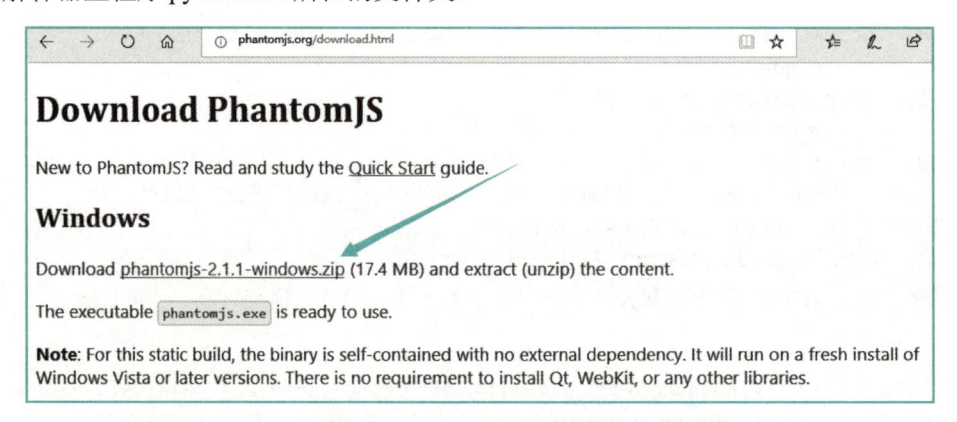

图 11-5　PhantomJS 下载地址

3）分析百度首页源代码，确定用来接收搜索关键字的表单和输入框，如图 11-6 所示。

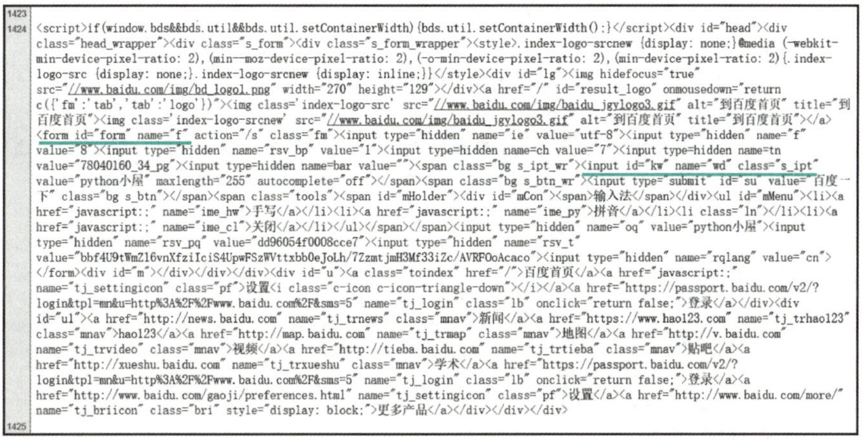

项目 11　网络爬虫入门与应用

[百度首页源代码截图]

图 11-6　百度首页源代码

4）打开微信公众号"Python 小屋"，在公众号菜单"历史文章分类速查表"中找到已发文章列表，复制该列表并保存到本地文本文件"Python 小屋文章清单.txt"中。

5）编写并运行下面的爬虫程序。

```
1.  import mechanicalsoup
2.  from selenium import webdriver
3.
4.  br = webdriver.PhantomJS()
5.
6.  # 微信公众号 Python 小屋文章清单
7.  with open('Python 小屋文章清单.txt', encoding='utf8') as fp:
8.      articles = fp.readlines()
9.  articles = tuple(map(str.strip, articles))
10.
11. # 模拟打开指定网址，模拟输入并提交输入的关键字
12. browser = mechanicalsoup.StatefulBrowser()
13. browser.open(r'https://www.baidu.com')
14. browser.select_form('#form')
15. browser['wd'] = 'Python 小屋'
16. browser.submit_selected()
17.
18. # 获取百度前 10 页
19. top10Urls = []
20. for link in browser.get_current_page().select('a'):
21.     if link.text in tuple(map(str, range(2, 11))):
22.         top10Urls.append(r'https://www.baidu.com'+link.attrs['href'])
23.
24. # 与微信公众号里的文章标题进行比对，如果非常相似就返回 True
25. def check(text):
26.     for article in articles:
27.         # 这里使用切片，是因为有的网站在转发公众号文章里标题不完整
28.         # 例如把"使用 Python+pillow 绘制矩阵盖尔圆"的前两个字给漏掉了
29.         if article[2:-2].lower() in text.lower():
30.             return True
31.     return False
32.
```

```
33.    # 只输出密切相关的链接
34.    def getLinks():
35.        for link in browser.get_current_page().select('a'):
36.            text = link.text
37.            if 'Python 小屋' in text or '董付国' in text or check(text):
38.                br.get(link.attrs['href'])
39.                print(link.text, '-->', br.current_url)
40.
41.    # 输出第一页
42.    getLinks()
43.    # 处理后面的 9 页
44.    for url in top10Urls:
45.        browser.open(url)
46.        getLinks()
47.    br.quit()
```

习题

一、填空题

1. 标准库 urllib.request 中的_____函数可以用来打开给定的 URL 或 Request 对象，然后使用 read()方法读取网页源代码。

2. 标准库 urllib.parse 中的_____函数可以用来连接 URL，把相对地址转换为绝对地址。

3. 爬虫框架 ScraPy 的子命令_____用来创建爬虫项目。

4. 爬虫框架 ScraPy 的子命令_____用来运行爬虫程序。

二、判断题

1. 在 HTML 代码中，a 标签一般用来存储超链接地址。　　　　　　　　　　（　　）

2. 在 HTML 代码中，img 标签用来存储图片的链接地址。　　　　　　　　　（　　）

3. 在 HTML 代码中，ul 和 ol 标签用来展示无序列表和有序列表，li 标签用来展示其中的列表项。　　　　　　　　　　　　　　　　　　　　　　　　　　　　　（　　）

4. 在 HTML 代码中，p 标签用来创建和展示段落。　　　　　　　　　　　　（　　）

三、编程题

编写程序，批量爬取中国工程院院士信息，把每位院士的文字介绍保存到以该院士名字为文件名的记事本文件中。

关注微信公众号"Python 小屋"，发送消息"小屋刷题"，下载"Python 小屋刷题软件"客户端，练习客观题和编程题中"网络爬虫"相关的题目。

项目 12　使用 NumPy 实现数组与矩阵运算

Python 扩展库 NumPy 支持 N 维数组运算、处理大型矩阵、成熟的广播函数库、矢量运算、线性代数、傅里叶变换、随机数生成，并可与 C++/Fortran 语言无缝结合。

学习目标

- 熟练安装扩展库 NumPy
- 熟练使用 NumPy 生成数组
- 熟练使用 NumPy 生成矩阵
- 理解 NumPy 数组运算
- 理解 NumPy 矩阵运算
- 理解 NumPy 数组与矩阵的切片操作
- 理解 NumPy 分段函数
- 了解 NumPy 在计算逆矩阵、行列式、范数与线性方程组求解中的应用

素养目标

- 培养学生编写高效代码的习惯和意识
- 培养学生理论联系实际的习惯和意识

任务 12.1　掌握数组运算与常用操作

扩展库 NumPy 可以把 Python 列表、元组、range 对象等转换为数组，也可以直接生成特定类型的数组，支持数组与标量、数组与数组之间的四则运算，以及布尔运算、函数运算等功能，在数据分析相关的领域中有着非常重要的应用。

（1）生成数组

```
>>> np.array([1, 2, 3, 4, 5])          # 把列表转换为数组，np 为导入 numpy 后的别名
array([1, 2, 3, 4, 5])
>>> np.array((1, 2, 3, 4, 5))          # 把元组转换成数组
array([1, 2, 3, 4, 5])
>>> np.array(range(5))                 # 把 range 对象转换成数组
array([0, 1, 2, 3, 4])
>>> np.array([[1, 2, 3], [4, 5, 6]])   # 二维数组
array([[1, 2, 3],
       [4, 5, 6]])
>>> np.arange(8)                       # 类似于内置函数 range()
array([0, 1, 2, 3, 4, 5, 6, 7])
```

```
>>> np.arange(1, 10, 2)                      # 参数分别为 start、end、step
array([1, 3, 5, 7, 9])
>>> np.linspace(0, 10, 11)                   # 等差数组，包含 11 个数
array([ 0.,  1.,  2.,  3.,  4.,  5.,  6.,  7.,  8.,  9., 10.])
>>> np.linspace(0, 10, 11, endpoint=False)   # 不包含终点
array([ 0.        , 0.90909091, 1.81818182, 2.72727273, 3.63636364,
        4.54545455, 5.45454545, 6.36363636, 7.27272727, 8.18181818,
        9.09090909])
>>> np.logspace(0, 100, 10)                  # base 默认为 10
                                             # 相当于 10**np.linspace(0,100,10)
array([1.00000000e+000, 1.29154967e+011, 1.66810054e+022,
       2.15443469e+033, 2.78255940e+044, 3.59381366e+055,
       4.64158883e+066, 5.99484250e+077, 7.74263683e+088,
       1.00000000e+100])
>>> np.logspace(1,6,5, base=2)               # 相当于 2 ** np.linspace(1,6,5)
array([ 2.    ,  4.75682846,  11.3137085 ,  26.90868529,  64.  ])
>>> np.zeros(3)                              # 全 0 一维数组，包含 3 个元素
array([ 0.,  0.,  0.])
>>> np.ones(3)                               # 全 1 一维数组，包含 3 个元素
array([ 1.,  1.,  1.])
>>> np.zeros((3,3))                          # 全 0 二维数组，3 行 3 列
array([[ 0.,  0.,  0.],
       [ 0.,  0.,  0.],
       [ 0.,  0.,  0.]])
>>> np.zeros((3,1))                          # 全 0 二维数组，3 行 1 列
array([[ 0.],
       [ 0.],
       [ 0.]])
>>> np.zeros((1,3))                          # 全 0 二维数组，1 行 3 列
array([[ 0.,  0.,  0.]])
>>> np.ones((3,3))                           # 全 1 二维数组
array([[ 1.,  1.,  1.],
       [ 1.,  1.,  1.],
       [ 1.,  1.,  1.]])
>>> np.ones((1,3))                           # 全 1 二维数组
array([[ 1.,  1.,  1.]])
>>> np.identity(3)                           # 单位数组
array([[ 1.,  0.,  0.],
       [ 0.,  1.,  0.],
       [ 0.,  0.,  1.]])
>>> np.identity(2)
array([[ 1.,  0.],
       [ 0.,  1.]])
>>> np.empty((3,3))                          # 空数组，3 行 3 列
array([[ 0.,  0.,  0.],
       [ 0.,  0.,  0.],
       [ 0.,  0.,  0.]])
>>> np.hamming(20)                           # Hamming 窗口，20 个元素
array([0.08      , 0.10492407, 0.17699537, 0.28840385, 0.42707668,
       0.5779865 , 0.7247799 , 0.85154952, 0.94455793, 0.9937262 ,
       0.9937262 , 0.94455793, 0.85154952, 0.7247799 , 0.5779865 ,
```

```
            0.42707668, 0.28840385, 0.17699537,  0.10492407,  0.08       ])
>>> np.blackman(10)                     # Blackman 窗口，10 个元素
array([ -1.38777878e-17, 5.08696327e-02, 2.58000502e-01,
         6.30000000e-01, 9.51129866e-01, 9.51129866e-01,
         6.30000000e-01, 2.58000502e-01, 5.08696327e-02,
        -1.38777878e-17])
>>> np.kaiser(12, 5)                    # Kaiser 窗口，12 个元素
                                        # 第二个参数 beta=5，接近于 hamming
                                        # beta=8.6 时接近于 blackman
                                        # beta=0 时为矩形窗口
array([0.03671089, 0.16199525, 0.36683806, 0.61609304, 0.84458838,
       0.98167828, 0.98167828, 0.84458838, 0.61609304, 0.36683806,
       0.16199525, 0.03671089])
>>> np.random.randint(0, 50, 5)         # 随机数组，5 个 0 到 50 之间的数字
array([13, 47, 31, 26, 9])
>>> np.random.randint(0, 50, (3,5))     # 包含 15 个元素的二维数组，
                                        # 3 行 5 列，每个元素介于 0 到 50 之间
array([[34,  2, 33, 14, 40],
       [ 9,  5, 10, 27, 11],
       [26, 17, 10, 46, 30]])
>>> np.random.rand(10)                  # 一维数组，10 个介于[0,1)的随机数
array([0.98139326, 0.35675498, 0.30580776, 0.30379627, 0.19527425,
       0.59159936, 0.31132305, 0.20219211, 0.20073821, 0.02435331])
>>> np.random.standard_normal(5)        # 一维数组
                                        # 从标准正态分布中随机采样 5 个数字
array([2.82669067, 0.9773194, -0.72595951, -0.11343254, 0.74813065])
>>> x = np.random.standard_normal(size=(3, 4, 2))  # 三维数组
>>> x
array([[[ 0.5218421 , -1.10892934],
        [ 2.27295689,  0.9598461 ],
        [-0.92229318,  2.25708573],
        [ 0.0070173 , -0.30608704]],

       [[ 1.05133704, -0.4094823 ],
        [-0.03457527, -2.3034343 ],
        [-0.45156185, -1.26174441],
        [ 0.59367951, -0.78355627]],

       [[ 0.0424474 , -1.75202307],
        [-0.43457619, -0.96445206],
        [ 0.28342028,  1.27303125],
        [-0.15312326,  2.0399687 ]]])
>>> np.diag([1,2,3])                    # 对角矩阵，给定的数据位于对角线上
array([[1, 0, 0],
       [0, 2, 0],
       [0, 0, 3]])
>>> np.diag([1,2,3,4])                  # 对角矩阵
array([[1, 0, 0, 0],
       [0, 2, 0, 0],
       [0, 0, 3, 0],
       [0, 0, 0, 4]])
```

（2）测试两个数组的对应元素是否都足够接近

```
>>> x = np.array([1, 2, 3, 4.001, 5])
>>> y = np.array([1, 1.999, 3, 4.01, 5.1])
>>> np.allclose(x, y)                    # 使用默认的相对误差和绝对误差
False
>>> np.allclose(x, y, rtol=0.2)          # 设置相对误差参数
True
>>> np.allclose(x, y, atol=0.2)          # 设置绝对误差参数
True
>>> import math                          # 使用内置函数和标准库函数实现同样功能
>>> all(map(lambda i,j: math.isclose(i,j,rel_tol=0.2), x, y))
True
```

（3）修改数组中的元素值

```
>>> x = np.arange(8)
>>> x
array([0, 1, 2, 3, 4, 5, 6, 7])
>>> np.append(x, 8)                      # 返回新数组，增加元素
array([0, 1, 2, 3, 4, 5, 6, 7, 8])
>>> np.append(x, [9,10])                 # 返回新数组，在尾部追加多个元素
array([0, 1, 2, 3, 4, 5, 6, 7, 9, 10])
>>> x                                    # 不影响原来的数组
array([0, 1, 2, 3, 4, 5, 6, 7])
>>> x[3] = 8                             # 原地修改元素值
>>> x
array([0, 1, 2, 8, 4, 5, 6, 7])
>>> np.insert(x, 1, 8)                   # 返回新数组，插入元素
array([0, 8, 1, 2, 8, 4, 5, 6, 7])
>>> x = np.array([[1,2,3], [4,5,6], [7,8,9]])
>>> x[0, 2] = 4                          # 修改第 0 行第 2 列的元素值
>>> x[1:, 1:] = 1                        # 使用切片，同时修改多个元素为相同值
>>> x
array([[1, 2, 4],
       [4, 1, 1],
       [7, 1, 1]])
>>> x[1:, 1:] = [1,2]                    # 同时修改多个元素值
>>> x
array([[1, 2, 4],
       [4, 1, 2],
       [7, 1, 2]])
>>> x[1:, 1:] = [[1,2],[3,4]]            # 同时修改多个元素值
>>> x
array([[1, 2, 4],
       [4, 1, 2],
       [7, 3, 4]])
```

（4）数组与标量的计算

```
>>> x = np.array((1, 2, 3, 4, 5))        # 创建数组
>>> x
array([1, 2, 3, 4, 5])
>>> x * 2                                # 数组与数值相乘，返回新数组
```

```
array([ 2, 4, 6, 8, 10])
>>> x / 2                                    # 数组与数值相除,不修改原数组
array([ 0.5, 1. , 1.5, 2. , 2.5])
>>> x // 2                                   # 数组与数值整除
array([0, 1, 1, 2, 2], dtype=int32)
>>> x ** 3                                   # 幂运算
                                             # 返回数组中每个元素的 3 次方组成的新数组
                                             # 即 1**3、2**3、3**3、4**3、5**3
array([1, 8, 27, 64, 125], dtype=int32)
>>> x + 2                                    # 数组与数值相加,每个元素与数值相加
array([3, 4, 5, 6, 7])
>>> x % 3                                    # 余数,计算每个元素与数值的余数
array([1, 2, 0, 1, 2], dtype=int32)
>>> 2 ** x                                   # 分别计算 2**1、2**2、2**3、2**4、2**5
array([2, 4, 8, 16, 32], dtype=int32)
>>> 2 / x
array([2. ,1. ,0.66666667, 0.5, 0.4])
>>> 63 // x
array([63, 31, 21, 15, 12], dtype=int32)
```

(5) 数组与数组的四则运算

```
>>> a = np.array((1, 2, 3))
>>> a + a                                    # 等长数组之间的加法运算,对应元素相加
array([2, 4, 6])
>>> a * a                                    # 等长数组之间的乘法运算,对应元素相乘
array([1, 4, 9])
>>> a - a                                    # 等长数组之间的减法运算,对应元素相减
array([0, 0, 0])
>>> a / a                                    # 等长数组之间的除法运算,对应元素相除
array([ 1., 1., 1.])
>>> np.array([1, 2, 3, 4]) + np.array([4])
                                             # 数组中每个元素加 4,等价于数组与 4 相加
array([5, 6, 7, 8])
>>> b = np.array(([1, 2, 3], [4, 5, 6], [7, 8, 9]))
>>> a + b                                    # a 中每个元素加 b 中对应列所有元素
                                             # a 中第一个元素与 b 中第一列元素相加
                                             # a 中第二个元素与 b 中第二列元素相加
                                             # a 中第三个元素与 b 中第三列元素相加
array([[ 2, 4, 6],
       [ 5, 7, 9],
       [ 8, 10, 12]])
>>> c = a * b                                # 不同形状的数组相乘
>>> c                                        # a 中的每个元素乘以 b 中的对应列元素
                                             # a 中第一个元素与 b 中第一列元素相乘
                                             # a 中第二个元素与 b 中第二列元素相乘
                                             # a 中第三个元素与 b 中第三列元素相乘
array([[ 1, 4, 9],
       [ 4, 10, 18],
       [ 7, 16, 27]])
>>> c / b                                    # 数组之间的除法运算
array([[ 1., 2., 3.],
```

```
        [ 1.,  2.,  3.],
        [ 1.,  2.,  3.]])
>>> c / a
array([[ 1.,  2.,  3.],
       [ 4.,  5.,  6.],
       [ 7.,  8.,  9.]])
```

(6) 数组元素的排序

```
>>> x = np.array([3, 1, 2])
>>> np.argsort(x)                   # 返回排序后元素的原下标
array([1, 2, 0], dtype=int64)
>>> x[_]                            # 使用数组做下标，获取排序后的元素
array([1, 2, 3])
>>> x = np.array([3, 1, 2, 4])
>>> x.argmax(), x.argmin()          # 最大值和最小值的下标
(3, 1)
>>> np.argsort(x)
array([1, 2, 0, 3], dtype=int64)
>>> x[_]
array([1, 2, 3, 4])
>>> x.sort()                        # 原地排序
>>> x
array([1, 2, 3, 4])
>>> x = np.array([[3, 1, 9], [0, 8, 5]])
>>> np.argsort(x, axis=0)           # 二维数组纵向排序后元素的原下标
                                    # 第一列 1、0 表示原数组中上面的元素大
                                    # 第二列 0、1 表示原数组中上面的元素小
array([[1, 0, 1],
       [0, 1, 0]], dtype=int64)
>>> np.argsort(x, axis=1)           # 二维数组横向排序后元素的原下标
                                    # 第一行 1、0、2 表示下标 1 的元素最小
                                    # 下标 0 的元素稍大一点，下标 2 的元素最大
array([[1, 0, 2],
       [0, 2, 1]], dtype=int64)
>>> x.sort(axis=0)                  # 二维数组原地纵向排序
>>> x
array([[0, 1, 5],
       [3, 8, 9]])
```

(7) 数组内积运算

```
>>> a = np.array((5, 6, 7))
>>> b = np.array((6, 6, 6))
>>> a.dot(b)                        # 向量内积
108
>>> np.dot(a, b)
108
>>> sum(a*b)                        # 对应分量乘积之和
108
```

(8) 访问数组元素

```
>>> b = np.array(([1,2,3], [4,5,6], [7,8,9]))
```

```
>>> b[0]                              # 第 0 行
array([1, 2, 3])
>>> b[0][0]                           # 第 0 行第 0 列的元素值
1
>>> b[0, 2]                           # 第 0 行第 2 列的元素值
3
>>> b[[0,1]]                          # 第 0 行和第 1 行
array([[1, 2, 3],
       [4, 5, 6]])
>>> b[[0,1], [1,2]]                   # 第 0 行第 1 列的元素和第 1 行第 2 列的元素
                                      # 内部第一个列表表示行下标，第二个列表表示列下标
array([2, 6])
```

（9）数组对函数运算的支持

```
>>> x = np.arange(0, 100, 10, dtype=np.floating)
>>> np.sin(x)                         # 数组中所有元素求正弦值，返回新数组
array([ 0.        , -0.54402111,  0.91294525, -0.98803162,  0.74511316,
       -0.26237485, -0.30481062,  0.77389068, -0.99388865,  0.89399666])
>>> b = np.array(([1, 2, 3], [4, 5, 6], [7, 8, 9]))
>>> np.cos(b)                         # 数组中所有元素求余弦值，返回新数组
array([[ 0.54030231, -0.41614684, -0.9899925 ],
       [-0.65364362,  0.28366219,  0.96017029],
       [ 0.75390225, -0.14550003, -0.91113026]])
>>> np.round(_)                       # 四舍五入，返回新数组
array([[ 1., -0., -1.],
       [-1.,  0.,  1.],
       [ 1., -0., -1.]])
```

（10）改变数组大小

```
>>> a = np.arange(1, 11, 1)
>>> a
array([ 1,  2,  3,  4,  5,  6,  7,  8,  9, 10])
>>> a.shape = 2, 5                    # 改为 2 行 5 列，原地修改
>>> a
array([[ 1,  2,  3,  4,  5],
       [ 6,  7,  8,  9, 10]])
>>> a.shape = 5, -1                   # -1 表示自动计算，原地修改
>>> a
array([[ 1,  2],
       [ 3,  4],
       [ 5,  6],
       [ 7,  8],
       [ 9, 10]])
>>> b = a.reshape(2, 5)               # reshape()方法返回新数组
>>> b
array([[ 1,  2,  3,  4,  5],
       [ 6,  7,  8,  9, 10]])
>>> x = np.array(range(5))
>>> x.reshape((1, 10))                # reshape()不能修改数组元素个数，出错
Traceback (most recent call last):
  File "<pyshell#100>", line 1, in <module>
```

```
        x.reshape((1, 10))
ValueError: total size of new array must be unchanged
>>> x.resize((1,10))                    # resize()可以改变数组元素个数
                                        # 尾部追加 0
>>> x
array([[0, 1, 2, 3, 4, 0, 0, 0, 0, 0]])
```

(11) 使用切片访问数组元素

```
>>> a = np.arange(10)
>>> a
array([0, 1, 2, 3, 4, 5, 6, 7, 8, 9])
>>> a[::-1]                             # 反向切片
array([9, 8, 7, 6, 5, 4, 3, 2, 1, 0])
>>> a[::2]                              # 隔一个取一个元素
array([0, 2, 4, 6, 8])
>>> a[:5]                               # 前 5 个元素
array([0, 1, 2, 3, 4])
>>> c = np.arange(25).reshape(5,5)      # 创建二维数组
>>> c
array([[ 0,  1,  2,  3,  4],
       [ 5,  6,  7,  8,  9],
       [10, 11, 12, 13, 14],
       [15, 16, 17, 18, 19],
       [20, 21, 22, 23, 24]])
>>> c[0, 2:5]                           # 第 0 行中下标[2,5)之间的元素值
array([2, 3, 4])
>>> c[2:5, 2:5]                         # 行下标和列下标都介于[2,5)之间的元素值
array([[12, 13, 14],
       [17, 18, 19],
       [22, 23, 24]])
>>> c[[1,3], 2:4]                       # 第 1 行和第 3 行的第 2、3 列
array([[ 7,  8],
       [17, 18]])
```

(12) 数组布尔运算

```
>>> x = np.random.rand(10)              # 包含 10 个随机数的数组
>>> x
array([0.56707504, 0.07527513, 0.0149213,  0.49157657, 0.75404095,
       0.40330683, 0.90158037, 0.36465894, 0.37620859, 0.62250594])
>>> x > 0.5                             # 比较数组中每个元素值是否大于 0.5
                                        # 返回一个包含若干 True/False 的数组
                                        # 第一个 True 表示原数组中第一个元素大于 0.5
                                        # 第二个 False 表示原数组中第二个元素不大于 0.5
array([True, False, False, False, True, False, True, False, False, True], dtype=bool)
>>> x[x>0.5]                            # 获取数组中大于 0.5 的元素
                                        # 使用包含 True/False 的数组做下标
                                        # 返回所有 True 对应位置上的元素
array([ 0.56707504, 0.75404095, 0.90158037, 0.62250594])
>>> np.all(x<1)                         # 测试是否全部元素都小于 1
True
>>> np.any([1,2,3,4])                   # 是否存在等价于 True 的元素
```

```
True
>>> np.any([0])
False
>>> a = np.array([1, 2, 3])
>>> b = np.array([3, 2, 1])
>>> a > b                              # 两个数组中对应位置上的元素比较
array([False, False, True], dtype=bool)
>>> a[a>b]                             # 数组 a 中大于 b 数组对应位置上元素的值
array([3])
>>> a == b
array([False, True, False], dtype=bool)
>>> a[a==b]                            # 两个数组对应位置上相等的元素组成的数组
array([2])
>>> x = np.arange(1, 10)
>>> x
array([1, 2, 3, 4, 5, 6, 7, 8, 9])
>>> x[(x%2==0)&(x>5)]                  # "布尔与"运算,返回大于 5 的偶数组成的数组
array([6, 8])
>>> x[(x%2==0)|(x>5)]                  # "布尔或"运算,偶数或大于 5 的数
array([2, 4, 6, 7, 8, 9])
```

（13）分段函数

```
>>> x = np.random.randint(0, 10, size=(1,10))
>>> x
array([[0, 4, 3, 3, 8, 4, 7, 3, 1, 7]])
>>> np.where(x<5, 0, 1)                # 小于 5 的元素值对应 0,其他对应 1
array([[0, 0, 0, 0, 1, 0, 1, 0, 0, 1]])
>>> np.piecewise(x, [x<4, x>7], [lambda x:x*2, lambda x:x*3])
                                       # 小于 4 的元素乘以 2
                                       # 大于 7 的元素乘以 3
                                       # 其他元素变为 0
array([[ 0, 0, 6, 6, 24, 0, 0, 6, 2, 0]])
```

（14）计算元素出现次数与唯一值

```
>>> x = np.random.randint(0, 10, 7)
>>> x
array([8, 7, 7, 5, 3, 8, 0])
>>> np.bincount(x)                     # 数组长度取决于值最大的元素
                                       # 0 出现 1 次,1、2 没出现,3 出现 1 次,以此类推
array([1, 0, 0, 1, 0, 1, 0, 2, 2], dtype=int64)
>>> np.unique(x)                       # 返回唯一元素值
array([0, 3, 5, 7, 8])
```

任务 12.2　掌握矩阵运算与常用操作

扩展库 NumPy 中的 matrix 类可以用来把 Python 列表、元组等数据转换为矩阵。矩阵类型的功能非常强大，支持矩阵转置、矩阵与标量的四则运算、矩阵乘法、行列式、特征值与特征向量计算、逆矩阵、QR 分解、奇异值分解以及线性方程组求解等。

（1）创建矩阵

```
>>> a_mat = np.matrix([3, 5, 7])
>>> a_mat
matrix([[3, 5, 7]])
>>> c_mat = np.matrix([[1, 5, 3], [2, 9, 6]])
>>> c_mat
matrix([[1, 5, 3],
        [2, 9, 6]])
```

（2）矩阵转置

```
>>> a_mat.T                                # 矩阵转置
matrix([[3],
        [5],
        [7]])
>>> a_mat.shape                            # 查看矩阵形状
(1, 3)
>>> a_mat.size                             # 查看矩阵中的元素个数
3
```

（3）计算矩阵特征

```
>>> a_mat.mean()                           # 所有元素平均值
5.0
>>> a_mat.sum()                            # 所有元素之和
15
>>> a_mat.max()                            # 所有元素的最大值
7
>>> a_mat.max(axis=1)                      # 横向最大值
matrix([[7]])
>>> a_mat.max(axis=0)                      # 纵向最大值
matrix([[3, 5, 7]])
```

（4）矩阵相乘

```
>>> b_mat = np.matrix((1, 2, 3))           # 创建矩阵
>>> b_mat
matrix([[1, 2, 3]])
>>> a_mat * b_mat.T                        # 矩阵相乘
                                           # 要求前面矩阵列数等于后面矩阵行数
matrix([[34]])
```

（5）计算相关系数矩阵（对称矩阵，对角线上元素表示自相关系数）

```
>>> np.corrcoef([1,2,3,4], [4,3,2,1])      # 负相关，变化方向相反
array([[ 1., -1.],
       [-1.,  1.]])
>>> np.corrcoef([1,2,3,4], [1,2,3,4])      # 正相关，变化方向一致
array([[ 1.,  1.],
       [ 1.,  1.]])
>>> np.corrcoef([1,2,3,4], [1,2,3,40])     # 正相关，变化趋势接近
array([[ 1.       ,  0.8010362],
       [ 0.8010362,  1.       ]])
```

(6) 计算方差和协方差

```
>>> np.cov([1,1,1,1,1])           # 方差
array(0.0)
>>> x = [-2.1, -1, 4.3]
>>> y = [3, 1.1, 0.12]
>>> print(np.cov(x))
11.709999999999999
>>> print(np.cov(x, y))           # 主对角线上的元素是方差，其他元素是协方差
[[ 11.71        -4.286     ]
 [ -4.286        2.14413333]]
```

(7) 计算特征值与特征向量

```
>>> import numpy as np
>>> e, v = np.linalg.eig([[1,2], [2,1]])    # 返回矩阵的特征值与特征向量
>>> e
array([ 3., -1.])
>>> v
array([[ 0.70710678, -0.70710678],
       [ 0.70710678,  0.70710678]])
```

(8) 计算逆矩阵

```
>>> import numpy as np
>>> x = np.matrix([[1,2], [3,4]])
>>> y = np.linalg.inv(x)          # 计算逆矩阵，参数可以是列表、数组、矩阵
>>> x * y                         # 非对角线元素接近或等于0，单位矩阵
matrix([[ 1.00000000e+00,  1.11022302e-16],
        [ 0.00000000e+00,  1.00000000e+00]])
>>> y * x
matrix([[ 1.00000000e+00,  4.44089210e-16],
        [ 0.00000000e+00,  1.00000000e+00]])
```

(9) 计算行列式

```
>>> import numpy as np
>>> a = [[1,2], [3,4]]
>>> np.linalg.det(a)              # 计算行列式，参数可以是列表、数组、矩阵
-2.0000000000000004
>>> a = np.array([[1,2,3], [5,6,7], [9,10,11]])
>>> np.linalg.det(a)
2.0724163126336178e-15
```

(10) 矩阵奇异值分解

```
>>> import numpy as np
>>> a = np.arange(60).reshape(5, -1)
>>> a
array([[ 0,  1,  2,  3,  4,  5,  6,  7,  8,  9, 10, 11],
       [12, 13, 14, 15, 16, 17, 18, 19, 20, 21, 22, 23],
       [24, 25, 26, 27, 28, 29, 30, 31, 32, 33, 34, 35],
       [36, 37, 38, 39, 40, 41, 42, 43, 44, 45, 46, 47],
       [48, 49, 50, 51, 52, 53, 54, 55, 56, 57, 58, 59]])
>>> U, s, V = np.linalg.svd(a, full_matrices=False)
>>> np.dot(U, np.dot(np.diag(s), V))
```

```
array([[ 7.01764278e-15,    1.00000000e+00,    2.00000000e+00,
         3.00000000e+00,    4.00000000e+00,    5.00000000e+00,
         6.00000000e+00,    7.00000000e+00,    8.00000000e+00,
         9.00000000e+00,    1.00000000e+01,    1.10000000e+01],
       [ 1.20000000e+01,    1.30000000e+01,    1.40000000e+01,
         1.50000000e+01,    1.60000000e+01,    1.70000000e+01,
         1.80000000e+01,    1.90000000e+01,    2.00000000e+01,
         2.10000000e+01,    2.20000000e+01,    2.30000000e+01],
       [ 2.40000000e+01,    2.50000000e+01,    2.60000000e+01,
         2.70000000e+01,    2.80000000e+01,    2.90000000e+01,
         3.00000000e+01,    3.10000000e+01,    3.20000000e+01,
         3.30000000e+01,    3.40000000e+01,    3.50000000e+01],
       [ 3.60000000e+01,    3.70000000e+01,    3.80000000e+01,
         3.90000000e+01,    4.00000000e+01,    4.10000000e+01,
         4.20000000e+01,    4.30000000e+01,    4.40000000e+01,
         4.50000000e+01,    4.60000000e+01,    4.70000000e+01],
       [ 4.80000000e+01,    4.90000000e+01,    5.00000000e+01,
         5.10000000e+01,    5.20000000e+01,    5.30000000e+01,
         5.40000000e+01,    5.50000000e+01,    5.60000000e+01,
         5.70000000e+01,    5.80000000e+01,    5.90000000e+01]])
>>> np.allclose(a, np.dot(U, np.dot(np.diag(s), V)))
True
```

(11) 矩阵 QR 分解

```
>>> import numpy as np
>>> a = np.matrix([[1,2,3], [4,5,6]])
>>> q, r = np.linalg.qr(a)              # QR 分解
>>> np.dot(q,r)                         # 验证结果
matrix([[ 1.,  2.,  3.],
        [ 4.,  5.,  6.]])
```

(12) 求解线性方程组 ax=b 的解

```
>>> import numpy as np
>>> a = np.array([[3,1], [1,2]])        # 系数矩阵
>>> b = np.array([9,8])                 # 系数矩阵
>>> x = np.linalg.solve(a, b)           # 求解
>>> x
array([ 2.,  3.])
>>> np.dot(a, x)                        # 验证结果
array([ 9.,  8.])
```

(13) 计算矩阵和向量的范数

```
>>> import numpy as np
>>> x = np.matrix([[1,2], [3,-4]])
>>> np.linalg.norm(x)                   # (1**2+2**2+3**2+(-4)**2)**0.5
5.477225575051661
>>> np.linalg.norm(x, -2)               # smallest singular value
1.9543950758485487
>>> np.linalg.norm(x, -1)               # min(sum(abs(x), axis=0))
4.0
>>> np.linalg.norm(x, 1)                # max(sum(abs(x), axis=0))
```

```
6.0
>>> np.linalg.norm(np.array([1,2,3,4]), 3)
4.6415888336127784
```

习题

一、填空题

1. NumPy 是 Python 扩展库，使用前需要首先使用命令_____安装。

2. 假设已执行语句 import numpy as np，那么表达式 len(np.arange(1,8,3)) 的值为_____。

3. 假设已执行语句 import numpy as np，那么表达式 np.zeros((3,5)).size 的值为_____。

4. 假设已执行语句 import numpy as np 和 x = np.array((1,2,3,4,5))，那么表达式 sum(x*2) 的值为_____。

5. 假设已执行语句 import numpy as np 和 x = np.array((1,2,3,4,5))，那么表达式 sum(x**2) 的值为_____。

6. 假设已执行语句 import numpy as np 和 c = np.arange(25).reshape(5,5)，那么表达式 c[[2,4], 3:].sum() 的值为_____。

7. 假设已执行语句 import numpy as np 和 c = np.matrix([1,2,3])，那么表达式 c*c.T 的值为_____。

8. 下面程序的输出结果为_____。

```
importnumpy as np

x = np.array([1, 2, 3, 4])
y = np.array([[5], [6], [7]])
print((x*y/y).shape)
```

9. 已知 x = np.array((1, 2, 3, 4, 5))，那么表达式 sum(x*x) 的值为_____。

10. 已知 x = np.array((1, 2, 3, 4, 5))，那么表达式 (x**2).max() 的值为_____。

11. 假设已执行语句 import numpy as np，那么表达式 np.ones((3,5)).size 的值为_____。

12. 假设已执行语句 import numpy as np 和 c = np.arange(25).reshape(5,5)，那么表达式 c[[2,4], 3:].sum() 的值为_____。

二、编程题

输入线性方程组 ax=b 中的矩阵 a 和 b，使用 NumPy 求解并输出 x 的值。

关注微信公众号"Python 小屋"，发送消息"小屋刷题"，下载"Python 小屋刷题软件"客户端，练习客观题和编程题中"NumPy"相关的题目。

项目 13 使用 Pandas 分析与处理数据

Python 数据分析模块 Pandas 提供了大量数据模型和高效操作大型数据集所需要的工具，可以说 Pandas 是使得 Python 能够成为高效且强大的数据分析环境的重要因素之一。Pandas 提供了大量的函数用于采集、生成、访问、修改、保存不同类型的数据，处理缺失值、重复值、异常值，并能够结合另一个扩展库 Matplotlib 进行数据可视化。

学习目标

- 掌握 Pandas 的基本操作
- 掌握缺失值处理方法
- 掌握重复值处理方法
- 掌握异常值处理方法
- 了解如何使用 Pandas 结合 Matplotlib 进行数据可视化

素养目标

- 引导学生遵守大数据伦理学
- 引导学生理解数据选择、分析角度、分析方法对结论的影响
- 引导学生遵守数据分析师相关职业道德
- 培养学生编写高效代码的习惯和意识
- 培养学生学以致用的习惯和意识

任务 13.1 电影演员数据分析 — 掌握 Pandas 常用操作

Pandas 主要提供了 3 种数据结构，具体如下。
1）Series，带标签的一维数组。
2）DataFrame，带标签的二维表格结构。
3）DatetimeIndex，日期时间索引数组。
本书重点介绍 DataFrame 对象的操作。

1. 创建一维数组

首先导入扩展库 NumPy 和扩展库 Pandas。按 Python 社区的惯例，在导入扩展库 NumPy 时会起一个别名 np，在导入扩展库 Pandas 时会起一个别名 pd。

```
>>> import numpy as np
>>> import pandas as pd
```

（1）创建 Series 一维数组

扩展库 Pandas 中的 Series 类用来创建一维数组，可以接收 Python 列表、元组、range 对象、map 对象等可迭代对象作为参数。

```
>>> pd.Series([1, 3, 5, np.nan])        # 把 Python 列表转换为一维数组
                                        # np.nan 表示非数字
0    1.0
1    3.0
2    5.0
3    NaN
dtype: float64
>>> pd.Series(range(5))                 # 把 Python 的 range 对象转换为一维数组
0    0
1    1
2    2
3    3
4    4
dtype: int32
>>> pd.Series(range(5), index=list('abcde'))    # 指定索引
a    0
b    1
c    2
d    3
e    4
dtype: int32
```

（2）创建日期时间数组

在默认情况下，创建 Series 和 DataFrame 对象时，会自动使用从 0 开始的非负整数作为索引。也可以使用字符串作为索引，如上一段代码。在分析时间序列数据时，可能会需要使用日期作为索引，可以使用 pandas 模块的 date_range() 函数来生成。

```
>>> pd.date_range(start='20230101', end='20231231', freq='H')
                                                        # 间隔为小时
DatetimeIndex(['2023-01-01 00:00:00', '2023-01-01 01:00:00',
               '2023-01-01 02:00:00', '2023-01-01 03:00:00',
               '2023-01-01 04:00:00', '2023-01-01 05:00:00',
               '2023-01-01 06:00:00', '2023-01-01 07:00:00',
               '2023-01-01 08:00:00', '2023-01-01 09:00:00',
               ...
               '2023-12-30 15:00:00', '2023-12-30 16:00:00',
               '2023-12-30 17:00:00', '2023-12-30 18:00:00',
               '2023-12-30 19:00:00', '2023-12-30 20:00:00',
               '2023-12-30 21:00:00', '2023-12-30 22:00:00',
               '2023-12-30 23:00:00', '2023-12-31 00:00:00'],
              dtype='datetime64[ns]', length=8737, freq='H')
>>> pd.date_range(start='20230101', end='20231231', freq='D')
                                                        # 间隔为天
DatetimeIndex(['2023-01-01', '2023-01-02', '2023-01-03', '2023-01-04',
               '2023-01-05', '2023-01-06', '2023-01-07', '2023-01-08',
               '2023-01-09', '2023-01-10',
               ...
```

```
                '2023-12-22', '2023-12-23', '2023-12-24', '2023-12-25',
                '2023-12-26', '2023-12-27', '2023-12-28', '2023-12-29',
                '2023-12-30', '2023-12-31'],
                dtype='datetime64[ns]', length=365, freq='D')
>>> dates = pd.date_range(start='20230101', end='20231231', freq='M')
                                                                    # 间隔为月
>>> dates
DatetimeIndex(['2023-01-31', '2023-02-28', '2023-03-31', '2023-04-30',
               '2023-05-31', '2023-06-30', '2023-07-31', '2023-08-31',
               '2023-09-30', '2023-10-31', '2023-11-30', '2023-12-31'],
               dtype='datetime64[ns]', freq='M')
```

2. 二维数组 DataFrame 的操作

（1）创建二维数组

使用 Pandas 的 DataFrame 类可以使用不同的形式创建二维数组，可以使用 index 参数指定索引和使用 columns 指定列名。

1）可以根据 NumPy 的二维数组生成 Pandas 的二维数组。以下代码生成的 12 行 4 列的二维数组 DataFrame，索引为上一段代码生成的 dates（间隔为月），列名分别为 A、B、C、D。

```
>>> pd.DataFrame(np.random.randn(12,4),        # 数据
                index=dates,                    # 索引
                columns=list('ABCD'))           # 列名
                  A         B         C         D
2023-01-31   1.060900  0.697288 -0.058990 -0.487499
2023-02-28  -0.353329  1.160652 -0.277649  1.076614
2023-03-31   2.323984 -0.435853 -0.591344 -0.754395
2023-04-30  -0.077860 -0.432890  1.318615  0.125510
2023-05-31  -0.993383 -1.064773 -0.430447 -3.073572
2023-06-30  -0.390067 -1.549639  0.984916  1.046770
2023-07-31   1.699242  1.088068  1.531813 -0.430381
2023-08-31   0.044789  0.602462 -1.990035 -0.450742
2023-09-30  -0.200117 -0.656987 -0.198375 -0.018999
2023-10-31  -0.326242 -0.105304 -1.512876  0.166772
2023-11-30  -0.057293 -1.153748 -0.875683  1.784142
2023-12-31  -0.285507  0.937567 -0.891066  0.135078
```

2）可以根据 Python 字典生成 Pandas 的二维数组。以下代码生成的 4 行 6 列的二维数组中，A 列是[1, 100)的随机正数，B 列为通过 date_range( )函数生成的日期时间序列，C 列为 Pandas 的 Series 一维数组并指定了索引，D 列为 NumPy 一维数组，E 列为 Pandas 的 Categorical 类型的一维数组，F 列为 4 个字符串。

```
>>> df = pd.DataFrame({'A':np.random.randint(1, 100, 4),
        'B':pd.date_range(start='20230301', periods=4, freq='D'),
        'C':pd.Series([1, 2, 3, 4],
                      index=['zhang', 'li', 'zhou', 'wang'],
                      dtype='float32'),
        'D':np.array([3] * 4, dtype='int32'),
        'E':pd.Categorical(['test','train','test','train']),
        'F':'foo'})
>>> df
       A         B         C    D    E    F
```

```
            zhang   60  2023-03-01  1.0  3  test   foo
            li      36  2023-03-02  2.0  3  train  foo
            zhou    45  2023-03-03  3.0  3  test   foo
            wang    98  2023-03-04  4.0  3  train  foo
```

说明：本节接下来对于二维数组操作的介绍，主要是在上面创建的 4 行 6 列的二维数组 df 的基础上进行的。

（2）查看二维数组数据

```
>>> df.head()              # 默认显示前 5 行，不过这里的 df 只有 4 行数据
         A   B           C    D   E      F
zhang   60  2023-03-01  1.0   3  test   foo
li      36  2023-03-02  2.0   3  train  foo
zhou    45  2023-03-03  3.0   3  test   foo
wang    98  2023-03-04  4.0   3  train  foo
>>> df.head(3)             # 查看前 3 行
         A   B           C    D   E      F
zhang   60  2023-03-01  1.0   3  test   foo
li      36  2023-03-02  2.0   3  train  foo
zhou    45  2023-03-03  3.0   3  test   foo
>>> df.tail(2)             # 查看最后两行
         A   B           C    D   E      F
zhou    45  2023-03-03  3.0   3  test   foo
wang    98  2023-03-04  4.0   3  train  foo
```

（3）查看二维数组的索引、列名和值

```
>>> df.index               # 查看索引
Index(['zhang', 'li', 'zhou', 'wang'], dtype='object')
>>> df.columns             # 查看列名
Index(['A', 'B', 'C', 'D', 'E', 'F'], dtype='object')
>>> df.values              # 查看值
array([[60, Timestamp('2023-03-01 00:00:00'), 1.0, 3, 'test', 'foo'],
       [36, Timestamp('2023-03-02 00:00:00'), 2.0, 3, 'train', 'foo'],
       [45, Timestamp('2023-03-03 00:00:00'), 3.0, 3, 'test', 'foo'],
       [98, Timestamp('2023-03-04 00:00:00'), 4.0, 3, 'train', 'foo']], dtype=object)
```

（4）查看二维数组的统计信息

```
>>> df.describe()          # 平均值、标准差、最小值、最大值等信息
            A          C         D
count   4.000000   4.000000    4.0
mean   59.750000   2.500000    3.0
std    27.354159   1.290994    0.0
min    36.000000   1.000000    3.0
25%    42.750000   1.750000    3.0
50%    52.500000   2.500000    3.0
75%    69.500000   3.250000    3.0
max    98.000000   4.000000    3.0
```

（5）对二维数组进行排序

```
>>> df.sort_index(axis=0, ascending=False)  # 根据行标签进行降序排序
         A   B   C   D   E   F
```

```
zhou    45  2023-03-03  3.0  3  test   foo
zhang   60  2023-03-01  1.0  3  test   foo
wang    98  2023-03-04  4.0  3  train  foo
li      36  2023-03-02  2.0  3  train  foo
>>> df.sort_index(axis=0, ascending=True)        # 根据行标签进行升序排序
        A   B           C    D  E      F
li      36  2023-03-02  2.0  3  train  foo
wang    98  2023-03-04  4.0  3  train  foo
zhang   60  2023-03-01  1.0  3  test   foo
zhou    45  2023-03-03  3.0  3  test   foo
>>> df.sort_index(axis=1, ascending=False)       # 根据列标签进行降序排序
        F    E      D  C    B           A
zhang   foo  test   3  1.0  2023-03-01  60
li      foo  train  3  2.0  2023-03-02  36
zhou    foo  test   3  3.0  2023-03-03  45
wang    foo  train  3  4.0  2023-03-04  98
>>> df.sort_values(by='A')                       # 按 A 列对数据进行升序排序
        A   B           C    D  E      F
li      36  2023-03-02  2.0  3  train  foo
zhou    45  2023-03-03  3.0  3  test   foo
zhang   60  2023-03-01  1.0  3  test   foo
wang    98  2023-03-04  4.0  3  train  foo
>>> df.sort_values(by=['E', 'C'])                # 先按 E 列升序排序
                                                 # 如果 E 列相同，再按 C 列升序排序
        A   B           C    D  E      F
Zhang   60  2023-03-01  1.0  3  test   foo
zhou    45  2023-03-03  3.0  3  test   foo
li      36  2023-03-02  2.0  3  train  foo
wang    98  2023-03-04  4.0  3  train  foo
```

（6）二维数组数据的选择与访问

```
>>> df['A']                           # 选择某一列数据
zhang   60
li      36
zhou    45
wang    98
Name: A, dtype: int32
>>> 60 in df['A']                     # df['A']是一个类似于字典的结构
                                      # 索引类似于字典的"键"
                                      # 默认是访问字典的"键"，而不是"值"
False
>>> 60 in df['A'].values              # 测试 60 这个数值是否在 A 列的值中
True
>>> df[0:2]                           # 使用切片选择多行
        A   B           C    D  E      F
zhang   60  2023-03-01  1.0  3  test   foo
li      36  2023-03-02  2.0  3  train  foo
>>> df.loc[:, ['A', 'C']]             # 选择多列
        A   C
zhang   60  1.0
li      36  2.0
zhou    45  3.0
```

```
wang    98   4.0
>>> df.loc[['zhang', 'zhou'], ['A', 'D', 'E']]     # 同时指定多行和多列
        A   D   E
zhang  60   3  test
zhou   45   3  test
>>> df.loc['zhang', ['A', 'D', 'E']]               # 查看'zhang'的3列数据
A     60
D      3
E    test
Name: zhang, dtype: object
>>> df.at['zhang', 'A']                            # 查询指定行、列位置的数据值
60
>>> df.at['zhang', 'D']
3
>>> df.iloc[3]                                     # 查询行下标为3的数据
A                     98
B    2023-03-04 00:00:00
C                      4
D                      3
E                  train
F                    foo
Name: wang, dtype: object
>>> df.iloc[0:3, 0:4]                              # 查询二维数组前3行、前4列数据
        A          B    C  D
zhang  60 2023-03-01  1.0  3
li     36 2023-03-02  2.0  3
zhou   45 2023-03-03  3.0  3
>>> df.iloc[[0, 2, 3], [0, 4]]                     # 查询二维数组指定的多行、多列数据
        A      E
zhang  60   test
zhou   45   test
wang   98  train
>>> df.iloc[0,1]                                   # 查询二维数组第0行第1列位置的数据值
Timestamp('2023-01-01 00:00:00')
>>> df.iloc[2,2]                                   # 查询二维数组第2行第2列位置的数据值
3.0
>>> df[df.A>50]                                    # 查询A列大于50的所有行
        A          B    C  D    E    F
zhang  60 2023-03-01  1.0  3  test  foo
wang   98 2023-03-04  4.0  3 train  foo
>>> df[df['E']=='test']                            # 查询E列为'test'的所有行
        A          B    C  D    E    F
zhang  60 2023-03-01  1.0  3  test  foo
zhou   45 2023-03-03  3.0  3  test  foo
>>> df[df['A'].isin([45,60])]                      # 查询A列值为45或60的所有行
        A          B    C  D    E    F
zhang  60 2023-03-01  1.0  3  test  foo
zhou   45 2023-03-03  3.0  3  test  foo
>>> df.nlargest(3, ['C'])                          # 返回C列值最大的前3行
        A          B    C  D     E    F
wang   98 2023-03-04  4.0  3 train  foo
zhou   45 2023-03-03  3.0  3  test  foo
```

```
li      36   2023-03-02   2.0   3    train   foo
>>> df.nlargest(3, ['A'])          # 返回 A 列值最大的前 3 行
          A    B            C     D    E       F
wang    98   2023-03-04   4.0   3    train   foo
zhang   60   2023-03-01   1.0   3    test    foo
zhou    45   2023-03-03   3.0   3    test    foo
```

（7）二维数组的数据修改

```
>>> df.iat[0, 2] = 3               # 修改指定行、列位置的数据值
>>> df.loc[:, 'D'] = np.random.randint(50, 60, 4)
                                   # 修改某列的值
>>> df['C'] = -df['C']             # 对指定列数据取反
>>> df                             # 查看上面 3 个修改操作的最终结果
          A    B            C     D    E       F
zhang   60   2023-03-01   -3.0   52   test    foo
li      36   2023-03-02   -2.0   52   train   foo
zhou    45   2023-03-03   -3.0   59   test    foo
wang    98   2023-03-04   -4.0   54   train   foo
>>> dff = df[:]                    # 切片
>>> dff['C'] = dff['C'] ** 2       # 替换列数据
>>> dff
          A    B            C     D    E       F
zhang   60   2023-03-01   9.0    52   test    foo
li      36   2023-03-02   4.0    52   train   foo
zhou    45   2023-03-03   9.0    59   test    foo
wang    98   2023-03-04   16.0   54   train   foo
>>> dff = df[:]
>>> dff.loc[dff['C']==9.0, 'D'] = 100
                                   # 把 C 列值为 9 的数据行中的 D 列改为 100
>>> dff
          A    B            C     D    E       F
zhang   60   2023-03-01   9.0    100  test    foo
li      36   2023-03-02   4.0    52   train   foo
zhou    45   2023-03-03   9.0    100  test    foo
wang    98   2023-03-04   16.0   54   train   foo
>>> data = pd.DataFrame({'k1':['one'] * 3 + ['two'] * 4,
                         'k2':[1, 1, 2, 3, 3, 4, 4]})
>>> data.replace(1, 5)             # 把所有 1 替换为 5
     k1   k2
0    one   5
1    one   5
2    one   2
3    two   3
4    two   3
5    two   4
6    two   4
>>> data.replace({1:5, 'one':'ONE'})    # 使用字典指定替换关系
     k1   k2
0    ONE   5
1    ONE   5
2    ONE   2
3    two   3
```

```
4   two   3
5   two   4
6   two   4
```

（8）二维数组数据预处理

很多时候，我们拿到的数据是无法直接进行分析的，需要先进行预处理。例如，对缺失值、重复值和异常值进行处理。可以使用特定的值去替代它们，也可以丢弃包含缺失值、重复值和异常值的数据。

1）缺失值处理。这里仍以之前生成的 4 行 6 列的二维数组为例进行相应的操作演示。

```
>>> df
        A    B           C     D    E      F
zhang   60   2023-03-01  9.0   52   test   foo
li      36   2023-03-02  4.0   52   train  foo
zhou    45   2023-03-03  9.0   59   test   foo
wang    98   2023-03-04  16.0  54   train  foo
>>> df1 = df.reindex(columns=list(df.columns) + ['G'])
                                    # 增加一列，列名为 G
>>> df1                             # 其中 NaN 表示缺失值
        A    B           C     D    E      F    G
zhang   60   2023-03-01  9.0   52   test   foo  NaN
li      36   2023-03-02  4.0   52   train  foo  NaN
zhou    45   2023-03-03  9.0   59   test   foo  NaN
wang    98   2023-03-04  16.0  54   train  foo  NaN
>>> df1.iat[0, 6] = 3               # 修改指定位置元素值，该列其他元素仍为缺失值
        A    B           C     D    E      F    G
zhang   60   2023-03-01  9.0   52   test   foo  3.0
li      36   2023-03-02  4.0   52   train  foo  NaN
zhou    45   2023-03-03  9.0   59   test   foo  NaN
wang    98   2023-03-04  16.0  54   train  foo  NaN
>>> df1.dropna()                    # 返回不包含缺失值的行
        A    B           C     D    E      F    G
zhang   60   2023-03-01  9.0   52   test   foo  3.0
>>> df1['G'].fillna(5, inplace=True)    # 使用指定值原地填充缺失值
>>> df1
        A    B           C     D    E      F    G
zhang   60   2023-03-01  9.0   52   test   foo  3.0
li      36   2023-03-02  4.0   52   train  foo  5.0
zhou    45   2023-03-03  9.0   59   test   foo  5.0
wang    98   2023-03-04  16.0  54   train  foo  5.0
```

2）重复值处理。首先生成一个包含重复值、7 行 2 列的二维数组 data，然后围绕其进行操作。

```
>>> data = pd.DataFrame({'k1':['one'] * 3 + ['two'] * 4,
                         'k2':[1, 1, 2, 3, 3, 4, 4]})
>>> data
    k1   k2
0   one  1
1   one  1
2   one  2
3   two  3
```

```
4   two    3
5   two    4
6   two    4
>>> data.drop_duplicates()         # 返回新数组，删除重复行
    k1    k2
0   one    1
2   one    2
3   two    3
5   two    4
>>> data.drop_duplicates(['k1'])   # 删除 k1 列的重复数据
    k1    k2
0   one    1
3   two    3
>>> data.drop_duplicates(['k1'], keep='last')
                                   # 对于重复的数据，只保留最后一个
    k1    k2
2   one    2
6   two    4
```

3）异常值处理。首先生成一个 500 行 4 列的二维数组（这里生成的二维数组在此并未列出），以下操作围绕该二维数组进行。所谓异常值一般是指超出了正常范围的数据。对于异常值，常见的处理方式是使用正常范围的边界值进行替换，将其拉低或拉高。

```
>>> import numpy as np
>>> import pandas as pd
>>> data = pd.DataFrame(np.random.randn(500, 4))
>>> data.describe()          # 查看数据的统计信息
              0           1           2           3
count  500.000000  500.000000  500.000000  500.000000
mean    -0.077138    0.052644   -0.045360    0.024275
std      0.983532    1.027400    1.009228    1.000710
min     -2.810694   -2.974330   -2.640951   -2.762731
25%     -0.746102   -0.695053   -0.808262   -0.620448
50%     -0.096517   -0.008122   -0.113366   -0.074785
75%      0.590671    0.793665    0.634192    0.711785
max      2.763723    3.762775    3.986027    3.539378
>>> col2 = data[2]           # 获取第 2 列的数据
>>> col2[col2>3.5]           # 查询该列中大于 3.5 的数值
12    3.986027               # 12 表示行号，3.986027 是该行的数据值
Name: 2, dtype: float64
>>> col2[col2>3.0]           # 查看该列中大于 3.0 的数值
12    3.986027
Name: 2, dtype: float64
>>> col2[col2>2.5]           # 查看该列中大于 2.5 的数值
11    2.528325               # 第一列为行号
12    3.986027
41    2.775205
157   2.707940
365   2.558892
483   2.990861
Name: 2, dtype: float64
>>> data[np.abs(data)>2.5] = np.sign(data) * 2.5
```

```
                                      # 把所有数据都限定到[-2.5, 2.5]之间
>>> data.describe()
                0           1           2           3
count   500.000000  500.000000  500.000000  500.000000
mean     -0.076439    0.046131   -0.049867    0.021888
std       0.978170    0.998113    0.992184    0.990873
min      -2.500000   -2.500000   -2.500000   -2.500000
25%      -0.746102   -0.695053   -0.808262   -0.620448
50%      -0.096517   -0.008122   -0.113366   -0.074785
75%       0.590671    0.793665    0.634192    0.711785
max       2.500000    2.500000    2.500000    2.500000
```

（9）映射

映射是指把值替换为其他的值或可调用对象的处理结果。既可以把一个函数或 lambda 表达式作用到一个序列上，还支持使用字典来指定映射关系。

```
>>> data = pd.DataFrame({'k1':['one'] * 3 + ['two'] * 4,
                         'k2':[1, 1, 2, 3, 3, 4, 4]})
>>> data
    k1   k2
0  one    1
1  one    1
2  one    2
3  two    3
4  two    3
5  two    4
6  two    4
>>> data['k1'] = data['k1'].map(str.upper)    # 使用可调用对象进行映射
>>> data
    k1   k2
0  ONE    1
1  ONE    1
2  ONE    2
3  TWO    3
4  TWO    3
5  TWO    4
6  TWO    4
>>> data['k1'] = data['k1'].map({'ONE':'one', 'TWO':'two'})
                                              # 使用字典表示映射关系
>>> data
    k1   k2
0  one    1
1  one    1
2  one    2
3  two    3
4  two    3
5  two    4
6  two    4
```

（10）数据离散化

数据离散化用来把采集到的数据点分散到设定好的多个区间中，然后可以统计不同区间内数据点的频次，或者也可以在不同的区间内选择特定数据值代表该区间的数据，实现降维的效果。

```
>>> import pandas as pd
>>> from random import randrange
>>> data = [randrange(100) for _ in range(10)]    # 生成随机数
>>> data
[89, 55, 79, 73, 90, 69, 92, 46, 37, 37]
>>> category = [0, 30, 70, 100]                   # 指定数据切分的区间边界
>>> pd.cut(data, category)
[(70, 100], (30, 70], (70, 100], (70, 100], (70, 100], (30, 70], (70, 100], (30, 70], (30, 70], (30, 70]]
Categories (3, interval[int64]): [(0, 30] < (30, 70] < (70, 100]]
>>> pd.cut(data, category, right=False)           # 左闭右开区间
[[70, 100), [30, 70), [70, 100), [70, 100), [70, 100), [30, 70), [70, 100), [30, 70), [30, 70), [30, 70)]
Categories (3, interval[int64]): [[0, 30) < [30, 70) < [70, 100)]
>>> labels = ['low', 'middle', 'high']
>>> pd.cut(data, category, right=False, labels=labels)  # 指定标签
[high, middle, high, high, high, middle, high, middle, middle, middle]
Categories (3, object): [low < middle < high]
>>> pd.cut(data, 4)                               # 四分位数
[(78.25, 92.0], (50.75, 64.5], (78.25, 92.0], (64.5, 78.25], (78.25, 92.0], (64.5, 78.25], (78.25, 92.0], (36.945, 50.75], (36.945, 50.75], (36.945, 50.75]]
Categories (4, interval[float64]): [(36.945, 50.75] < (50.75, 64.5] < (64.5, 78.25] < (78.25, 92.0]]
```

（11）移位与频次统计

```
>>> df1
        A    B           C     D    E      F    G
zhang  60   2023-03-01   9.0   52   test   foo  3.0
li     36   2023-03-02   4.0   52   train  foo  5.0
zhou   45   2023-03-03   9.0   59   test   foo  5.0
wang   98   2023-03-04   16.0  54   train  foo  5.0
>>> df1.shift(1)                                  # 数据下移一行
        A      B            C     D      E      F    G
zhang  NaN    NaT          NaN   NaN    NaN    NaN  NaN
li     60.0   2023-03-01   9.0   52.0   test   foo  3.0
zhou   36.0   2023-03-02   4.0   52.0   train  foo  5.0
wang   45.0   2023-03-03   9.0   59.0   test   foo  5.0
>>> df1.shift(-1)                                 # 数据上移一行
        A      B            C     D      E      F    G
zhang  36.0   2023-03-02   4.0   52.0   train  foo  5.0
li     45.0   2023-03-03   9.0   59.0   test   foo  5.0
zhou   98.0   2023-03-04   16.0  54.0   train  foo  5.0
wang   NaN    NaT          NaN   NaN    NaN    NaN  NaN
>>> df1['D'].value_counts()                       # 直方图统计
52    2
59    1
54    1
Name: D, dtype: int64
>>> df1['G'].value_counts()                       # 统计G列数据分布情况
5.0    3
3.0    1
Name: G , dtype: int64
```

（12）拆分与合并/连接

通过切片操作可以实现数据拆分，可以用来计算特定范围内数据的分布情况，连接是相反的操作，可以把多个 DataFrame 对象合并为一个 DataFrame 对象。

```
>>> df2 = pd.DataFrame(np.random.randn(10, 4))
>>> df2
          0         1         2         3
0  2.064867 -0.888018  0.586441 -0.660901
1 -0.465664 -0.496101  0.249952  0.627771
2  1.974986  1.304449 -0.168889 -0.334622
3  0.715677  2.017427  1.750627 -0.787901
4 -0.370020 -0.878282  0.499584  0.269102
5  0.184308  0.653620  0.117899 -1.186588
6 -0.364170  1.652270  0.234833  0.362925
7 -0.329063  0.356276  1.158202 -1.063800
8 -0.778828 -0.156918 -0.760394 -0.040323
9 -0.391045 -0.374825 -1.016456  0.767481
>>> p1 = df2[:3]                    # 拆分，得到前 3 行数据
>>> p1
          0         1         2         3
0  2.064867 -0.888018  0.586441 -0.660901
1 -0.465664 -0.496101  0.249952  0.627771
2  1.974986  1.304449 -0.168889 -0.334622
>>> p2 = df2[3:7]                   # 获取行下标 3 到 6 的数据
                                    # 注意，切片表示左闭右开区间
>>> p3 = df2[7:]                    # 获取下标为 7 之后所有行的数据
>>> df3 = pd.concat([p1, p2, p3])   # 数据行合并
```

（13）分组计算

在进行数据处理和分析时，经常需要按照某一列对原始数据进行分组，该列数值相同的行中其他列进行求和、求平均、求中值、求个数等操作，可以通过 groupby()方法、sum()方法和 mean()方法等来实现。

```
>>> df4 = pd.DataFrame({'A':np.random.randint(1,5,8),
                        'B':np.random.randint(10,15,8),
                        'C':np.random.randint(20,30,8),
                        'D':np.random.randint(80,100,8)})
>>> df4
   A   B   C   D
0  4  14  29  84
1  3  10  28  86
2  3  10  24  83
3  2  13  21  80
4  1  10  27  91
5  1  11  25  96
6  1  11  29  81
7  4  13  20  98
>>> df4.groupby('A').sum()          # 数据分组求和
    B   C    D
A
1  32  81  268
2  13  21   80
```

```
3  20  52  169
4  27  49  182
>>> df4.groupby(['A','B']).mean()    # 分组求平均
       C     D
A B
1 10  27.0  91.0
  11  27.0  88.5
2 13  21.0  80.0
3 10  26.0  84.5
4 13  20.0  98.0
  14  29.0  84.0
>>> df4.groupby(['A','B'], as_index=False).mean()
                          # 加 as_index=False 参数可防止分组名变为索引
   A   B    C     D
0  1  10  27.0  91.0
1  1  11  27.0  88.5
2  2  13  21.0  80.0
3  3  10  26.0  84.5
4  4  13  20.0  98.0
5  4  14  29.0  84.0
```

（14）数据差分

```
>>> df = pd.DataFrame({'a':np.random.randint(1, 100, 10),
                       'b':np.random.randint(1, 100, 10)},
                      index=map(str, range(10)))
>>> df
    a   b
0  21  54
1  53  28
2  18  87
3  56  40
4  62  34
5  74  10
6   7  78
7  58  79
8  66  80
9  30  21
>>> df.diff()           # 纵向一阶差分，每行数据变为该行与上一行数据的差
      a      b
0   NaN    NaN
1  32.0  -26.0
2 -35.0   59.0
3  38.0  -47.0
4   6.0   -6.0
5  12.0  -24.0
6 -67.0   68.0
7  51.0    1.0
8   8.0    1.0
9 -36.0  -59.0
>>> df.diff(axis=1)     # 横向一阶差分
    a   b
```

```
0  NaN   33.0
1  NaN  -25.0
2  NaN   69.0
3  NaN  -16.0
4  NaN  -28.0
5  NaN  -64.0
6  NaN   71.0
7  NaN   21.0
8  NaN   14.0
9  NaN   -9.0
>>> df.diff(periods=2)          # 纵向二阶差分，每行与上上行的差
      a      b
0   NaN    NaN
1   NaN    NaN
2  -3.0   33.0
3   3.0   12.0
4  44.0  -53.0
5  18.0  -30.0
6 -55.0   44.0
7 -16.0   69.0
8  59.0    2.0
9 -28.0  -58.0
```

（15）读写文件

在处理实际数据时，经常需要从不同类型的文件中读取数据，或者自己编写网络爬虫从网络上读取数据。从文本文件、Excel 或 Word 文件中读取数据的相关知识请参考本书项目 9，网络爬虫有关的知识请参考本书项目 11。这里简单介绍使用 Pandas 直接从 Excel 和 CSV 文件中读取数据以及把 DataFrame 对象中的数据保存至 Excel 和 CSV 文件中的方法，更多用法可以使用内置函数 dir()和 help()查看，或通过微信公众号"Python 小屋"学习相关文章。

```
>>> df.to_excel('d:\\test.xlsx', sheet_name='dfg')
                                                        # 将数据保存为 Excel 文件
>>> df = pd.read_excel('d:\\test.xlsx', 'dfg',
                       index_col=None, na_values=['NA'])
>>> df = pd.read_excel('test1.xlsx', 'a', skiprows=3)   # 读取 a 表，跳过前 3 行
>>> df = pd.read_excel('test1.xlsx', 'a', skiprows=[2,4]) # 跳过下标为 2、4 的行
>>> df.to_csv('d:\\test.csv')                           # 将数据保存为 csv 文件
>>> df = pd.read_csv('d:\\test.csv')                    # 读取 csv 文件中的数据
```

【例 13-1】 假设有 Excel 文件"电影导演演员.xlsx"，其中有 3 列分别为电影名称、导演和演员列表（同一个电影可能会有多个演员，每个演员姓名之间使用中文逗号分隔，如图 13-1 所示），要求统计每个演员参演电影的数量，并统计最受欢迎的前 3 个演员。

例 13-1

基本思路：使用 Pandas 读取 Excel 文件中的数据并创建 DataFrame 结构，然后遍历每一条数据，生成演员名称和电影名称的对应关系，然后创建新的 DataFrame 结构，使用 groupby()方法对数据进行分组，并使用 count()方法对分组后的参演电影进行计数，最后通过 nlargest()方法获取前几个参演电影数量最多的演员。下面在交互模式中演示了一种方法，另外在微课视频中介绍了更简单的方法。

	A	B	C
1	电影名称	导演	演员
2	电影1	导演1	演员1，演员2，演员3，演员4
3	电影2	导演2	演员3，演员2，演员4，演员5
4	电影3	导演3	演员1，演员5，演员3，演员6
5	电影4	导演1	演员1，演员4，演员3，演员7
6	电影5	导演2	演员1，演员2，演员3，演员8
7	电影6	导演3	演员5，演员7，演员3，演员9
8	电影7	导演4	演员1，演员4，演员6，演员7
9	电影8	导演1	演员1，演员4，演员3，演员8
10	电影9	导演2	演员5，演员4，演员3，演员9
11	电影10	导演3	演员1，演员4，演员5，演员10
12	电影11	导演1	演员1，演员4，演员3，演员11
13	电影12	导演2	演员7，演员4，演员9，演员12
14	电影13	导演3	演员1，演员7，演员3，演员13
15	电影14	导演4	演员10，演员4，演员9，演员14
16	电影15	导演5	演员1，演员8，演员11，演员15
17	电影16	导演6	演员14，演员4，演员13，演员16
18	电影17	导演7	演员3，演员4，演员9
19	电影18	导演8	演员3，演员4，演员10

图 13-1　Excel 文件内容

```
>>> import pandas as pd
>>> df = pd.read_excel('电影导演演员.xlsx')   # 从 Excel 文件中读取数据
>>> df
    电影名称   导演           演员
0   电影 1   导演 1   演员 1，演员 2，演员 3，演员 4
1   电影 2   导演 2   演员 3，演员 2，演员 4，演员 5
2   电影 3   导演 3   演员 1，演员 5，演员 3，演员 6
3   电影 4   导演 1   演员 1，演员 4，演员 3，演员 7
4   电影 5   导演 2   演员 1，演员 2，演员 3，演员 8
5   电影 6   导演 3   演员 5，演员 7，演员 3，演员 9
6   电影 7   导演 4   演员 1，演员 4，演员 6，演员 7
7   电影 8   导演 1   演员 1，演员 4，演员 3，演员 8
8   电影 9   导演 2   演员 5，演员 4，演员 3，演员 9
9   电影 10  导演 3   演员 1，演员 4，演员 5，演员 10
10  电影 11  导演 1   演员 1，演员 4，演员 3，演员 11
11  电影 12  导演 2   演员 7，演员 4，演员 9，演员 12
12  电影 13  导演 3   演员 1，演员 7，演员 3，演员 13
13  电影 14  导演 4   演员 10，演员 4，演员 9，演员 14
14  电影 15  导演 5   演员 1，演员 8，演员 11，演员 15
15  电影 16  导演 6   演员 14，演员 4，演员 13，演员 16
16  电影 17  导演 7         演员 3，演员 4，演员 9
17  电影 18  导演 8         演员 3，演员 4，演员 10
>>> pairs = []
>>> for i in range(len(df)):                    # 遍历每一行数据
    actors = df.at[i, '演员'].split(', ')       # 获取当前行的演员清单
    for actor in actors:                        # 遍历每个演员
        pair = (actor, df.at[i, '电影名称'])
        pairs.append(pair)
>>> pairs = sorted(pairs, key=lambda item:int(item[0][2:]))
                                                # 按演员编号进行排序
>>> pairs
[('演员 1', '电影 1'), ('演员 1', '电影 3'), ('演员 1', '电影 4'), ('演员 1', '电影 5'), ('演员 1', '电影 7'), ('演员 1', '电影 8'), ('演员 1', '电影 10'), ('演员 1', '电影 11'),
```

('演员1', '电影13'), ('演员1', '电影15'), ('演员2', '电影1'), ('演员2', '电影2'), ('演员2', '电影5'), ('演员3', '电影1'), ('演员3', '电影2'), ('演员3', '电影3'), ('演员3', '电影4'), ('演员3', '电影5'), ('演员3', '电影6'), ('演员3', '电影8'), ('演员3', '电影9'), ('演员3', '电影11'), ('演员3', '电影13'), ('演员3', '电影17'), ('演员3', '电影18'), ('演员4', '电影1'), ('演员4', '电影2'), ('演员4', '电影4'), ('演员4', '电影7'), ('演员4', '电影8'), ('演员4', '电影9'), ('演员4', '电影10'), ('演员4', '电影11'), ('演员4', '电影12'), ('演员4', '电影14'), ('演员4', '电影16'), ('演员4', '电影17'), ('演员4', '电影18'), ('演员5', '电影2'), ('演员5', '电影3'), ('演员5', '电影6'), ('演员5', '电影9'), ('演员5', '电影10'), ('演员6', '电影3'), ('演员6', '电影7'), ('演员7', '电影4'), ('演员7', '电影6'), ('演员7', '电影7'), ('演员7', '电影12'), ('演员7', '电影13'), ('演员8', '电影5'), ('演员8', '电影8'), ('演员8', '电影15'), ('演员9', '电影6'), ('演员9', '电影9'), ('演员9', '电影12'), ('演员9', '电影14'), ('演员9', '电影17'), ('演员10', '电影10'), ('演员10', '电影14'), ('演员10', '电影18'), ('演员11', '电影11'), ('演员11', '电影15'), ('演员12', '电影12'), ('演员13', '电影13'), ('演员13', '电影16'), ('演员14', '电影14'), ('演员14', '电影16'), ('演员15', '电影15'), ('演员16', '电影16')]

```
>>> index = [item[0] for item in pairs]
>>> data = [item[1] for item in pairs]
>>> df1 = pd.DataFrame({'演员':index, '电影名称':data})
>>> result = df1.groupby('演员', as_index=False).count()
                                # 分组，统计每个演员的参演电影数量
>>> result
      演员  电影名称
0    演员1    10
1    演员10    3
2    演员11    2
3    演员12    1
4    演员13    2
5    演员14    2
6    演员15    1
7    演员16    1
8    演员2     3
9    演员3    12
10   演员4    13
11   演员5     5
12   演员6     2
13   演员7     5
14   演员8     3
15   演员9     5
>>> result.columns = ['演员', '参演电影数量']      # 修改列名
>>> result
      演员  参演电影数量
0    演员1    10
1    演员10    3
2    演员11    2
3    演员12    1
4    演员13    2
5    演员14    2
6    演员15    1
7    演员16    1
8    演员2     3
9    演员3    12
10   演员4    13
```

```
11    演员 5    5
12    演员 6    2
13    演员 7    5
14    演员 8    3
15    演员 9    5
>>> result.sort_values('参演电影数量')           # 对数据进行排序
      演员    参演电影数量
3     演员 12    1
6     演员 15    1
7     演员 16    1
2     演员 11    2
4     演员 13    2
5     演员 14    2
12    演员 6     2
1     演员 10    3
8     演员 2     3
14    演员 8     3
11    演员 5     5
13    演员 7     5
15    演员 9     5
0     演员 1     10
9     演员 3     12
10    演员 4     13
>>> result.nlargest(3, '参演电影数量')  # 参演电影数量最多的 3 个演员
      演员    参演电影数量
10    演员 4     13
9     演员 3     12
0     演员 1     10
```

任务 13.2 饭店营业额数据分析 — Pandas 结合 Matplotlib 进行数据可视化

可以通过 DataFrame 对象的 plot()方法自动调用 Matplotlib 的绘图功能，实现数据可视化。或者也可以单独使用 Matplotlib 中的 pylab 或 pyplot 实现更加复杂的绘图要求。为演示每一步的代码运行结果，本节也使用了交互模式，读者可自己创建程序文件运行这些代码。

```
>>> import pandas as pd
>>> import numpy as np
>>> import matplotlib.pyplot as plt
>>> df = pd.DataFrame(np.random.randn(1000, 2),      # 1000 行 2 列随机数
                      columns=['B', 'C']).cumsum()   # 创建 DataFrame
>>> df['A'] = pd.Series(list(range(len(df))))        # 创建索引
>>> r = df.plot(x='A')                               # 绘制图形
>>> r.lines[0].set_linewidth(3)                      # 设置第一条曲线的线宽
>>> plt.legend()                                     # 生成图例
<matplotlib.legend.Legend object at 0x000000000CC90908>
>>> plt.show()                                       # 显示图形
```

运行结果如图 13-2 所示。

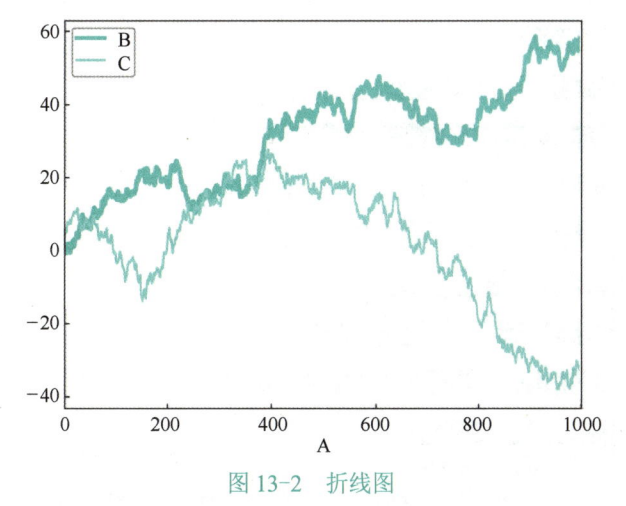

图 13-2　折线图

```
>>> df = pd.DataFrame(np.random.rand(10, 4),    # 生成 4 列随机数
                columns=['a', 'b', 'c', 'd'])
>>> df.plot(kind='bar')                          # 绘制垂直柱状图
>>> plt.show()
```

运行结果如图 13-3 所示。

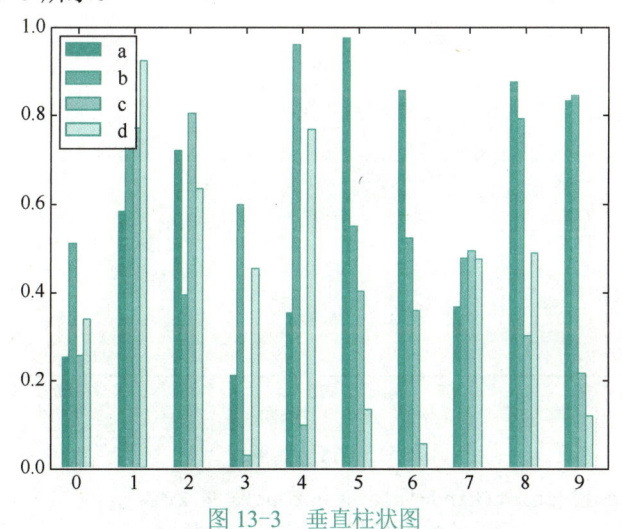

图 13-3　垂直柱状图

```
>>> df = pd.DataFrame(np.random.rand(10, 4), # 生成 4 列随机数
                columns=['a', 'b', 'c', 'd'])
>>> df.plot(kind='barh', stacked=True)        # 绘制水平柱状图
>>> plt.show()
```

运行结果如图 13-4 所示。

```
>>> df = pd.DataFrame({'height':[180,170,172,183,179,178,160],
                'weight':[85,80,85,75,78,78,70]})
>>> df.plot(x='height', y='weight', kind='scatter',
        marker='*', s=60, label='height-weight')  # 绘制散点图
atplotlib.axes._subplots.AxesSubplot object at 0x0000020E844CEA20>
>>> plt.show()
```

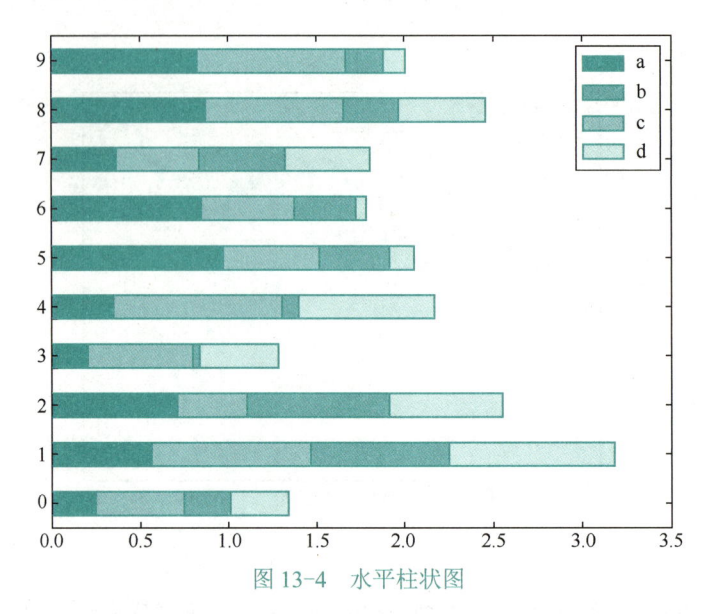

图 13-4　水平柱状图

运行结果如图 13-5 所示。

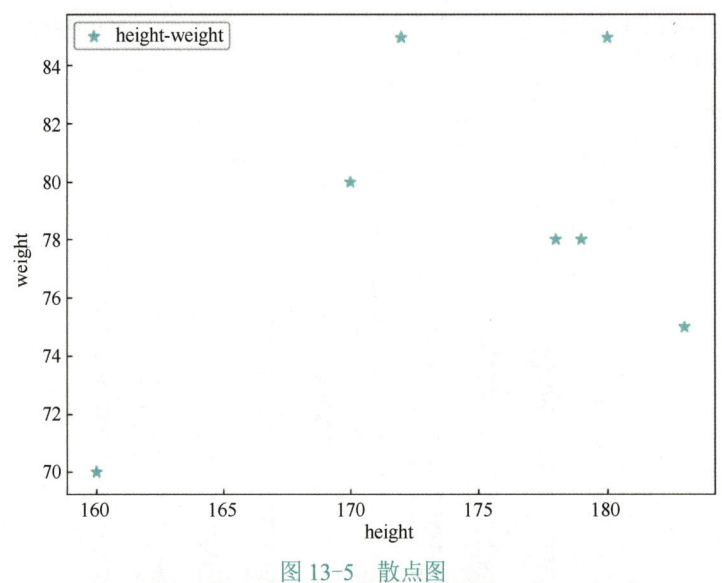

图 13-5　散点图

```
>>> df['weight'].plot(kind='pie', autopct='%.2f%%',
                      labels=df['weight'].values,
                      shadow=True)      # 饼状图
<matplotlib.axes._subplots.AxesSubplot object at 0x0000020E88A11470>
>>> plt.show()
```

运行结果如图 13-6 所示。

```
>>> df.plot(kind='box')        # 箱图，中间 50%使用矩形
                               # 两端的 1/4 使用线段
                               # 异常值使用 "o" 符号
<matplotlib.axes._subplots.AxesSubplot object at 0x0000020E865B7080>
>>> plt.show()
```

运行结果如图 13-7 所示。

项目 13 　使用 Pandas 分析与处理数据

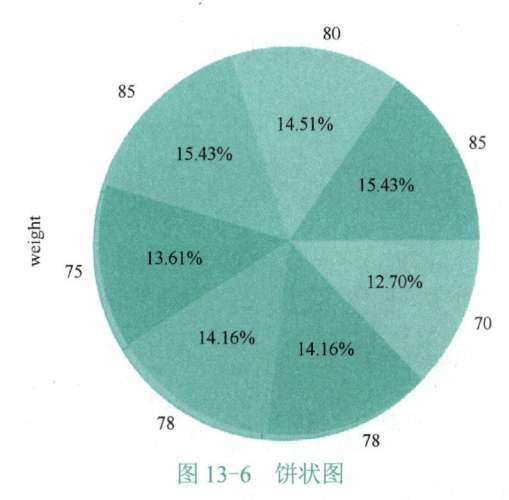

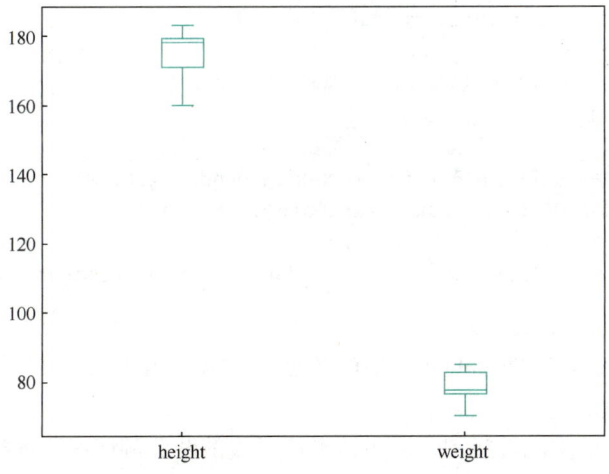

图 13-6　饼状图

图 13-7　箱图

```
>>> df['weight'].plot(kind='kde', style='r-.')  # 密度图
<matplotlib.axes._subplots.AxesSubplot object at 0x0000020E88A018D0>
>>> plt.show()
```

运行结果如图 13-8 所示。

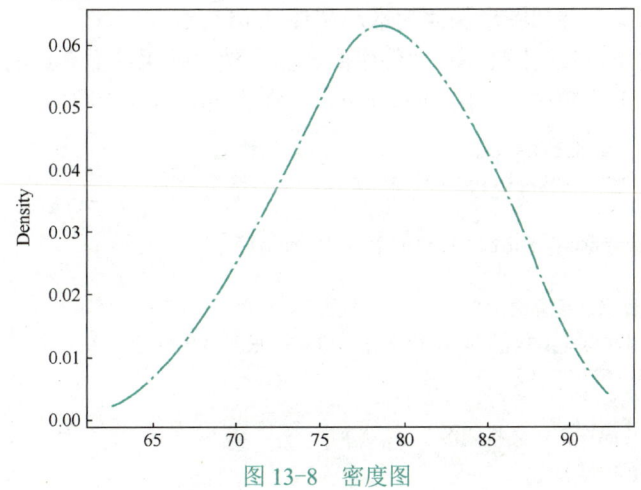

图 13-8　密度图

【例 13-2】 运行下面的程序，在当前文件夹中生成饭店营业额模拟数据文件 data.csv。

```
1.   import csv
2.   import random
3.   import datetime
4.
5.   fn = 'data.csv'
6.
7.   with open(fn, 'w') as fp:
8.       # 创建 csv 文件写入对象
9.       wr = csv.writer(fp)
10.      # 写入表头
11.      wr.writerow(['日期', '销量'])
12.
13.      # 生成模拟数据
14.      startDate = datetime.date(2022, 1, 1)
15.
16.      # 生成 365 个模拟数据，可以根据需要进行调整
17.      for i in range(365):
18.          # 生成一个模拟数据，写入 csv 文件
19.          amount = 300 + i*5 + random.randrange(100)
20.          wr.writerow([str(startDate), amount])
21.          # 下一天
22.          startDate = startDate + datetime.timedelta(days=1)
```

运行完程序后完成下面的任务。

1）使用 Pandas 读取文件 data.csv 中的数据，创建 DataFrame 对象，并删除其中所有缺失值。

2）使用 Matplotlib 生成折线图，反应该饭店每天的营业额情况，并把图形保存为本地文件 first.jpg。

3）按月份进行统计，使用 Matplotlib 绘制柱状图显示每个月份的营业额，并把图形保存为本地文件 second.jpg。

4）按月份进行统计，找出相邻两个月最大涨幅，并把涨幅最大的月份写入 maxMonth.txt。

5）按季度统计该饭店 2022 年的营业额数据，使用 matplotlib 生成饼状图显示 2022 年 4 个季度的营业额分布情况，并把图形保存为本地文件 third.jpg。

基本思路： 使用 Pandas 读取 csv 文件中的数据，然后使用前面介绍的基本操作实现缺失值处理、数据差分、分组等操作，调用 DataFrame 结构的 plot 实现绘图。

```
1.   import pandas as pd
2.   import matplotlib.pyplot as plt
3.
4.   plt.rcParams['font.family'] = 'SimHei'
5.
6.   # 读取数据，丢弃缺失值
7.   df = pd.read_csv('data.csv', encoding='cp936')
8.   df = df.dropna()
9.
10.  # 生成并保存营业额折线图
11.  plt.figure()
```

```
12.    df.plot(x='日期')
13.    plt.savefig('first.jpg')
14.    # 按月统计，生成并保存柱状图
15.    plt.figure()
16.
17.    from copy import deepcopy
18.    df1 = deepcopy(df)
19.    df1['month'] = df1['日期'].map(lambda x: x[:x.rindex('-')])
20.    df1 = df1.groupby(by='month', as_index=False).sum()
21.    df1.plot(x='month', kind='bar')
22.    plt.show()#savefig('second.jpg')
23.
24.    # 查找涨幅最大的月份，写入文件
25.    df2 = df1.drop('month', axis=1).diff()
26.    m = df2['销量'].nlargest(1).keys()[0]
27.    with open('maxMonth.txt', 'w') as fp:
28.        fp.write(df1.loc[m, 'month'])
29.
30.    # 按季度统计，生成并保存饼状图
31.    plt.figure()
32.    one = df1[:3]['销量'].sum()
33.    two = df1[3:6]['销量'].sum()
34.    three = df1[6:9]['销量'].sum()
35.    four = df1[9:12]['销量'].sum()
36.    plt.pie([one, two, three, four], labels=['one', 'two', 'three', 'four'])
37.    plt.savefig('third.jpg')
```

代码生成的结果如图 13-9～图 13-11 所示。

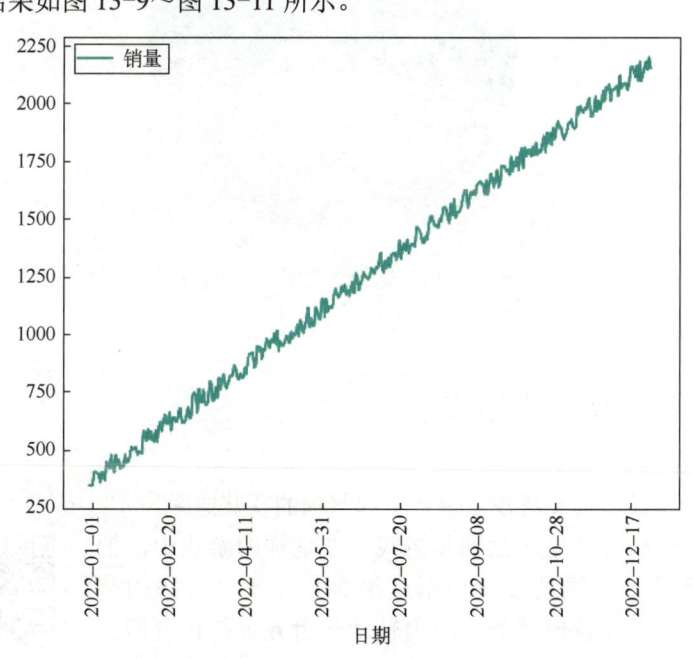

图 13-9　运行结果图：first.jpg

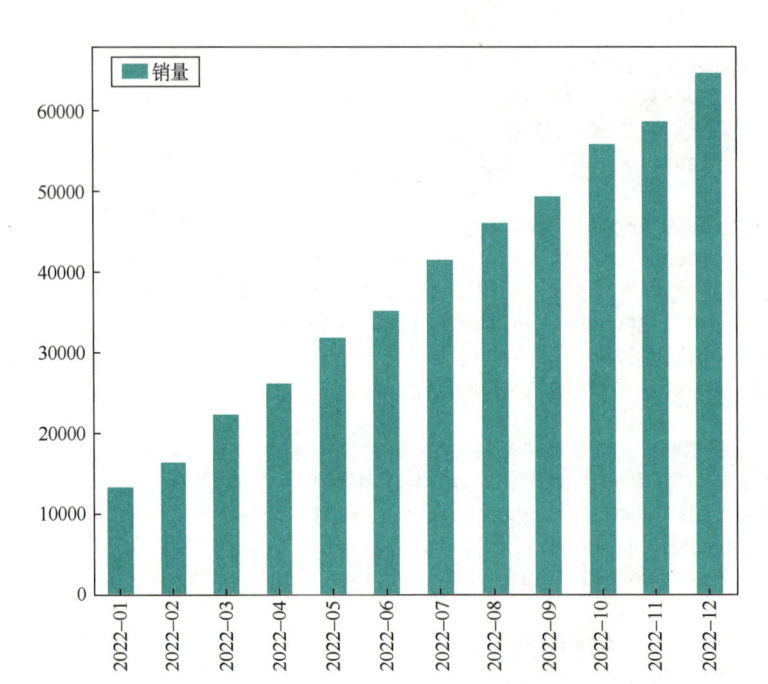

图 13-10　运行结果图：second.jpg

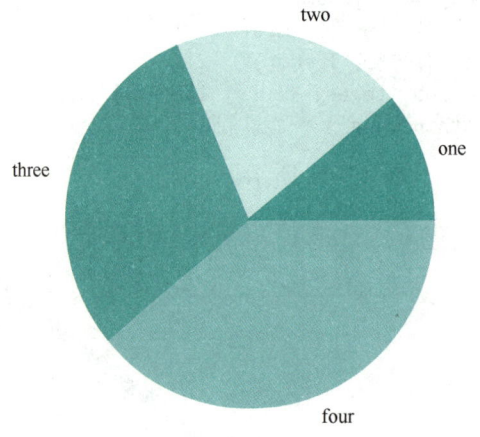

图 13-11　运行结果图：third.jpg

任务 13.3　Pandas 应用案例

【例 13-3】　模拟转盘抽奖游戏，统计不同奖项的获奖概率。

问题描述：本例模拟的是转盘抽奖游戏，在这样的游戏中，把整个转盘分成面积大小不同的多个扇形区域来表示不同等级的奖品，一般面积越大的奖品价值越低。用力转动转盘并等待转盘停止之后，指针所指的区域表示所中奖项。

基本思路：把转盘从 0°～360°进行归一化并划分为几个不同的区间，例如[0.0,0.08]这个区间表示一等奖，[0.08,0.3]这个区间表示二等奖，而[0.3,1.0]这个区间表示三等奖。然后使用

NumPy 模块的 random.ranf 生成 100000 个 0～1 的随机小数，使用 Pandas 的 cut()函数对这些随机小数进行离散化，最后使用 Pandas 的 value_counts()函数统计每个奖项的中奖次数。

```
1.  import numpy as np
2.  import pandas as pd
3.
4.  # 模拟转盘 100000 次
5.  data = np.random.ranf(100000)
6.  # 奖项等级划分
7.  category = (0.0, 0.08, 0.3, 1.0)
8.  labels = ('一等奖', '二等奖', '三等奖')
9.  # 对模拟数据进行划分
10. result = pd.cut(data, category, labels=labels)
11. # 统计每个奖项的获奖次数
12. result = pd.value_counts(result)
13. # 查看结果
14. print(result)
```

【例 13-4】 使用 Pandas 合并相同结构的 Excel 文件。

问题描述：假设当前文件夹中具有相同结构的 4 个 Excel 文件 1.xlsx、2.xlsx、3.xlsx 和 4.xlsx，要求编程程序使用 Pandas 将这 4 个文件的内容合并到文件 result.xlsx 中。

基本思路：使用 Pandas 读取每个 Excel 文件中第一个工作表并临时存储于列表中，最后使用 Pandas 的 concat()函数纵向合并为一个 DataFrame 结构并写入 Excel 文件 result.xlsx。

```
1.  import pandas as pd
2.
3.  # 依次读取多个相同结构的 Excel 文件并创建 DataFrame
4.  dfs = []
5.  for fn in ('1.xlsx', '2.xlsx', '3.xlsx', '4.xlsx'):
6.      dfs.append(pd.read_excel(fn))
7.  # 将多个 DataFrame 合并为一个
8.  df = pd.concat(dfs)
9.  # 写入 Excel 文件，不包含索引数据
10. df.to_excel('result.xlsx', index=False)
```

【例 13-5】 读取 Excel 文件中多个 WorkSheet 中的数据并进行横向合并。

问题描述：把 Excel 文件"学生成绩.xlsx"中存储于两个工作表"一班"和"二班"的学生成绩横向合并为一个 DataFrame，按序号对齐，假设序号为两位整数，课程名称一样，两个班的人数一样多且没有缺号。

基本思路：使用 pandas 读取 Excel 文件并指定要读取的工作表名称，然后使用 pandas 的 merge()函数横向合并两个 DataFrame 为一个 DataFrame，指定序号相同的学生成绩对齐。

```
1.  import pandas as pd
2.
3.  df1 = pd.read_excel('学生成绩.xlsx', sheetname='一班')
4.  df1.columns = ['序号', '一班']
5.  df2 = pd.read_excel('学生成绩.xlsx', sheetname='二班')
6.  df2.columns = ['序号', '二班']
7.  df = pd.merge(df1, df2, on='序号')
8.  print(df)
```

习题

一、填空题

1．扩展库 Pandas 中 DataFrame 结构的 sort_values()方法可以用来对值进行排序，其参数_____用来指定根据哪一列或哪几列进行排序。

2．扩展库 Pandas 中 DataFrame 结构的_____方法可以用来查看数据的平均值、标准差、最小值、最大值等统计信息。

3．扩展库 Pandas 中 DataFrame 结构的_____方法可以返回指定的列最大的前几行数据。

4．扩展库 Pandas 中 DataFrame 结构的_____方法可以用来丢弃重复值。

5．使用扩展库 Pandas 中 DataFrame 结构的 fillna()方法填充缺失值时，可以把参数_____设置为 True 实现原地填充而不返回新的 DataFrame。

6．扩展库 Pandas 中 DataFrame 结构的_____方法可以用来实现数据分组，分组后的对象支持 sum()、mean()等方法进行分组计算。

7．扩展库 Pandas 中 DataFrame 结构的_____方法可以用来计算数据差分，其中参数 axis=0 时表示纵向差分，axia=1 时表示横向差分。

8．扩展库 Pandas 的函数_____可以用来读取 Excel 文件中的数据。

9．扩展库 Pandas 的函数_____可以用来读取 CSV 文件中的数据。

10．扩展库 Pandas 中 DataFrame 结构的 plot()方法用来绘制图形进行可视化，其参数_____用来指定图形的类型，如折线图、柱状图、饼状图等。

二、判断题

1．扩展库 Pandas 中 DataFrame 结构的 loc[]方法在访问指定行、列的数据时可以使用行和列的名字字符串作为下标，而对应的 iloc[]方法只能使用整数作为下标。　　　　（　　）

2．使用 Pandas 处理异常值时，具体的阈值需要根据数据的实际情况进行确定，无法统一规定。　　　　（　　）

三、编程题

1．在例 13-1 的基础上进一步编写代码，检查哪两个演员的关系最好，也就是共同参演的电影数量最多。

2．查阅相关资料，改进例 13-2 中的程序，使得生成的 second.jpg 中每个柱的上部显示该柱对应的数据值。

3．查阅相关资料，改进例 13-2 中的程序，使得生成的 third.jpg 中每个扇形能够显示其对应的比例。

关注微信公众号"Python 小屋"，发送消息"小屋刷题"，下载"Python 小屋刷题软件"客户端，练习客观题和编程题中"Pandas"相关的题目。

项目 14　使用 Matplotlib 进行数据可视化

数据采集、数据分析、数据可视化是数据分析完整流程的 3 个主要环节。数据采集主要是指从各种类型的文件中读取数据，或者编写网络爬虫在网络上爬取数据，读者可以参考本书项目 9~项目 11 的内容。数据分析的内容在项目 12 和项目 13 做了详细介绍。本项目通过多个案例介绍 Python 扩展库 Matplotlib 在数据可视化方面的应用。

学习目标

- 掌握折线图、散点图、饼状图、柱状图、雷达图、三维图形的绘制
- 掌握坐标轴属性的设置
- 掌握图例属性的设置
- 理解绘图区域切分原理

素养目标

- 培养学生精益求精的工匠精神
- 培养学生学以致用的习惯和意识

任务 14.1　认识 Matplotlib

Python 扩展库 Matplotlib 依赖于扩展库 NumPy 和标准库 tkinter，可以绘制多种形式的图形，包括折线图、散点图、饼状图、柱状图、雷达图等，图形质量可以达到出版要求。Matplotlib 不仅在数据可视化领域有重要的应用，也常用于科学计算可视化。

Python 扩展库 Matplotlib 包括 pylab、pyplot 等绘图模块以及大量用于字体、颜色、图例等图形元素的管理与控制的模块。其中 pylab 和 pyplot 模块提供了类似于 MATLAB 的绘图接口，支持线条样式、字体属性、轴属性以及其他属性的管理和控制，可以使用非常简洁的代码绘制出各种优美的图案。另外，pylab 可以直接使用 NumPy 函数，不用导入 NumPy。

使用 pylab 或 pyplot 绘图的一般过程为：首先读入数据，然后根据实际需要绘制折线图、散点图、柱状图、饼状图、雷达图或三维曲线和曲面，接下来设置轴域和图形属性，最后显示或保存绘图结果。

要注意的是，在绘制图形以及设置轴域和图形属性时，大多数函数和方法都具有很多可选参数支持个性化设置，其中很多参数又具有多个可能的值，例如，颜色、散点符号、线型等。本项目重点介绍相关函数和方法的应用，并没有给出每个参数的所有可能取值，这些可以通过

Python 的内置函数 help()或者查阅 matplotlib 官方在线文档 https://matplotlib.org/index.html 来获知，或者查阅 Python 安装目录 Lib\site-packages\matplotlib 文件夹中的源代码获取更加完整的帮助信息。

任务 14.2　商场促销活动可视化 — 绘制折线图

可以使用 pyplot 模块中的函数 plot()或者子图对象的同名方法来绘制折线图，也可以同时或单独绘制采样点，返回包含折线图的列表。完整语法如下。

```
plot(*args, scalex=True, scaley=True, data=None, **kwargs)
```

可能的调用形式有：

```
plot([x], y, [fmt], *, data=None, **kwargs)
plot([x], y, [fmt], [x2], y2, [fmt2], …, **kwargs)
```

其中，参数 x、y 用来设置采样点坐标；参数 fmt 用来设置颜色、线型、端点符号，格式为'[marker][line][color]'或'[color][marker][line]'，例如'ro'、'go–'、'rs'。其他常用的参数还有 color/c、alpha、label、linestyle/ls、linewidth/lw、marker、markeredgecolor/mec、markeredgewidth/mew、markerfacecolor/mfc、markersize、pickradius、snap 等。可使用 help(plt.plot)查看完整用法和参数含义，其中 marker 和 ls 参数使用较多，ls 参数的值可以为'-'（表示实心线）、'--'（表示短画线）、'-.'（表示点画线）、':'（表示点线），marker 参数可能的值与含义见表 14-1。

表 14-1　marker 参数取值范围与含义

字符	含义	字符	含义
.	点	,	像素
o	圆	v	向下的三角形
^	向上的三角形	<	向左的三角形
>	向右的三角形	*	星形
1	向下的三尖形	2	向上的三尖形
3	向左的三尖形	4	向右的三尖形
8	八边形	s	正方形
p	五边形	P	粗加号
h	1 号六边形	H	2 号六边形
+	加号	x	叉号
X	填充的叉号	d	细菱形
D	菱形	_	横线
|	竖线		

使用下面的代码可以绘制不同 marker 参数的散点图，请自行运行并观察结果。

```
import numpy as np
import matplotlib.pyplot as plt
```

```
markers = '.,ov^< >*12348spPhH+xXdD_|'
x, y = np.mgrid[1:10:5j, 1:10:5j]
for x_pos, y_pos, marker in zip(x.flatten(), y.flatten(), markers):
    plt.scatter(x_pos, y_pos, marker=marker, s=100)
    plt.text(x_pos+0.2, y_pos-0.2, s=repr(marker))
plt.axis('off')
plt.show()
```

【例 14-1】 某商品进价 49 元，售价 75 元，现在商场新品上架搞促销活动，顾客每多买一件就给优惠 1%，但是每人最多可以购买 30 件。对于商场而言，活动越火爆商品单价越低，但总收入和盈利越多。对于用户而言，虽然买的数量越多单价越低，但是消费总金额却是越来越多的，并且购买太多也会因为用不完而导致过期不得不丢弃造成浪费。现在要求计算并使用折线图可视化顾客购买数量 num 与商家收益、顾客总消费以及顾客省钱情况的关系，并标记商家收益最大的批发数量和收益。

基本思路：根据顾客购买的商品数量计算实际单价，根据进价、售价和实际单价计算商家收益和顾客节省的金额，然后使用扩展库 matplotlib.pyplot 的函数 plot()绘制折线图，并使用 legend()函数设置图例。

```
1.  import matplotlib.pyplot as plt
2.  import matplotlib.font_manager as fm
3.
4.  # 进价与零售价
5.  basePrice, salePrice = 49, 75
6.
7.  # 计算买 num 个时的优惠价，买的数量越多，实际单价越低
8.  def compute(num):
9.      return salePrice * (1-0.01*num)
10.
11. # numbers 用来存储顾客可能的购买数量
12. # earns 用来存储商场的盈利情况
13. # totalConsumption 用来存储顾客消费总金额
14. # saves 用来存储顾客节省的总金额
15. numbers = list(range(1, 31))
16. earns = []
17. totalConsumption = []
18. saves = []
19. # 根据顾客购买数量计算三组数据，可以使用 NumPy 数组来简化代码
20. for num in numbers:
21.     earns.append(round(num*(compute(num)-basePrice), 2))
22.     totalConsumption.append(round(num*compute(num), 2))
23.     saves.append(round(num*(salePrice-compute(num)), 2))
24.
25. # 绘制折线图，系统自动分配线条颜色
26. plt.plot(numbers, earns, label='商家盈利')
```

```
27.    plt.plot(numbers, totalConsumption, label='顾客总消费', ls='-.')
28.    plt.plot(numbers, saves, label='顾客节省', lw=3)
29.
30.    # 设置坐标轴文本
31.    plt.xlabel('顾客购买数量（件）', fontproperties='simhei')
32.    plt.ylabel('金额（元）', fontproperties='simhei')
33.    # 设置图形标题
34.    plt.title('数量-金额关系图', fontproperties='stkaiti')
35.    # 创建字体，设置图例
36.    myfont = fm.FontProperties(fname=r'C:\Windows\Fonts\STKAITI.ttf')
37.    plt.legend(prop=myfont)
38.
39.    # 计算并标记商家盈利最多的顾客购买数量
40.    maxEarn = max(earns)
41.    bestNumber = numbers[earns.index(maxEarn)]
42.    # 散点图，在相应位置绘制一个红色五角星，详见 14.3 节
43.    plt.scatter(bestNumber, maxEarn, marker='*', color='red', s=120)
44.    # 使用文本标注标记该位置
45.    plt.annotate(xy=(bestNumber, maxEarn),              # 箭头终点坐标
46.                 xytext=(bestNumber-1, maxEarn+200),    # 箭头起点坐标
47.                 s=str(maxEarn),                        # 显示的标注文本
48.                 arrowprops=dict(arrowstyle="->"))      # 箭头样式
49.
50.    # 显示图形
51.    plt.show()
```

运行结果如图 14-1 所示。

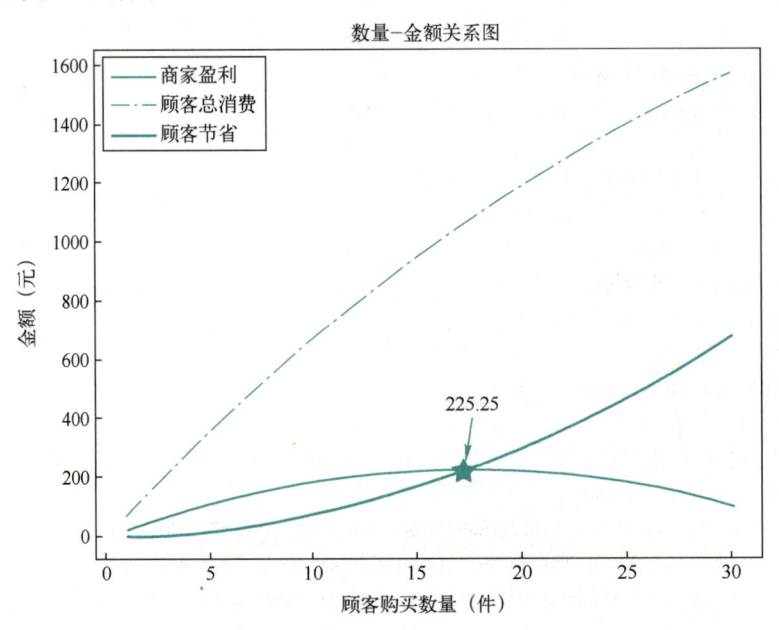

图 14-1 顾客购买数量对商场盈利、消费金额和节省金额的影响

任务 14.3　手机信号强度可视化 — 绘制散点图

同样一组数据，使用 plot()函数可以绘制折线图，使用 scatter()函数则可以绘制散点图，呈现类似于采样的效果。一般而言，如果要绘制的数据点呈现离散的形状，那么绘制散点图时要使数据点间隔稍大一些，以免因为数据点过于密集而呈现光滑曲线的效果。散点图常用于描述数据点的分布情况。

【例 14-2】绘制余弦散点图。

基本思路：使用 NumPy 生成数组以及对应的余弦值数据，然后使用 scatter()函数绘制散点图。

```
1.  import matplotlib.pylab as pl
2.
3.  x = pl.arange(0, 2.0*np.pi, 0.1)    # x 轴数据
4.  y = pl.cos(x)                        # y 轴数据
5.  pl.scatter(x, y)                     # 绘制散点图
6.  pl.show()                            # 显示绘制的结果图像
```

运行结果如图 14-2 所示。

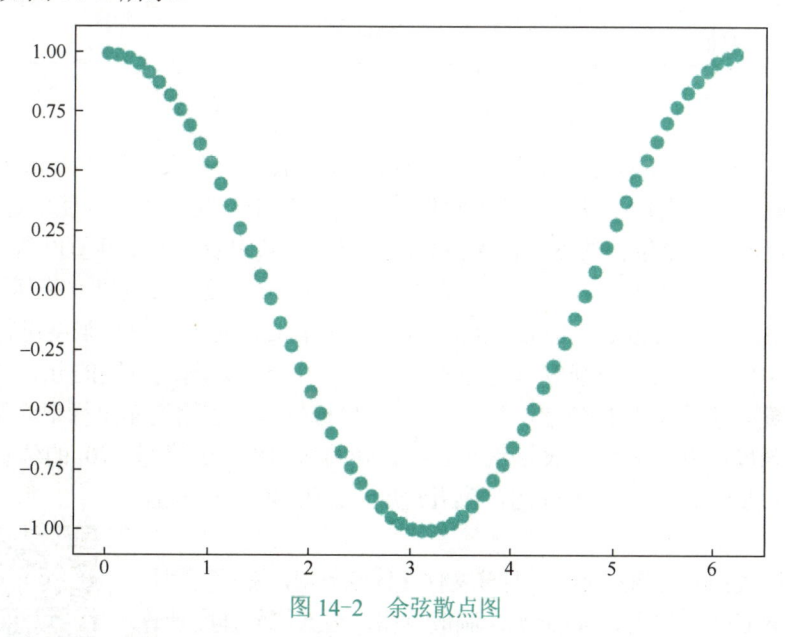

图 14-2　余弦散点图

【例 14-3】设置散点图的线宽、散点符号及大小。

基本思路：在使用 scatter()函数绘制散点图时，可以使用参数 s 指定散点符号的大小，使用参数 marker（可能的取值见表 14-1）指定散点符号，使用参数 linewidths 指定线宽。

```
1.  import matplotlib.pylab as pl
2.
3.  x = pl.arange(0, 2.0*np.pi, 0.1)
4.  y = pl.cos(x)
5.  pl.scatter(x,                        # x 轴坐标
6.             y,                        # y 轴坐标
```

```
7.                  s=40,                    # 散点大小
8.                  linewidths=6,            # 线宽
9.                  marker='+')              # 散点符号
10. pl.show()
```

运行结果如图 14-3 所示。

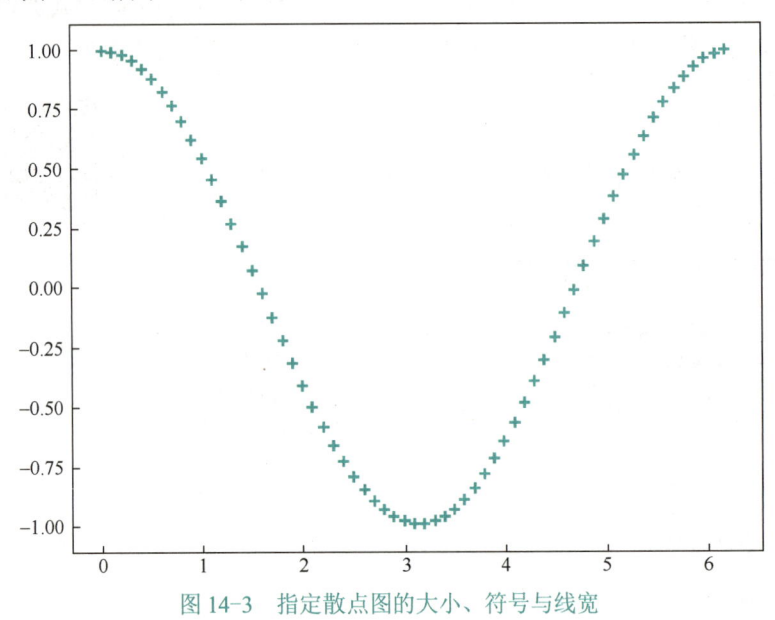

图 14-3 指定散点图的大小、符号与线宽

【例 14-4】 某商场对不同位置的手机信号强度进行测试，以便进一步提高服务质量和用户体验。测试数据保存于文件"商场一楼手机信号强度.txt"中，文件中每行使用逗号分隔的 3 个数字分别表示商场内一个位置的 x、y 坐标和信号强度，其中 x、y 坐标值以商场西南角为坐标原点且向东为 x 正轴（共 150m）、向北为 y 正轴（共 30m），信号强度以 0 表示无信号、100 表示最强。编写程序，使用散点图对该商场一楼所有测量位置的手机信号强度进行可视化，既可以直观地发现不同位置信号的强度以便分析原因，也方便观察测试位置的分布是否合理。在散点图中，使用横轴表示 x 坐标位置、纵轴表示 y 坐标位置，使用五角星标记测量位置，五角星大小表示信号强度，五角星越大表示信号越强，信号强度高于或等于 70 的位置使用绿色五角星，低于 70 且高于或等于 40 的使用蓝色五角星，低于 40 的位置使用红色五角星。

基本思路：使用内置函数 open() 打开文件并读取数据，然后使用扩展库 matplotlib.pyplot 中的函数 scatter() 绘制散点图，根据信号强度计算散点符号的颜色和大小。

```
1. import matplotlib.pyplot as plt
2.
3. xs = []
4. ys = []
5. strengths = []
6.
7. # 读取文件中的数据，可以使用 Pandas 简化代码
8. with open(r'D:\服务质量保证\商场一楼手机信号强度.txt') as fp:
9.     for line in fp:
```

```
10.         x, y, strength = map(int, line.strip().split(','))
11.         xs.append(x)
12.         ys.append(y)
13.         strengths.append(strength)
14.
15. # 绘制散点图，s 指大小，c 指颜色，marker 指符号形状
16. for x, y, s in zip(xs, ys, strengths):
17.     if s < 40:
18.         color = 'r'
19.     elif s < 70:
20.         color = 'b'
21.     else:
22.         color = 'g'
23.     plt.scatter(x, y, s=s, c=color, marker='*')
24.
25. plt.show()
```

运行结果如图 14-4 所示。

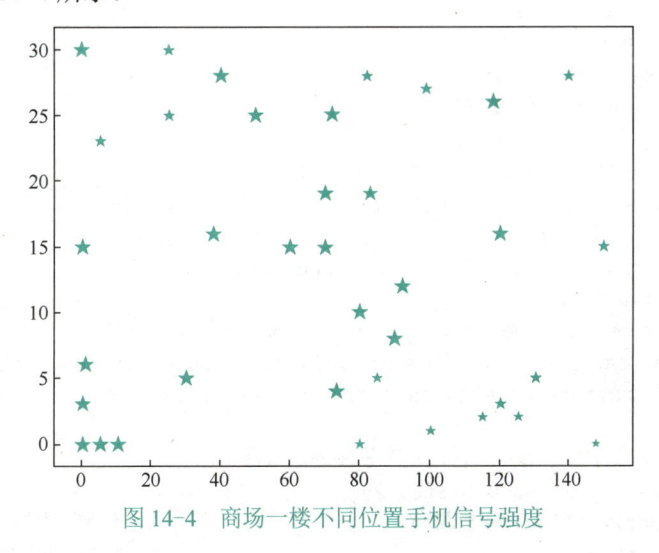

图 14-4　商场一楼不同位置手机信号强度

任务 14.4　成绩分布可视化 — 绘制饼状图

饼状图适合描述数据的分布，尤其是描述各类数据占比的场合，例如，某班级所有学生考试成绩分布情况。

【例 14-5】已知某班级所有同学的数据结构、线性代数、英语和 Python 课程考试成绩，要求绘制饼状图显示每门课的成绩中优（85 分以上）、及格（60~84 分）、不及格（60 分以下）的占比。运行结果如图 14-5 所示。

```
1. from itertools import groupby
2. import matplotlib.pyplot as plt
3.
```

```
4.   # 设置图形中使用中文字体
5.   plt.rcParams['font.sans-serif'] = ['simhei']
6.
7.   # 每门课程的成绩
8.   scores = {'数据结构': [89, 70, 49, 87, 92, 84, 73, 71, 78, 81, 90, 37,
9.                         77, 82, 81, 79, 80, 82, 75, 90, 54, 80, 70, 68, 61],
10.            '线性代数': [70, 74, 80, 60, 50, 87, 68, 77, 95, 80, 79, 74,
11.                         69, 64, 82, 81, 78, 90, 78, 79, 72, 69, 45, 70, 70],
12.            '英语': [83, 87, 69, 55, 80, 89, 96, 81, 83, 90, 54, 70, 79,
13.                     66, 85, 82, 88, 76, 60, 80, 75, 83, 75, 70, 20],
14.            'Python': [90, 60, 82, 79, 88, 92, 85, 87, 89, 71, 45, 50,
15.                       80, 81, 87, 93, 80, 70, 68, 65, 85, 89, 80, 72, 75]}
16.
17.  # 自定义分组函数，在下面的 groupby()函数中使用
18.  def splitScore(score):
19.      if score>=85:
20.          return '优'
21.      elif score>=60:
22.          return '及格'
23.      else:
24.          return '不及格'
25.
26.  # 统计每门课程中优、及格、不及格的人数
27.  # ratios 的格式为{'课程名称':{'优':3, '及格':5, '不及格':1},…}
28.  ratios = dict()
29.  for subject, subjectScore in scores.items():
30.      ratios[subject] = {}
31.      # groupby()函数需要对原始分数进行排序才能正确分类
32.      for category, num in groupby(sorted(subjectScore), splitScore):
33.          ratios[subject][category] = len(tuple(num))
34.
35.  # 创建 4 个子图，axs 是包含 4 个子图的二维数组
36.  fig, axs = plt.subplots(2, 2)
37.  fig.suptitle('成绩分布图')                          # 整个图形的标题
38.  axs.shape = 4,                                      # 把 axs 改为一维数组
39.  # 依次在 4 个子图中绘制每门课程的饼状图
40.  for index, subjectData in enumerate(ratios.items()):
41.      plt.sca(axs[index])                             # 选择子图
42.      subjectName, subjectRatio = subjectData
43.      plt.pie(list(subjectRatio.values()),            # 每个扇形对应的数
44.              labels=list(subjectRatio.keys()),        # 每个扇形的标签
45.              explode=(0, 0, 0.2),                     # 每个饼的第 3 个扇形偏离饼心
46.              pctdistance=0.6,                         # 百分比文本与饼心的距离
47.              autopct='{:.1f}%'.format,                # 百分比显示格式
48.              shadow=True)                             # 显示阴影
49.      plt.xlabel(subjectName)
50.      plt.axis('equal')
51.  # 4 个饼状图共用一个图例
52.  plt.legend(loc='upper right', bbox_to_anchor=(1.2,2.5))
53.  plt.show()
```

成绩分布图

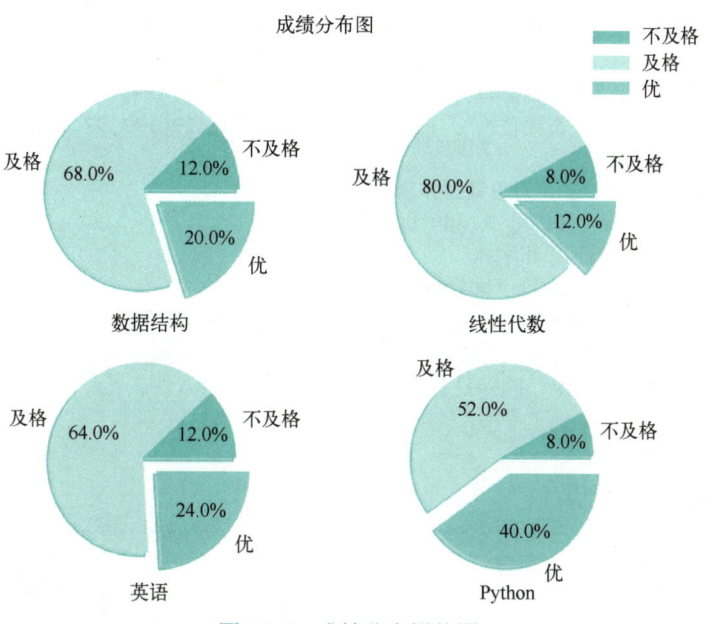

图 14-5　成绩分布饼状图

任务 14.5　销售业绩可视化 — 绘制柱状图

柱状图常用来描述不同组之间数据的差别。Matplotlib 提供了用于绘制柱状图的 bar()函数，并且提供了大量参数用来设置柱状图的属性。

【例 14-6】 某商场 2022 年部门的业绩如表 14-2 所示。编写程序绘制柱状图可视化各部门的业绩，可以借助于 Pandas 的 DataFrame 结构，要求坐标轴、标题和图例能够显示中文。

表 14-2　某商场各部门业绩　　　　　　　　　　（单位：万元）

月份	1	2	3	4	5	6	7	8	9	10	11	12
男装	51	32	58	57	30	46	38	38	40	53	58	50
女装	70	30	48	73	82	80	43	25	30	49	79	60
餐饮	60	40	46	50	57	76	70	33	70	61	49	45
化妆品	110	75	130	80	83	95	87	89	96	88	86	89
金银首饰	143	100	89	90	78	129	100	97	108	152	96	87

基本思路：使用扩展库 Pandas 的 DataFrame 结构存储数据，并使用 DataFrame 结构的 plot()方法指定参数 kind='bar'绘制柱状图，该方法会自动调用 matplotlib.pyplot 中的函数 bar()。

```
1.  import pandas as pd
2.  import matplotlib.pyplot as plt
3.
4.  data = pd.DataFrame({'月份': [1,2,3,4,5,6,7,8,9,10,11,12],
5.                       '男装': [51,32,58,57,30,46,38,38,40,53,58,50],
```

```
 6.             '女装': [70,30,48,73,82,80,43,25,30,49,79,60],
 7.             '餐饮': [60,40,46,50,57,76,70,33,70,61,49,45],
 8.             '化妆品': [110,75,130,80,83,95,87,89,96,88,86,89],
 9.             '金银首饰': [143,100,89,90,78,129,100,97,108,152,96,87]})
10.
11. # 绘制柱状图，指定月份数据作为 x 轴
12. data.plot(x='月份', kind='bar')
13. # 设置 x、y 轴标签和字体
14. plt.xlabel('月份', fontproperties='simhei')
15. plt.ylabel('营业额（万元）', fontproperties='simhei')
16. # 设置图例字体
17. plt.legend(prop='stkaiti')
18.
19. plt.show()
```

运行结果如图 14-6 所示。

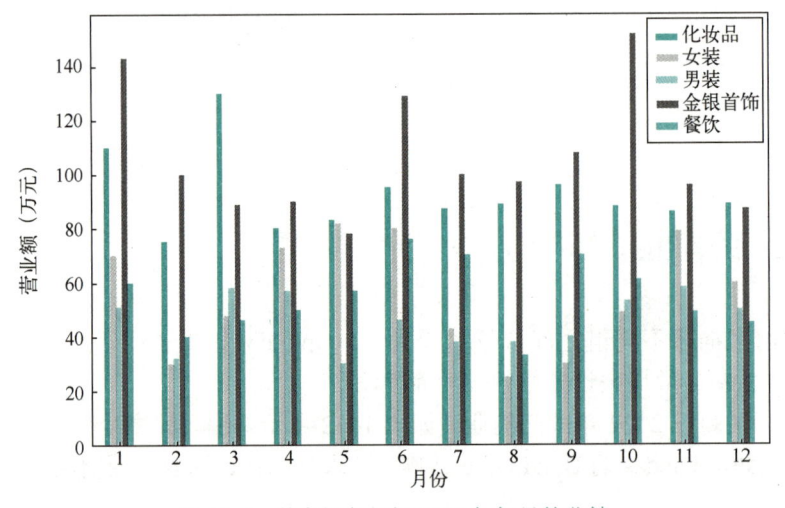

图 14-6 某商场各部门 2022 年每月的业绩

任务 14.6 课程成绩可视化—绘制雷达图

雷达图是一种常用的数据可视化与展示技术，可以把多个维度的信息在同一个图上展示出来，使得各项指标一目了然。Matplotlib 提供了绘制雷达图的技术，本节将通过一个案例进行介绍。

【例 14-7】 编写程序，根据某学生的成绩清单绘制雷达图。

基本思路：使用扩展库 matplotlib.pyplot 的 polar()函数可以绘制雷达图，并通过参数设置雷达图的角度、数据、颜色、线型、端点符号以及线宽等属性。

```
1. import numpy as np
2. import matplotlib.pyplot as plt
3.
4. # 某学生的课程与成绩
```

```python
5.  courses = ['C++', 'Python', '高数', '大学英语', '软件工程',
6.             '计算机组成原理', '数字图像处理', '计算机图形学']
7.  scores = [80, 95, 78, 85, 45, 65, 80, 60]
8.
9.  dataLength = len(scores)                    # 数据长度
10.
11. # angles 数组把圆周等分为 dataLength 份
12. angles = np.linspace(0,                     # 数组第一个数据
13.                      2*np.pi,               # 数组最后一个数据
14.                      dataLength,            # 数组中数据数量
15.                      endpoint=False)        # 不包含终点
16.
17. scores.append(scores[0])
18. angles = np.append(angles, angles[0])       # 闭合
19. # 绘制雷达图
20. plt.polar(angles,                           # 设置角度
21.           scores,                           # 设置各角度上的数据
22.           'rv--',                           # 设置颜色、线型和端点符号
23.           linewidth=2)                      # 设置线宽
24.
25. # 设置角度网格标签
26. plt.thetagrids(angles[:8]*180/np.pi,
27.                courses,
28.                fontproperties='simhei')
29.
30. # 填充雷达图内部
31. plt.fill(angles,
32.          scores,
33.          facecolor='r',
34.          alpha=0.6)
35.
36. plt.show()
```

运行结果如图 14-7 所示。

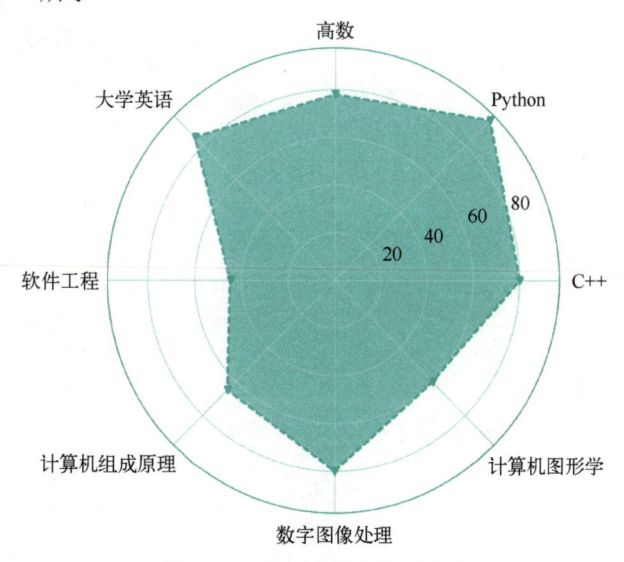

图 14-7 课程成绩分布雷达图

任务 14.7 绘制三维曲线、曲面、柱状图

在进行数据可视化时，有可能需要同时表现多维度的信息。Matplotlib 也提供了三维图形的绘制功能，本节通过三维曲线、三维曲面和三维柱状图的绘制来演示一下相关的技术。

【例 14-8】 绘制三维曲线。

基本思路：使用 gca(projection='3d')创建三维坐标系，然后调用 plot()方法并提三维曲线上采样点的 x、y、z 坐标。

```
1.  import numpy as np
2.  import matplotlib.pyplot as plt
3.  from mpl_toolkits.mplot3d import Axes3D
4.
5.  plt.rcParams['legend.fontsize'] = 10         # 设置图例字号
6.  fig = plt.figure()
7.  ax = fig.gca(projection='3d')                # 绘制三维图形
8.  theta = np.linspace(-4*np.pi, 4*np.pi, 200)
9.  z = np.linspace(-4, 4, 200) * 0.4            # 创建模拟数据
10.                                              # z 的步长应与 theta 一致
11. r = z**3 + 1
12. x = r * np.sin(theta)
13. y = r * np.cos(theta)
14. ax.plot(x,                                   # 设置 x 轴数据
15.         y,                                   # 设置 y 轴数据
16.         z,                                   # 设置 z 轴数据
17.         label='parametric curve')            # 设置标签
18. ax.legend()                                  # 显示图例
19.
20. plt.show()                                   # 显示绘制结果
```

运行结果如图 14-8 所示。

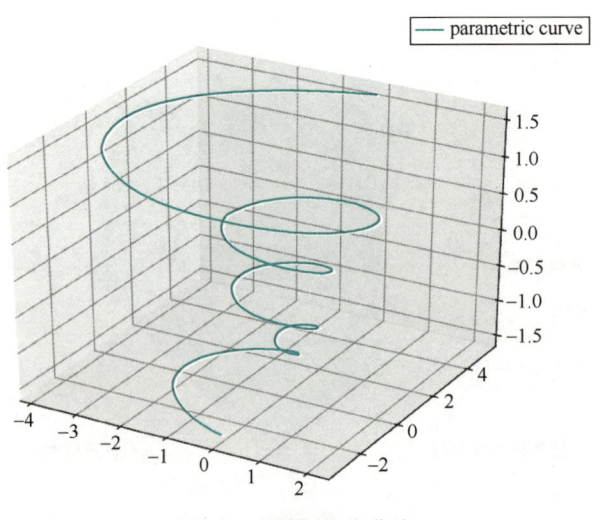

图 14-8　绘制三维曲线

【例 14-9】 绘制三维曲面。

基本思路：使用 matplotlib.pyplot 的 subplot(projection='3d')函数调用创建三维图形子图之后，可以使用子图对象的 plot_surface()方法绘制三维曲面，并允许设置水平和垂直方向的步长，步长越小则曲面越平滑。

```
1.  import numpy as np
2.  import matplotlib.pyplot as plt
3.  import mpl_toolkits.mplot3d
4.
5.  x,y = np.mgrid[-4:4:80j, -4:4:40j]    # 创建 x 和 y 的网格数据
6.                                         # 步长使用虚数时
7.                                         # 虚部表示点的个数
8.                                         # 并且包含 end
9.  z = 50 * np.sin(x+y)                   # 网格点的高度
10. ax = plt.subplot(projection='3d')      # 绘制三维图形
11. ax.plot_surface(x,                     # 设置 x 轴数据
12.                 y,                     # 设置 y 轴数据
13.                 z,                     # 设置 z 轴数据
14.                 rstride=2,             # 行方向的步长
15.                 cstride=1,             # 列方向的步长
16.                 color='red',           # 设置面片颜色为红色
17.                 )
18. ax.set_xlabel('X')                     # 设置坐标轴标签
19. ax.set_ylabel('Y')
20. ax.set_zlabel('Z')
21.
22. plt.show()
```

运行结果如图 14-9 所示。

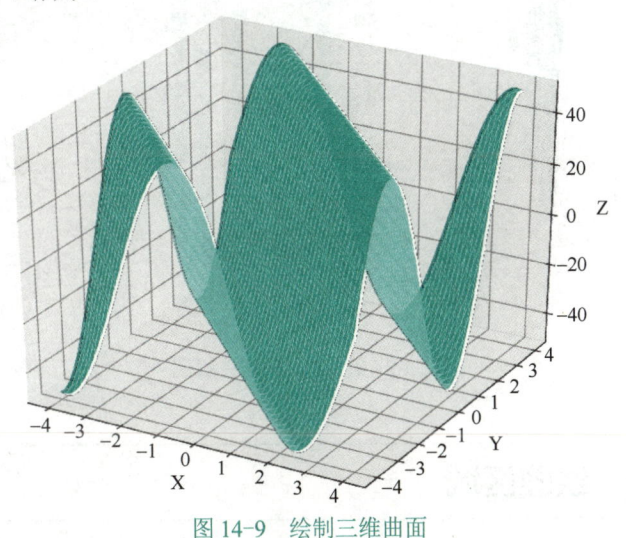

图 14-9 绘制三维曲面

【例 14-10】 绘制三维柱状图。

基本思路：使用 matplotlib.pyplot 的 subplot(projection='3d')函数创建三维图形子图之后，可以使用子图对象的 bar3d()方法绘制三维柱状图，通过参数指定每个柱的 x、y、z 起始坐标和各轴的宽度、厚度、高度等信息。

```
1.  import numpy as np
2.  import matplotlib.pyplot as plt
3.  import mpl_toolkits.mplot3d
4.
5.  x = np.random.randint(0, 40, 10)           # 创建测试数据
6.  y = np.random.randint(0, 40, 10)
7.  z = 80 * abs(np.sin(x+y))
8.  ax = plt.subplot(projection='3d')          # 绘制三维图形
9.
10. ax.bar3d(x,                                 # 设置 x 轴位置
11.          y,                                 # 设置 y 轴位置
12.          np.zeros_like(z),                  # 设置柱的 z 轴起始坐标为 0
13.          dx=1,                              # x 方向的宽度
14.          dy=1,                              # y 方向的厚度
15.          dz=z,                              # z 方向的高度
16.          color='red')                       # 设置面片颜色为红色
17. ax.set_xlabel('X')                          # 设置坐标轴标签
18. ax.set_ylabel('Y')
19. ax.set_zlabel('Z')
20.
21. plt.show()
```

运行结果如图 14-10 所示。

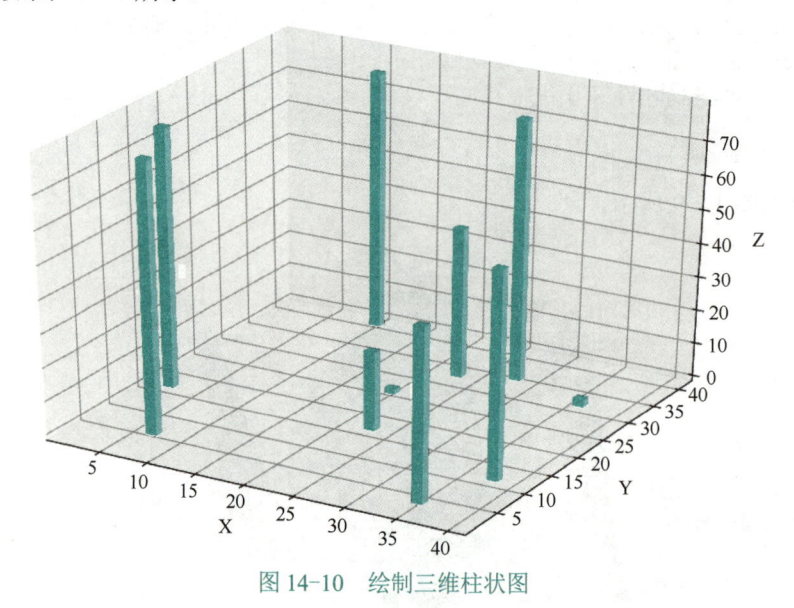

图 14-10 绘制三维柱状图

任务 14.8 切分绘图区域

在进行数据可视化或科学计算可视化时，经常需要把多个结果绘制到一个窗口中方便比较，这时可以使用本节介绍的技术对绘图区域进行切分，在不同的子图中绘制相应的图形。

【例 14-11】切分绘图区域并绘制图形。

基本思路：使用 pyplot 的 subplot() 函数把绘图区域切分为多个子图，在调用 plot() 函数绘图

之前先使用 sca()函数选择不同的子图，就可以在相应的子图中进行绘图，也可以直接调用子图对象的方法进行绘图。

```
1.  import numpy as np
2.  import matplotlib.pyplot as plt
3.
4.  x = np.linspace(0, 2*np.pi, 500)    # 创建自变量数组
5.  y1 = np.sin(x)                       # 创建函数值数组
6.  y2 = np.cos(x)
7.  y3 = np.sin(x*x)
8.
9.  plt.figure()                         # 创建图形
10.
11. ax1 = plt.subplot(2,                 # 把绘图区域切分为两行
12.                   2,                 # 把绘图区域切分为两列
13.                   1)                 # 选择两行两列的第一个区域
14. ax2 = plt.subplot(2, 2, 2)           # 选择两行两列的第二个区域
15. ax3 = plt.subplot(212,               # 把绘图区域切分为两行一列
16.                                       # 选择两行一列的第二个区域
17.                   facecolor='y')     # 设置背景颜色为黄色
18.
19. plt.sca(ax1)                         # 选择 ax1 为当前子图
20. plt.plot(x, y1, color='red')         # 绘制红色曲线
21. plt.ylim(-1.2, 1.2)                  # 限制 y 坐标轴范围
22.
23. plt.sca(ax2)                         # 选择 ax2
24. plt.plot(x, y2, 'b--')               # 绘制蓝色虚线
25. plt.ylim(-1.2,1.2)
26.
27. plt.sca(ax3)                         # 选择 ax3
28. plt.plot(x, y3, 'g--')
29. plt.ylim(-1.2, 1.2)
30.
31. plt.show()
```

运行结果如图 14-11 所示。

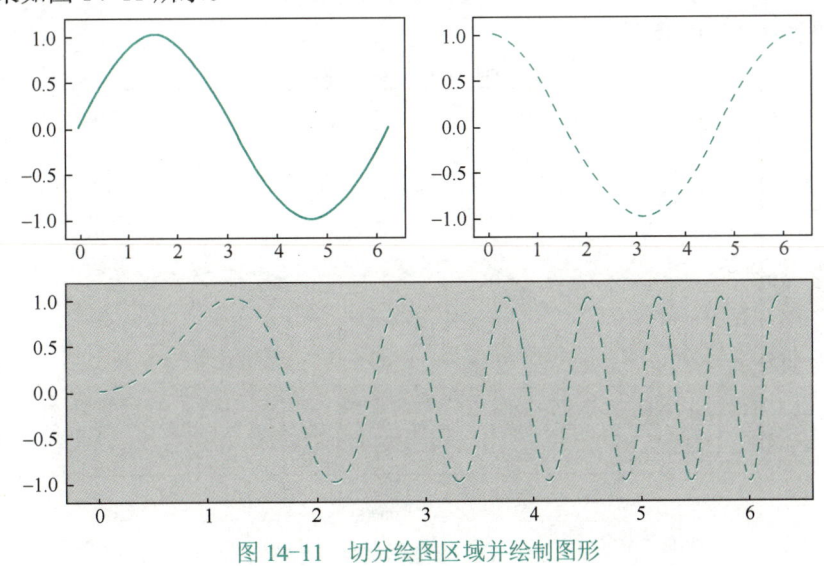

图 14-11　切分绘图区域并绘制图形

任务 14.9　设置图例属性和样式

图例用于提供一定的辅助信息，方便用户理解图形。本节重点介绍设置图例显示公式以及设置图例位置、颜色等属性的方法。

【例 14-12】 设置图例显示公式。

基本思路：在使用 plot()函数绘图时，在图形的标签文本字符串前后加上$符号将会使用内嵌的 LaTex 引擎将其显示为公式。

```
1.  import numpy as np
2.  import matplotlib.pyplot as plt
3.
4.  x = np.linspace(0, 2*np.pi, 500)
5.  y = np.sinc(x)
6.  z = np.cos(x*x)
7.  plt.figure(figsize=(8,4))
8.
9.  plt.plot(x,                         # x 轴数据
10.         y,                          # y 轴数据
11.         label='$sinc(x)$',          # 把标签渲染为公式
12.         color='red',                # 红色
13.         linewidth=2)                # 线宽为两个像素
14. plt.plot(x,
15.         z,
16.         'b--',                      # 蓝色虚线
17.         label='$cos(x^2)$')         # 把标签渲染为公式
18.
19. plt.xlabel('Time(s)')
20. plt.ylabel('Volt')
21. plt.title('Sinc and Cos figure using pyplot')
22. plt.ylim(-1.2, 1.2)
23. plt.legend()                        # 显示图例
24.
25. plt.show()                          # 显示绘图结果
```

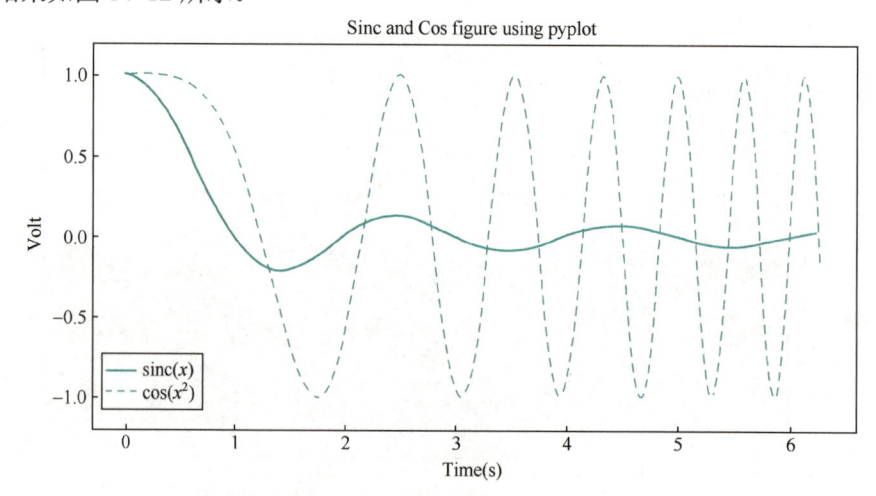

运行结果如图 14-12 所示。

图 14-12　设置图例显示公式

【例 14-13】 设置图例位置、背景颜色、边框颜色等属性。

基本思路：调用 pyplot 的 legend()函数显示图例时，可以通过参数来设置图例的字体、标题、位置、阴影、背景色、边框颜色以及显示列数等属性，定制个性化图例。

```
1.  import numpy as np
2.  import matplotlib.pyplot as plt
3.  import matplotlib.font_manager as fm
4.
5.  t = np.arange(0.0, 2*np.pi, 0.01)
6.  s = np.sin(t)
7.  z = np.cos(t)
8.
9.  plt.plot(t, s, label='正弦')
10. plt.plot(t, z, label='余弦',ls='_.')
11. plt.title('sin-cos 函数图像',            # 设置图形标题文本
12.           fontproperties='STkaiti',      # 设置图形标题字体
13.           fontsize=24)                   # 设置图形标题字号
14.
15. myfont = fm.FontProperties(fname=r'C:\Windows\Fonts\STKAITI.ttf')
16. plt.legend(prop=myfont,                  # 设置图例字体
17.            title='Legend',               # 设置图例标题
18.            loc='lower left',             # 设置图例参考位置
19.            bbox_to_anchor=(0.43,0.75),   # 设置图例位置偏移量
20.            shadow=True,                  # 显示阴影
21.            facecolor='yellowgreen',      # 设置图例背景色
22.            edgecolor='red',              # 设置图例边框颜色
23.            ncol=2,                       # 显示为两列
24.            markerfirst=False)            # 设置图例文字在前，符号在后
25.
26. plt.show()
```

运行结果如图 14-13 所示。

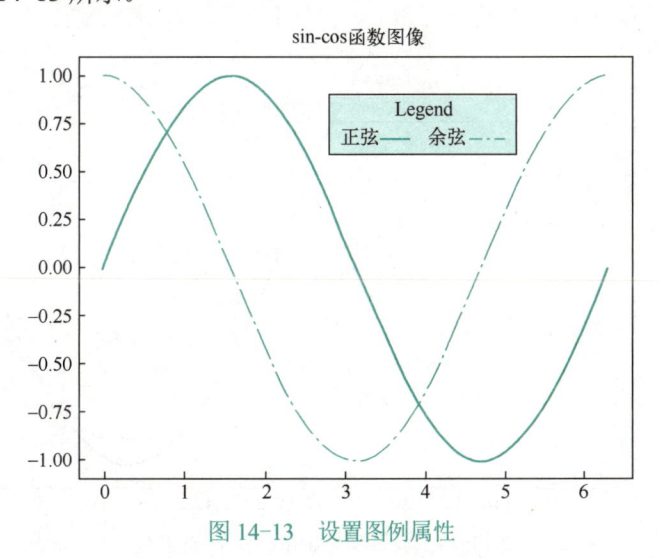

图 14-13 设置图例属性

任务 14.10　设置坐标轴刻度位置和文本

在默认情况下，绘图时会根据 x 和 y 坐标轴的值自动调整并显示最合适的刻度。如果需要也可以自定义坐标轴上的刻度位置和显示的文本，本节就介绍一下这个技术。

【例 14-14】设置坐标轴刻度位置和文本。

基本思路：在绘图时，可以使用 pyplot 的 xticks() 和 yticks() 函数分别设置 x 和 y 坐标轴上的刻度位置和相应的文本。在下面的代码中，只为 x 轴设置了刻度位置，而 y 轴则同时设置了刻度距离和显示的文本。要注意的是，如果刻度文本中包含中文，一定要通过参数 fontproperties 设置合适的中文字体。

```
1.  import numpy as np
2.  import matplotlib.pyplot as plt
3.
4.  x = np.arange(0, 2*np.pi, 0.01)
5.  y = np.sin(x)
6.  plt.plot(x, y)
7.
8.  plt.xticks(np.arange(0, 2*np.pi, 0.5))
9.  plt.yticks([-1, -0.5, 0, 0.75, 1],
10.            ['负一', '负零点五', '零', '零点七五', '一'],
11.            fontproperties='STKAITI')
12.
13. plt.show()
```

运行结果如图 14-14 所示。

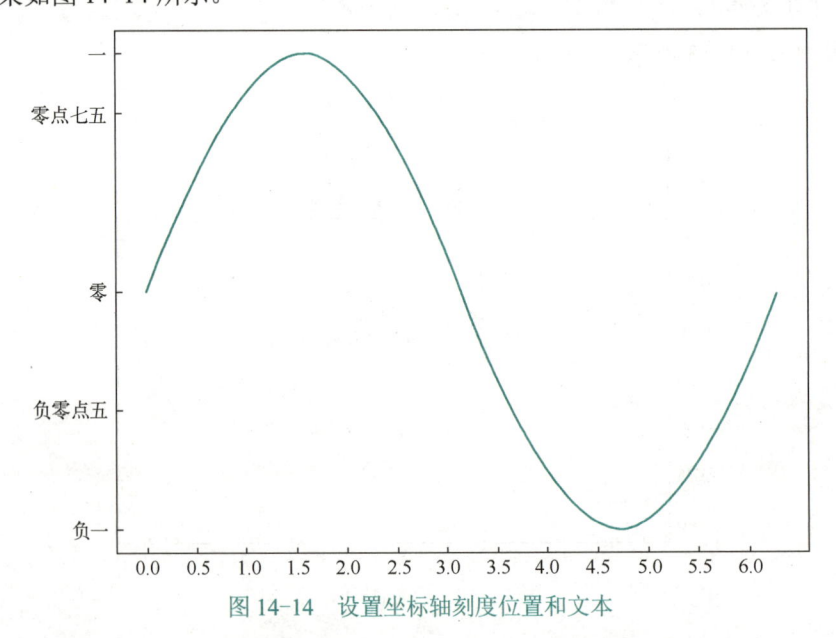

图 14-14　设置坐标轴刻度位置和文本

习题

一、填空题

1. 扩展库 matplotlib.pyplot 的函数_____可以用来绘制折线图。
2. 扩展库 matplotlib.pyplot 的函数_____可以用来设置 x 轴的标签文本。
3. 扩展库 matplotlib.pyplot 的函数_____可以用来设置图形的标题。
4. 扩展库 matplotlib.pyplot 的函数_____可以用来设置图例。
5. 扩展库 matplotlib.pyplot 的函数_____可以用来绘制散点图。
6. 扩展库 matplotlib.pyplot 的函数 ylabel()可以用来设置 y 轴的标签文本，并允许使用参数_____指定中文字体。
7. 扩展库 matplotlib.pyplot 的函数_____可以用来显示绘制的图形。
8. 扩展库 matplotlib.pyplot 的函数_____可以用来绘制饼状图。
9. 扩展库 matplotlib.pyplot 的函数_____可以用来绘制柱状图。
10. 扩展库 matplotlib.pyplot 的函数_____可以用来绘制雷达图。
11. 扩展库 matplotlib.pyplot 的函数_____可以用来把绘图区域切分为多个区域，不同的区域具有自己的坐标系。
12. 扩展库 matplotlib.pyplot 的函数_____可以用来设置 y 轴的刻度、文本以及字体。

二、编程题

1. 修改例 14-1 中的代码，为标题和坐标轴标签设置其他字体。
2. 结合任务 14.3 中几个例题的代码，绘制正弦曲线散点图，使用红色五角星作为散点符号。
3. 查阅资料，修改例 14-10 中的代码，使得每个柱的颜色不同。
4. 结合本项目学习到的知识，修改项目 13 例 13-2 中的代码，对生成的折线图、柱状图、饼状图进行美化。

关注微信公众号"Python 小屋"，发送消息"小屋刷题"，下载"Python 小屋刷题软件"客户端，练习客观题和编程题中"Matplotlib"相关的题目。

参 考 文 献

[1] 董付国. Python 程序设计[M]. 3 版. 北京：清华大学出版社，2020.

[2] 董付国. Python 可以这样学[M]. 北京：清华大学出版社，2017.

[3] 董付国. Python 程序设计开发宝典[M]. 北京：清华大学出版社，2017.

[4] 董付国，应根球. 中学生可以这样学 Python[M]. 北京：清华大学出版社，2020.

[5] 董付国. Python 程序设计基础[M]. 3 版. 北京：清华大学出版社，2023.

[6] 董付国. 玩转 Python 轻松过二级[M]. 北京：清华大学出版社，2018.

[7] 董付国. Python 程序设计实验指导书[M]. 北京：清华大学出版社，2019.

[8] 董付国. Python 程序设计基础与应用[M]. 2 版. 北京：机械工业出版社，2022.

[9] HORSTMANN C，NECAISE R. Python 程序设计[M]. 2 版. 董付国，译. 北京：机械工业出版社，2018.

[10] 董付国，应根球. Python 编程基础与案例集锦[M]. 北京：电子工业出版社，2019.

[11] 张颖，赖勇浩. 编写高质量代码：改善 Python 程序的 91 个建议[M]. 北京：机械工业出版社，2014.

[12] 董付国. Python 网络程序设计[M]. 北京：清华大学出版社，2021.

[13] 董付国. Python 程序设计与数据采集[M]. 北京：人民邮电出版社，2023.

[14] 董付国. Python 数据分析与数据可视化[M]. 北京：清华大学出版社，2023.

[15] 董付国. Python 数据分析、挖掘与可视化[M]. 北京：人民邮电出版社，2020.

[16] 董付国. 大数据的 Python 基础[M]. 2 版. 北京：机械工业出版社，2023.

[17] 董付国. Python 程序设计实用教程[M]. 北京：北京邮电大学出版社，2020.

[18] 董付国. Python 程序设计入门与实践[M]. 西安：西安电子科技大学出版社，2021.